现代企业职业卫生技术丛书

工业防毒实用技术
（第二版）

《现代企业职业卫生技术丛书》编委会　编

主　编　赵　容
副主编　李朝林
主　审　孙宝林

中国劳动社会保障出版社

图书在版编目（CIP）数据

工业防毒实用技术/《现代企业职业卫生技术丛书》编委会编. —2 版. —北京：中国劳动社会保障出版社，2015

（现代企业职业卫生技术丛书）

ISBN 978 – 7 – 5167 – 1607 – 6

Ⅰ. ①工… Ⅱ. ①现… Ⅲ. ①工业防毒 Ⅳ. ①X965

中国版本图书馆 CIP 数据核字（2015）第 018206 号

中国劳动社会保障出版社出版发行

（北京市惠新东街 1 号 邮政编码：100029）

*

三河市华骏印务包装有限公司印刷装订 新华书店经销

787 毫米×1092 毫米 16 开本 14 印张 313 千字

2015 年 1 月第 2 版 2015 年 1 月第 1 次印刷

定价：42.00 元

读者服务部电话：（010）64929211/64921644/84643933

发行部电话：（010）64961894

出版社网址：http://www.class.com.cn

内 容 简 介

    《工业防毒实用技术》是为企业从事职业卫生管理工作的人员编写的，本书全面、系统地介绍了工业毒物及其危害、综合防毒措施、有害气体的燃烧净化、有害气体的吸收净化、有害气体的吸附净化、有害蒸气的冷凝回收、有害气体的生物净化、工业防毒技术的发展。

    本书作为《现代企业职业卫生技术丛书》之一，是企业负责人、职业卫生管理和技术人员的工作用书，可以作为政府各级监管人员的辅助用书，也可以作为高等院校相关专业师生的教学参考用书，还可以作为各级各类职业卫生的培训用书。

前　言

　　职业病危害与企业生产经营紧密相连，预防、控制与消除职业病危害，是防止急、慢性职业中毒，改善劳动条件，保护劳动者健康，确保经济可持续发展，贯彻执行《中华人民共和国职业病防治法》等相关法律、法规、标准及技术规范的一项重要内容。

　　随着我国经济的迅猛发展，暴露于各种职业危害因素的劳动者越来越多，产生了许多相关的职业病等职业卫生问题，因此，需要采用通风、净化等工业防毒技术控制作业场所内有毒物质的浓度，减少有毒物质对劳动者健康的危害。

　　企业生产过程中使用的原料、辅料，生产过程中产生的中间品及最终的产品，涉及的有毒物质对作业人员的身体健康产生多种危害。本书从职业卫生和实用的角度出发，系统地阐述了有毒物质的分类、常见工业毒物的理化性质、工业应用、职业接触限值、毒性、对人体的危害及综合防毒措施，并介绍了有毒物质的燃烧净化、吸收净化、吸附净化、冷凝回收、生物净化等工程处理和控制技术；为适应我国经济发展的要求，简明扼要地介绍了清洁生产、绿色化学、循环经济等工业防毒技术的发展方向。

　　本书的编写力求深入浅出，将科学性与实用性相结合，全面、系统地阐述了工业防毒技术。希望通过本书的出版，帮助企业将职业健康工作水平提高到新的高度，早日实现《国家职业病防治规划（2009—2015年）》。

　　本书第一章由李朝林、赵容、汤小辉、杨虎、王小舫编写；第二章由赵容、李朝林、李香玲、刘和平、王小舫编写；第三章由赵容、李香玲、胡泊、王小舫编写；第四章由赵容、杨虎、王小舫编写；第五章由孙宝林、赵容、王小舫编写；第六章由赵容、李香玲、王小舫编写；第七章由孙宝林、丁洁谨编写；

第八章由孙宝林、丁洁瑾、赵容、李朝林编写。全书由赵容统稿，孙宝林、李朝林审定。

本书在编写过程中参考了国内一些专家、学者的相关著作和成果，在此致以真诚的感谢！由于编者水平有限，书中疏漏在所难免，恳请广大读者批评指正。

编　者

2015 年 1 月

目　录

第一章　工业毒物及其危害

第一节　工业毒物的分类及毒性

一、工业毒物与职业中毒

人类在生产和生活过程中，会接触到许多天然的和人工合成的化学物质，可以说人们生活在一个浸透着化学物质和依赖化学物质的社会中，这些化学物质会在一定条件下对人体健康产生不同程度的损害。世界范围内，已知的化学产品有近 3 500 万种，大约 40 万种以上是有毒的，其中 3 777 种为危险化学品，335 种为剧毒化学品。化学品从各个方面给人类生活带来了方便，同时也给人类带来直接或潜在的危害。本章关注工业生产过程中有毒化学物质对人体健康的危害问题。有毒化学物质是指原辅材料、中间品和产品在生产、搬运、储存、运输、使用以及废弃物处置的各个环节对人体造成危害的物质。

毒物是指在一定条件下，较低剂量能引起机体功能性或器质性损伤的外源性化学物质。在劳动生产过程中所使用或产生的毒物，叫工业毒物。毒物侵入人体后与人体组织发生化学或物理化学作用，并在一定条件下破坏人体的正常生理机能，引起某些器官和系统发生暂时性或永久性的病变，这种病变叫中毒。在生产劳动过程中由工业毒物引起的中毒叫职业中毒。

毒物与非毒物之间并没有绝对的界限，使两者发生质变的重要条件是剂量。瑞士的一位医生帕拉塞尔苏斯（Paracelsus，1493—1541）说过："毒物本身不是毒物，而剂量使其成为毒物"，这是对毒物相对性的精辟概括。也就是说，达到一定的剂量，任何一种化学物质都是有毒的。例如，各种药物在其治疗范围内发挥正常疗效，但是药物与毒物的作用及机理只有相对的区别，一旦超出这个范围达到中毒剂量时，或是作用于健康人和非适应证的人则成为毒物；另一方面，人体内经常有一些重金属存在，如铅、汞和镉等，它们大多存在于环境中并通过很多种途径进入机体，但在正常值内并不意味着发生了中毒。人类是大自然的产物，人体内含有 40 种化学元素，缺乏某种元素人就会得病，但当某种元素过量时也会得病。还要强调的是，毒物与生物体相互间的作用过程是在分子水平上进行的，物质一般只有以一种溶解而分散的分子状态存在时才能被吸收，吸收后的物质才能对生物体产生毒性效应。按照毒物的用途和分布范围，有毒物质涉及工业化学品、食品添加剂、日用化学品、农用化学品、医用化学品、环境污染物、生物毒素和军事毒物等。

毒物的含义是相对的，一方面，物质只有在特定条件下作用于人体才具有毒性；另一方面，任何物质只要具备了一定的条件，也就可能出现毒害作用。至于职业中毒的发生，则与毒物本身的性质、毒物侵入人体的途径及数量、接触时间及身体状况、防护条件等多种因素有关。因此在研究毒物的毒性影响时，必须考虑到这些相关因素。

二、工业毒物的分类

工业毒物种类繁多，根据不同需要，分类方法也不相同。按毒物的来源可分为天然的、人工的、合成的、植物性、动物性或矿物性毒物等。按毒物作用特征可分为刺激性、腐蚀性、窒息性、麻醉性、溶血性、致畸性、致癌性和致突变性毒物等，这种分类法便于了解其毒作用。按作用的靶器官和靶系统可以分为神经毒物、肝脏毒物、肾脏毒物、血液毒物、生殖毒物及遗传毒物等，这种分类法有利于临床应用。一般情况下，工业毒物按其物理形态、化学类属、综合性和毒作用性质分类。

（一）按毒物的物理形态分类

按照工业毒物的物理形态一般可分为气态、液态和固态，以气体、蒸气、烟、雾、气溶胶等形态呈现。

气体：指常温常压下呈气态的物质。

蒸气：液态物质气化或固态物质升华而形成的气态物质。

气溶胶：以液体或固体为分散相，分散在气体介质中的溶胶物质，如粉尘、雾或烟。

粉尘：能够较长时间悬浮于空气中的固体微粒。

烟：分散在空气中的直径小于 $0.1\ \mu m$ 的固体微粒。

雾：分散在空气中的液体微滴，多由蒸气冷凝或液体喷散形成。

（二）按毒物化学类属分类

无机毒物：主要包括金属与金属盐、酸、碱及其他无机化合物。

有机毒物：主要包括脂肪族碳氢化合物、芳香族碳氢化合物及其他有机物。

（三）按毒物的综合性分类

金属、类金属毒物：铅、汞、镉、砷等。

刺激性气体：刺激性气体是指对眼、呼吸道黏膜和皮肤具有刺激作用，引起机体以急性炎症、肺水肿为主要病理改变的一类气态物质。如酸的蒸气、氯气、氨气、二氧化硫等。

窒息性气体：窒息性气体是指被机体吸收后，可使氧的供给、摄取、运输和利用发生障碍，使全身组织细胞得不到或不能利用氧，而导致组织细胞缺氧窒息的有害气体的总称。窒息性气体分为单纯窒息性气体和化学窒息性气体两种。前者如氮、氢、氦等，后者如一氧化碳、氰化氢、硫化氢等。

有机溶剂：溶剂常态下为液体，通常是有机物，主要用作清洗剂、去污剂、稀释剂和萃取剂；许多溶剂也用作原料以制备其他化学产品，如汽油、苯及苯系物、二氯乙烷、正己烷、二硫化碳等。

苯的氨基和硝基化合物：苯或其同系物（如甲苯、二甲苯、酚）苯环上的氢原子被一个或几个氨基（－NH_2）或硝基（－NO_2）取代后，即形成芳香族氨基或硝基化合物。如苯胺、三硝基甲苯、氨基苯、联苯胺。

高分子化合物：高分子化合物是指分子量高达几千至几百万，由一种或几种单体，经聚合或缩聚而成的化合物，故又称聚合物。如氯乙烯、丙烯腈、含氟塑料、二异氰酸甲苯酯。

农药：用于预防、消灭或者控制危害农业、林业的病、虫、草和其他有害生物以及有目的地调节植物、昆虫生长的化学合成或者来源于生物、其他天然物质的一种或者几种物质的混合物及其制剂。如有机磷农药、拟除虫菊酯类农药、氨基甲酸酯类农药、百草枯等。

（四）按毒作用性质分类

毒物按其对机体产生的毒作用和临床特点大致可分为以下四类。

1．刺激性毒物

酸的蒸气、氯、氨、二氧化硫等均属此类毒物。刺激性气体和蒸气尽管其物理和化学性质有所不同，但它们直接作用到组织上时都能引起组织发炎。

2．窒息性毒物

常见的有一氧化碳、硫化氢、氰化氢等。

3．麻醉性毒物

芳香族化合物、醇类、脂肪族硫化物、苯胺、硝基苯及其他化合物均属此类毒物。该类毒物主要对神经系统有麻醉作用。

4．全身性毒物

其中以金属为多，如铅、汞等。

三、工业毒物进入人体的途径

工业毒物主要经呼吸道吸收进入人体，也可经皮肤和消化道进入人体。

（一）呼吸道

因肺泡呼吸膜极薄，扩散面积大（50～100 m^2），供血丰富，呈气体、蒸气和气溶胶状态的毒物均可经呼吸道迅速进入人体，大部分生产性毒物均由此途径进入人体而导致中毒。经呼吸道吸收的毒物，未经肝脏的生物转化解毒过程即直接进入大循环并分布于全身，故其毒作用发生较快。

气态毒物经过呼吸道吸收受许多因素的影响，主要与毒物在空气中的浓度或分压差有关。浓度高，毒物在呼吸膜内外的分压差大，进入机体的速度就较快。其次，与毒物的分子量及其血/气分配系数有关，分配系数大的毒物易吸收。例如，甲醇和二硫化碳的血/气分配系数分别为1 700和5，故甲醇远比二硫化碳易被吸收。气态毒物进入呼吸道的深度取决于其水溶性，水溶性较大的毒物如氨气，易在上呼吸道吸收，除非浓度较高，一般不易到达肺泡；水溶性较小的毒物如光气、氮氧化物等，因其对上呼吸道的刺激较小，故易进入呼吸道深部。此外，劳动强度、肺通气量与肺血流量以及生产环境的气象条件等因素也可影响毒物在呼吸道中的吸收。

气溶胶状态的毒物在呼吸道的吸收情况颇为复杂，受气道的结构特点、粒子的形状、分散度、溶解度以及呼吸系统的清除功能等多种因素的影响。

（二）皮肤

皮肤对外来化合物具有屏障作用，但却有不少外来化合物可经皮肤吸收，如芳香族氨基和硝基化合物、有机磷酸酯类化合物、氨基甲酸酯类化合物、金属有机化合物（四乙基铅）

等，可通过完整皮肤吸收入血而引起中毒。毒物主要通过表皮细胞，也可通过皮肤的附属器如毛囊、皮脂腺或汗腺进入真皮而被吸收入血。但皮肤附属器仅占体表面积的 0.1% ~ 0.2%，只能吸收少量毒物，故实际意义并不大。经皮肤吸收的毒物也不经肝脏的生物转化解毒过程即直接进入大循环。

毒物经皮肤吸收分为穿透皮肤角质层和由角质层进入真皮而被吸收入血两个阶段。毒物穿透角质层的能力与其分子量的大小、脂溶性和角质层的厚度有关，分子量大于 300 的物质一般不易透过角质层。角质层下的颗粒层为多层膜状结构，且胞膜富含固醇磷脂，脂溶性物质可透过此层，但水溶性物质难以进入。毒物到达真皮后，如不同时具有一定的水溶性，也很难进入真皮的毛细血管，故易经皮肤吸收的毒物往往是脂、水两溶性物质。所以，了解其脂/水分配系数（lipid/water partition coefficient）有助于估测经皮肤吸收的可能性。某些经皮肤难以吸收的毒物，如汞蒸气在浓度较高时也可经皮肤吸收。皮肤有病损或遭腐蚀性毒物损伤时，不易经完整皮肤吸收的毒物也能进入。接触皮肤的部位和面积、毒物的浓度和黏稠度、生产环境的温度和湿度等，均可影响毒物经皮肤吸收。

（三）消化道

在生产过程中，毒物经消化道摄入所致的职业中毒甚为少见，常见于意外事故。由于个人卫生习惯不良或食物受毒物污染时，毒物也可经消化道进入体内。有的毒物如氰化物可被口腔黏膜吸收。

四、工业毒物在体内的代谢

（一）分布

毒物被吸收后，随血液循环分布到全身。毒物在体内分布的情况主要取决于其进入细胞的能力及与组织的结合力。大多数毒物在体内呈不均匀分布，相对集中于某些组织器官，如铅、氟集中于骨骼，一氧化碳集中于红细胞。在组织器官内相对集中的毒物随时间推移而呈动态变化：最初常分布于血流量较大的组织器官；随后则逐渐转移至血液循环较差的部位（靶器官或储存库）。

（二）生物转化

进入机体的毒物，有的直接作用于靶部位产生毒效应，并可以原形排出。但多数毒物吸收后需经生物转化（biotransformation），即在体内代谢酶的作用下，其化学结构发生一系列改变，形成其衍生物以及分解产物的过程，亦称代谢转化。

生物转化主要包括氧化、还原、水解和结合（或合成）四类反应。毒物经生物转化后，亲脂物质最终变为更具极性和水溶性的物质，有利于经尿液或胆汁排出体外；同时，也使其透过生物膜进入细胞的能力以及与组织成分的亲和力减弱，从而降低或消除其毒性。但是，也有不少毒物经生物转化后其毒性反而增强，或由无毒转变为有毒。许多致癌物如芳香胺、苯并（a）芘等，均是经代谢转化而被活化。

（三）排出

毒物可以以原形或其代谢物的形式从体内排出。排出的速率对其毒效应有较大影响，排出缓慢的，其潜在的毒效应相对较大。

1. 肾脏

是排泄毒物及其代谢物极为有效的器官，也是最重要的排泄途径。许多毒物均经肾脏排出，其排出速度，除受肾小球滤过率、肾小管分泌及重吸收作用的影响外，还取决于被排出物本身的分子量、脂溶性、极性和离子化程度。尿中毒物或代谢物的浓度常与血液中的浓度密切相关，所以测定尿中毒物或其代谢物水平，可间接衡量毒物的体内负荷情况，结合临床表现和其他检查，有助于诊断。

2. 呼吸道

气态毒物可以原形经呼吸道排出，例如乙醚、苯蒸气等。排出的方式为被动扩散，排出的速率主要取决于肺泡呼吸膜内外有毒气体的分压差；通气量也影响其排出速度。

3. 消化道

肝脏也是毒物排泄的重要器官，尤其对经胃肠道吸收的毒物更为重要。肝脏是许多毒物的生物转化部位，其代谢产物可直接排入胆汁随粪便排出。有些毒物如铅、锰等，可由肝细胞分泌，经胆汁随粪便排出。有些毒物排入肠道后可被肠腔壁再吸收，形成肠肝循环。

4. 其他途径

如汞可经唾液腺排出；铅、锰、苯等可经乳腺排入乳汁；有的还可通过胎盘屏障进入胎儿体内，如铅等。头发和指甲虽不是排出器官，但有的毒物可富集于此，如铅、砷等。

毒物在排出时可损害排出器官和组织，如镉可引起肾近曲小管损害，汞可产生口腔炎。

（四）蓄积

进入机体的毒物或其代谢产物在接触间隔期内，如不能完全排出而逐渐在体内积累的现象称为毒物的蓄积（accumulation）。蓄积作用是引起慢性中毒的物质基础。当毒物的蓄积部位与其靶器官一致时，则易发生慢性中毒，例如，有机汞化合物蓄积于脑组织，可引起中枢神经系统损害。当毒物的蓄积部位并非其靶器官时，又称该毒物的"储存库"（storage depot），如铅蓄积于骨骼内。"储存库"内的毒物处于相对无活性状态，在一定程度上属保护机制，对毒性危害起缓冲作用。但在某些条件下，如感染、服用药物等，体内平衡状态被打破时，"储存库"内的毒物可释放入血液，就有可能诱发或加重毒性反应。

有些毒物因其代谢迅速，停止接触后，体内含量很快降低，难以检出；但反复接触，因损害效应的累积，仍可引起慢性中毒。例如，反复接触低浓度有机磷农药，由于每次接触所致的胆碱酯酶活力轻微抑制的叠加作用，最终引起酶活性明显抑制，而呈现所谓功能蓄积。

第二节　工业毒物的致毒作用与影响毒性的因素

一、工业毒物对机体的作用

毒物进入机体后，破坏机体的正常功能，干扰新陈代谢。按照毒物对机体作用方式，可分为局部作用、吸收作用和选择作用。按照毒作用发生的特点及发展过程，又可划分为急性中毒和慢性中毒；介于两者之间称亚急性中毒。但是这些划分也是相对的。

（一）毒物的局部作用和吸收作用

当毒物未被吸收到血液循环之前，直接作用于其所接触的部位（如皮肤、呼吸道和消化道）引起的病理变化叫作毒物的局部作用。例如局部刺激、腐蚀等现象。当毒物吸收后，由血循环达到作用部位时所引起的中毒反应，叫作毒物的吸收作用。许多吸收作用的毒物，不一定能引起局部作用，但是凡能引起局部作用的毒物，则可以通过神经体液调节和吸收入血引起全身性反应，因此，不能把吸收作用叫作全身作用。

（二）毒物的选择作用

毒物在吸收后，对一定的器官或组织优先产生毒性作用叫作毒物的选择作用。机体的各组织和细胞，相互间不仅具有形态上的不同，而且生化过程也各有特点，这种特点便成为毒物选择作用的基础。组织分化越高或生化过程越复杂，毒物对其损害的可能性就越大，因而这种组织对毒物的敏感性也越高。例如中枢神经系统的分化最高，因此对毒物最敏感，根据动物条件反射的实验，在许多毒物如铅、汞等中毒时，大脑皮层的功能（抑制过程或兴奋过程）首先受到障碍，这方面较其他症状为早。

选择作用有时被认为是亲和性，取决于某器官与毒物的亲和力，所以毒物的选择作用不仅与毒物的化学结构和理化性质有关，而且也与作用部位等有关。例如，一氧化碳与血红蛋白具有极大的亲和力，结合后首先引起器官缺氧而死亡；有机铅、有机汞对神经系统表现出明显的选择作用；苯、氨基和硝基化合物进入机体产生大量变性血红蛋白；有机磷对胆碱酯酶有抑制作用；卤代烃类化合物引起肝和肾的损害；刺激性气体（氯、氮氧化物、含铍粉尘等）对肺脏有损伤。

毒物的选择作用也是相对的，例如苯作用于造血器官，同时也作用于中枢神经系统；有许多毒物同时损害多种器官或系统机能。"选择作用"有时也用"主要作用"来代替。

（三）中毒的机理

毒物进入机体破坏机体的正常生理功能而产生毒作用。造成中毒的机理除了毒物对组织的直接腐蚀作用外，大致可分为以下四类。

1. 阻止氧的吸收和运输

例如，某些惰性气体在空气中可使氧分压降低引起窒息；刺激性气体引起肺水肿阻止气体交换；一氧化碳与血红蛋白形成碳氧血红蛋白，阻止血红蛋白的带氧能力。

2. 抑制酶系统的活力

毒物在酶系统的各个环节起破坏作用的方式各异。如氰化氢、汞和砷等毒物能使酶的作用受到抑制；四氯化碳能直接溶解破坏某种结构，使其所含的酶释放；有机磷农药的毒作用也能抑制胆碱酯酶，引起神经功能紊乱。

3. 神经体液作用

有人认为毒物先作用于中枢神经系统，特别是中枢交感区，使交感神经功能紊乱，肾上腺素分泌增加，影响肝、肺等主要内脏器官的循环而引起代谢障碍。由于肾上腺的分泌又与垂体及甲状腺等有密切关系，故综合称为神经—体液作用。

4. 放射性作用

放射性同位素在电离作用中产生 $-OH$、$-HO_2$ 等自由基团引起毒作用；氧、臭氧和二氧化氮在体内也能产生此种自由基团，引起毒作用，均称为放射性作用。

二、工业毒性指标与分级

（一）工业毒物毒性指标

为了定量地描述或比较外源化学物的剂量—反应（效应）关系，规定了毒性参数和安全限值的概念。

在实验动物体内试验得到的毒性参数可分为两类：一类为毒性上限参数，是指急性毒性试验中以死亡为终点的各项毒性参数；另一类为毒性下限参数，即观察到有害作用最低水平及最大无有害作用剂量，可以从急性、短期重复剂量、亚慢性和慢性毒性试验中得到。毒性参数的测定是毒理学试验剂量—效应关系和剂量—反应关系研究的重要内容。

1. 致死剂量或浓度

指在急性毒性试验中外源化学物引起受试动物死亡的剂量或浓度，通常按照引起动物不同死亡率所需的剂量来表示。

（1）绝对致死剂量或浓度（absolute lethal dose or concentration，LD_{100} 或 LC_{100}）。指引起一组受试动物全部死亡的最低剂量或浓度。由于一个群体中，不同个体之间对外源化学物的耐受性存在差异，个别个体耐受性过高，并因此造成 100% 死亡的剂量显著增加。所以表示一种外源化学物的毒性高低或对不同外源化学物的毒性进行比较时，一般不用绝对致死量（LD_{100}），而采用半数致死量（LD_{50}）。LD_{50} 较少受个体耐受程度差异的影响，较为稳定。

（2）半数致死剂量或浓度（median lethal dose or concentration，LD_{50} 或 LC_{50}）。指引起一组受试动物半数死亡的剂量或浓度。它是一个经过统计处理得到的数值，常用以表示急性毒性的大小。LD_{50} 数值越小，表示外源化学物的毒性越强；反之 LD_{50} 数值越大，则毒性越低。与 LD_{50} 概念相似的毒性参数，还有半数致死浓度（LC_{50}），即能使一组实验动物经呼吸道暴露外源化学物一定时间（一般固定为 2~4 h）后，死亡 50% 所需的浓度（mg/m^3）。环境毒理学中，半数耐受限量（median tolerance limit，TLm）用于表示一种外源化学物对某种水生生物的急性毒性，即一群水生生物（例如鱼类）中 50% 个体在一定时间（48 d）内可以耐受（不死亡）的某种外源化学物在水中的浓度（mg/L），一般用 TLm_{48} 表示。

（3）最小致死剂量或浓度（minimal lethal dose or concentration，MLD、LD_{01} 或 MLC、LC_{01}）。指一组受试实验动物中，仅引起个别动物死亡的最小剂量或浓度。

（4）最大非致死剂量或浓度（maximum non‐lethal dose or concentration，LD_0 或 LC_0）。指一组受试实验动物中，不引起动物死亡的最大剂量或浓度。

2. 观察到有害作用的最低水平（lowest observed adverse effect level，LOAEL）

指在规定的暴露条件下，通过实验和观察，一种物质引起机体（人或实验动物）某种有害作用的最低剂量或浓度。此种有害作用改变与同一物种、品系的正常（对照）机体是可以区别的。LOAEL 是通过实验和观察得到的，是有害作用，具有统计学意义和生物学意义。

3. 未观察到有害作用的水平（no observed adverse effect level，NOAEL）

指在规定的暴露条件下，通过实验和观察，一种外源化学物不引起机体（人或实验动物）发生可检测到的有害作用的最高剂量或浓度。机体（人或实验动物）可能被检测到的形态、功能、生长、发育或寿命改变被判断为非损害作用。

具体的实验研究中，比 NOAEL 高一个剂量组的实验剂量就是 LOAEL。应用不同物种品系的动物、暴露时间、染毒方法和指标观察有害效应，可得出不同的 LOAEL 和 NOAEL。急性、短期重复剂量、亚慢性和慢性毒性试验都可分别得到各自的 LOAEL 或 NOAEL。因此，在讨论 LOAEL 或 NOAEL 时应说明具体条件，并注意该 LOAEL 有害作用的严重程度。LOAEL 或 NOAEL 是评价外源化学物毒作用与确定安全限值的重要依据，具有重要的理论和实践意义。

4. 观察到作用的最低水平（lowest observed effect level，LOEL）

指在规定的暴露条件下，通过实验和观察，与适当的对照机体比较，一种物质引起机体某种非有害作用（如治疗作用）的最低剂量或浓度。

5. 未观察到作用的水平（no observed effect level，NOEL）

指在规定的暴露条件下，通过实验和观察，与适当的对照机体比较，一种物质不引起机体任何作用（有害作用或非有害作用）的最高剂量或浓度。

6. 阈值（threshold）

指一种物质使机体（人或实验动物）开始发生效应的剂量或浓度，即低于阈值时效应不发生，而达到阈值时效应将发生。一种化学物对每种效应（有害作用和非有害作用）可分别有一个阈值。对某种效应，对易感性不同的个体可有不同的阈值。同一个体对某种效应的阈值也可随时间而改变，有害效应阈值应在 NOAEL 和 LOAEL 之间，非有害效应阈值应在 NOEL 和 LOEL 之间。阈值并不是实验所能确定的，在进行危险评定时通常用 NOAEL 或 NOEL 作为阈值的近似值，因此对有害效应的阈值应说明是急性、短期重复剂量、亚慢性或慢性毒性的阈值。

一般认为，外源化学物的一般毒性（器官毒性）和致畸作用的剂量—反应关系是有阈值的（非零阈值），而遗传毒性致癌物和性细胞致突变物的剂量—反应关系是否存在阈值尚没有定论，通常认为是无阈值（零阈值）。

7. 安全限值（safety limit value）

指为保护人体健康，对某种环境因素（物理、化学和生物）的总摄入量的限制性量值或在生活和生产环境及各种介质（空气、水、食物、土壤等）中所规定的浓度和暴露时间的限制性量值。在低于该浓度和暴露时间内，根据现有的知识，不会观察到任何直接和（或）间接的有害作用，即在低于此种浓度和暴露时间内，对个体或群体健康的危害是可忽略的。安全限值和暴露限值一经政府采用，即成为实施卫生法规的技术规范、卫生监督和管理的法定依据。

安全限值可以分为两类：一类是基于健康的指导值，以单位体重表示，包括每日允许摄入量（ADI）、可耐受的每日摄入量（TDI）、参考剂量/参考浓度（RfD/RfC）；另一类涉及具体的暴露条件和介质，以单位环境介质表示，包括职业卫生标准、环境空气质量标准、水环境质量标准、土壤中有害物质限量标准、食品中有害物质限量标准，是以人体健康为安全限值，根据科学研究的结果、外推和专家判断，对人群不产生有害作用的剂量或浓度。而涉及具体的暴露条件和介质的安全限值，则应根据人体健康安全限值和暴露评定的结果，进一步考虑技术上和经济上的可行性，得到在各种环境介质中的卫生标准。

动物试验外推到人通常有三种基本的方法：利用不确定系数（安全系数）；利用药动学外推（广泛用于药品安全性评价并考虑到受体易感性的差别）；利用数学模型。毒理学家对于"最好"的模型及模型的生物学意义尚无统一的意见。

对毒效应无可确定阈值的化学物，根据定义，对无阈值的外源化学物在零以上的任何剂量，都存在某种程度的危险度。这样，对于遗传毒性致癌物和致突变物就不能利用安全限值的概念，只能引入实际安全剂量（virtual safety dose，VSD）的概念。化学致癌物的 VSD 是指低于此剂量能以 99% 可信限的水平使超额癌症发生率低于 10^{-6}，即 100 万人中癌症超额发生率低于 1 人。

（二）毒物的急性毒性分级

为了便于对化学物危害的控制和管理，各国对化学物按毒性进行了分级。至今国际上尚无统一的毒性分级表。因此，同一种化学物，可能按某种分级标准归为中等毒性，而按另一种分级标准可能列入低毒甚至实际无毒类。这在阅读文献时必须加以注意，最好掌握化学物的具体毒性资料，而不是应用毒性分级的结论。我国化学物急性毒性分级有一些暂行标准或建议标准，见表1—1～表1—4。

表1—1　　　　　　　　　　化学物质急性毒性分级

毒性分级	大鼠一次经口 $LD_{50}/mg \cdot kg^{-1}$	6 只大鼠吸入死亡 2～4 只的浓度/10^{-6}	兔涂皮时 $LD_{50}/mg \cdot kg^{-1}$	对人可能致死量	
				$mg \cdot kg^{-1}$	总量（60 kg 体重）/g
剧毒	<1	<10	<5	<0.05	0.1
高毒	1 ～	10 ～	5 ～	0.05 ～	3 ～
中等毒	50 ～	100 ～	44 ～	0.5 ～	30 ～
低毒	500 ～	1 000 ～	350 ～	5 ～	250 ～
微毒	>5 000	>10 000	>2 810	>15	>1 000

注：摘自《化学物质毒性全书》。

表1—2　　　　　　　　　　农药急性毒性分级

毒性分级	经口 $LD_{50}/mg \cdot kg^{-1}$	经皮 LD_{50} (4 h) /mg \cdot kg^{-1}$	吸入 LC_{50} (2 h) /mg \cdot m^{-3}$
剧毒	<5	<20	<20
高毒	5 ～50	20 ～200	20 ～200
中等毒	50 ～500	200 ～2 000	200 ～2 000
低毒	>500	>2 000	>2 000

注：摘自《农药登记毒理学实验方法》（GB 15670—1995）。

表1—3　　　　　　　　　　　　农药急性毒性分级暂行标准

毒性分级	高毒 I	中等毒 II	低毒 III
大鼠经口 $LD_{50}/mg \cdot kg^{-1}$	<5	50 ~ 500	>500
大鼠经皮 LD_{50} （24 h）/mg·kg^{-1}	<200	200 ~ 1 000	>1 000
大鼠吸入 LD_{50} （1 h）/mg·kg^{-1}	<2	2 ~ 10	>10
鲤鱼鱼毒 （TLM48）	<1	1 ~ 10	>10

注：摘自《农药毒性试验方法暂行规定（试行）》。

表1—4　　　　　　　　　　　职业性接触毒物危害程度分级依据

指标		I 极度危害	II 高度危害	III 中度危害	IV 轻度危害
急性中毒	吸入 $LC_{50}/$ mg·m^{-3}	<200	200 ~	2 000 ~	>20 000
	经皮 $LD_{50}/$ mg·kg^{-1}	<100	100 ~	500 ~	>2 500
	经口 $LD_{50}/$ mg·kg^{-1}	<25	25 ~	500 ~	>5 000
急性中毒发病情况		生产中易发生中毒，后果严重	生产中可发生中毒，预后良好	偶可发生中毒	迄今未见急性中毒，但有急性影响
慢性中毒患病情况		患病率高（≥5%）	患病率较高（<5%）或症状发生率高（≥20%）	偶有中毒病例发生或症状发生率较高（≥10%）	无慢性中毒，而有慢性影响
慢性中毒后果		脱离接触后继续进展，或不能治愈	脱离接触后可基本治愈	脱离接触后可恢复，不致有严重后果	脱离接触后自行恢复，无不良后果
致癌性		人体致癌物	可疑人体致癌物	实验动物致癌物	无致癌物
最高容许浓度/mg·m^{-3}		<0.1	0.1 ~	1.0 ~	>10

注：摘自《职业性接触毒物危害程度分级》（GB 5044—1985）。

三、影响毒性的因素

（一）毒物的化学结构

物质的化学结构不仅直接决定其理化性质，也决定其参与各种化学反应的能力。而物质的理化性质和化学活性又与其生物学活性和生物学作用有着密切的联系，并在某种程度上决定其毒性。目前已了解一些毒物的化学结构与其毒性有关。例如，脂肪族直链饱和烃类化合物的麻醉作用，在3~8个碳原子范围内，随碳原子数增加而增强；氯代饱和烷烃的肝脏毒性随氯原子取代的数量而增大等。据此可推测某些新化学物的大致毒性和毒作用特点。

毒物的理化性质对其进入途径和体内过程有重要影响。分散度高的毒物，易经呼吸道进入，化学活性也大，例如锰的烟尘毒性大于锰的粉尘。挥发性高的毒物，在空气中蒸气浓度高，吸入中毒的危险性大；一些毒物绝对毒性虽大，但其挥发性很小，吸入中毒的危险性并不高。毒物的溶解度也和其毒作用特点有关，氧化铅较硫化铅易溶解于血清，故其毒性大于后者；苯易溶于有机溶剂，进入体内主要分布于含类脂质较多的骨髓及脑组织，因此，对造血系统、神经系统毒性较大。刺激性气体因其水溶性差异，对呼吸道的作用部位和速度也不尽相同。

（二）剂量、浓度和接触时间

不论毒物的毒性大小，都必须在体内达到一定量才会引起中毒。空气中毒物浓度高，接触时间长，防护措施不力，则进入体内的量大，就容易发生中毒。因此，降低空气中毒物的浓度、缩短接触时间、减少毒物进入体内的量，是预防职业中毒的重要环节。

（三）联合作用

毒物与存在于生产环境中的各种有害因素，可同时或先后共同作用于人体，其毒效应可表现为独立、相加、协同和拮抗作用。进行卫生学评价时，应注意毒物和其他有害因素的相加和协同作用，以及生产性毒物与生活性毒物的联合作用。已知环境温、湿度可影响毒物的毒作用。在高温环境下毒物的毒作用一般较常温大。有人研究了 58 种化学物，在标注出处于低温、室温和高温对大鼠的毒性时，发现在 36℃ 高温毒性最强。高温环境下毒物的挥发性增加，机体呼吸、循环加快，出汗增多等，均可促进毒物的吸收；体力劳动强度大时，毒物吸收多，机体耗氧量也增多，对毒物更为敏感。

（四）个体易感性

人体对毒物毒作用的敏感性存在着较大的个体差异，即使在同一接触条件下，不同个体所出现的反应也可相差很大。造成这种差异的个体因素很多，如年龄、性别、健康状况、生理状况、营养、内分泌功能、免疫状态及个体遗传特征等。研究表明，产生个体易感性差异的决定因素是遗传特征，例如葡萄糖-6-磷酸脱氢酶（G-6-PD）缺陷者对溶血性毒物较为敏感，易发生溶血性贫血；不同 δ-氨基-γ-酮戊酸脱水酶（ALAD）基因型者对铅毒作用的敏感性亦有明显差异，携带铅易感基因（ALAD2）者较 ALAD1 者更易发生铅中毒。

第三节　职业中毒的分类及诊断

一、职业中毒的分类及临床表现

（一）临床类型

由于生产性毒物的毒性、接触浓度和时间、个体差异等因素的影响，职业中毒可表现为三种临床类型。

1. 急性中毒（acute poisoning）

指毒物一次或短时间（几分钟至数小时）内大量进入人体而引起的中毒，如急性苯中毒、氯气中毒等。

2. 慢性中毒（chronic poisoning）

指毒物少量长期进入人体而引起的中毒，如慢性铅中毒、锰中毒等。

3. 亚急性中毒（subacute poisoning）

发病情况介于急性和慢性之间，称亚急性中毒，如亚急性铅中毒。但无截然分明的发病时间界限。

此外，脱离接触毒物一定时间后，才呈现中毒临床病变，称迟发性中毒（delayed poisoning），如锰中毒等。毒物或其代谢产物在体内超过正常范围，但尚未出现该毒物所致临床表现，处于亚临床状态，称中毒的观察对象，如铅吸收。

（二）主要临床表现

由于毒物本身的毒性和毒作用特点、接触剂量等各不相同，职业中毒的临床表现多种多样，尤其是多种毒物同时作用于机体时更为复杂，可危及全身各个系统，出现多脏器损害；同一毒物可累及不同的靶器官，不同毒物也可损害同一靶器官而出现相同或类似的临床表现。掌握职业中毒的这些临床特点，有助于职业中毒的正确诊断和治疗。

1. 神经系统

许多毒物可选择性损害神经系统，尤其是中枢神经系统对毒物更为敏感，以中枢和周围神经系统为主要毒作用靶器官或靶器官之一的化学物统称为神经性毒物。生产环境中常见的神经性毒物有金属、类金属及其化合物、窒息性气体、有机溶剂和农药等。慢性轻度中毒早期多有类神经症，甚至精神障碍表现，脱离接触后可逐渐恢复。有些毒物如铅、正己烷、有机磷等还可引起神经髓鞘、轴索变性，损害运动神经的神经肌肉接点，从而产生感觉和运动神经损害的周围神经病变。一氧化碳、锰等中毒可损伤锥体外系，出现肌张力增高、震颤麻痹等症状。铅、汞、窒息性气体、有机磷农药等严重中毒时，可引起中毒性脑病和脑水肿。

2. 呼吸系统

呼吸系统是毒物进入机体的主要途径，最容易遭受气态毒物的损害。引起呼吸系统损害的生产性毒物主要是刺激性气体。如氯气、光气、氮氧化物、二氧化硫、硫酸二甲酯等可引起气管炎、支气管炎等呼吸道病变，严重时可产生化学性肺炎、化学性肺水肿及成人呼吸窘迫综合征（ARDS）；吸入液态有机溶剂如汽油等可引起吸入性肺炎；有些毒物如二异氰酸甲苯酯（TDI）可诱发过敏性哮喘；砷、氯甲醚类、铬等可致呼吸道肿瘤。

3. 血液系统

许多毒物对血液系统有毒作用，引起造血功能抑制、血细胞损害、血红蛋白变性、出血凝血机制障碍等。铅干扰卟啉代谢，影响血红素合成，可引起低色素性贫血；砷化氢是剧烈的溶血性物质，可产生急性溶血反应；苯的氨基、硝基化合物及亚硝酸盐等可导致高铁血红蛋白血症；苯和三硝基甲苯抑制骨髓造血功能，可引起白细胞、血小板减少、再生障碍性贫血，甚至引起白血病；2 - （二苯基乙酰基）-1，3 - 茚满三酮（商品名称为敌鼠）抑制凝血因子 Ⅱ、Ⅶ、Ⅸ、Ⅹ 在肝脏合成，损害毛细血管，可引起严重出血；一氧化碳与血红蛋白结合，形成碳氧血红蛋白血症，可引起组织细胞缺氧窒息等。

4. 消化系统

消化系统是毒物吸收、生物转化、排出和肠肝循环再吸收的场所，许多生产性毒物可损害消化系统。如接触汞、酸雾等可引起口腔炎；汞盐、三氧化二砷、有机磷农药急性中毒时可见急性胃肠炎；四氯化碳、氯仿、砷化氢、三硝基甲苯等可引起急性或慢性中毒性肝病；铅中毒、铊中毒时出现腹绞痛；有的毒物可损害牙组织，出现氟斑牙、牙酸蚀病、牙眼色素沉着等。

5. 泌尿系统

肾脏不仅是毒物最主要的排泄器官，也是许多化学物质的储存器官之一。因此，泌尿系统，尤其是肾脏成为许多毒物的靶器官。引起泌尿系统损害的毒物很多，其临床表现大致可分为急性中毒性肾病、慢性中毒性肾病、泌尿系统肿瘤以及其他中毒性泌尿系统疾病，以前两种类型较多见。如铅、汞、镉、四氯化碳、砷化氢等可致急、慢性肾病；β-萘胺、联苯胺可致泌尿系统肿瘤；芳香胺、杀虫脒可致化学性膀胱炎。近年来，尿酶如碱性磷酸酶、γ-谷氨酰转移酶、N-乙酰-β 氨基葡萄糖苷酶及尿蛋白，如金属硫蛋白、β_2-微球蛋白的检测已作为肾脏损害的重要监测手段。

6. 循环系统

毒物引起心血管系统损害的临床表现多见急性和慢性心肌损害、心律失常、房室传导阻滞、肺源性心脏病、心肌病和血压异常等多种表现。许多金属毒物和有机溶剂可直接损害心肌，如铊、四氯化碳等；镍通过影响心肌氧化与能量代谢，引起心功能降低、房室传导阻滞；某些氟烷烃如氟利昂可使心肌应激性增强，诱发心律失常，促发室性心动过速或引起心室颤动；亚硝酸盐可致血管扩张，血压下降；长期接触一定浓度的一氧化碳、二硫化碳的工人，冠状动脉粥样硬化、冠心病或心肌梗死的发病率明显增高。

7. 生殖系统

毒物对生殖系统的毒作用包括对接触者本人的生殖及其对子代发育过程的不良影响，即所谓"生殖毒性和发育毒性"（reproductive toxicity and developmental toxicity）。生殖毒性包括对接触者生殖器官、有关的内分泌系统、性周期和性行为、生育力、娃振结局、分娩过程等方面的影响；发育毒性可表现为胎儿结构异常、发育迟缓、功能缺陷，甚至死亡等。很多生产性毒物具有一定的生殖毒性和发育毒性，例如铅、镉、汞等重金属可损害睾丸的生精过程，导致精子数量减少、畸形率增加、活动能力减弱，使女性月经先兆症状发生率增高、月经周期和经期异常、痛经及月经血量改变。孕期接触高浓度铅、汞、二硫化碳、苯系化合物、环氧乙烷的女工，自然流产率和子代先天性出生缺陷的发生率明显增高。

8. 皮肤

职业性皮肤病占职业病总数的40%～50%，其致病因素中化学因素占90%以上。生产性毒物可对皮肤造成多种损害，如酸、碱、有机溶剂等所致接触性皮炎；沥青、煤焦油等所致过敏性皮炎和职业性疣赘；矿物油类、卤代芳烃化合物等所致职业性痤疮；煤焦油、石油等所致皮肤黑变病；铬的化合物、铍盐等所致职业性皮肤溃疡；有机溶剂、碱性物质等所致职业性角化过度和皲裂；氯丁二烯、铊等可引起脱发；砷、煤焦油等可引起职业性皮肤肿瘤。

9. 其他

毒物可引起多种眼部病变，如刺激性化学物可引起角膜炎、结膜炎；腐蚀性化合物可使角膜和结膜坏死、糜烂；三硝基甲苯、二硝基酚可致白内障；甲醇可致视神经炎、视网膜水肿、视神经萎缩，甚至失明等；氟可引起氟骨症；黄磷可以引起下颌骨破坏、坏死；吸入氧化锌、氧化镉等金属烟尘可引起金属烟热。

二、职业中毒的诊断与处理原则

（一）职业中毒的诊断

职业中毒的诊断具有很强的政策性和科学性，直接关系到职工的健康和国家劳动保护政策的贯彻执行。2013 年 12 月 23 日，国家卫生计生委、人力资源社会保障部、安全监管总局和全国总工会 4 部门联合印发《职业病分类和目录》，将职业病分为职业性尘肺病及其他呼吸系统疾病、职业性皮肤病、职业性眼病、职业性耳鼻喉口腔疾病、职业性化学中毒、物理因素所致职业病、职业性放射性疾病、职业性传染病、职业性肿瘤、其他职业病 10 类 132 种，并配套相应的诊断标准。职业病诊断标准定期更新，应注意查阅并使用最新颁布的诊断标准。职业中毒是我国最常见的法定职业病种类，其诊断是遵从法定职业病的诊断原则。法定职业病的诊断是由 3 人及以上组成的诊断小组严格按照国家颁布的职业病诊断标准进行的集体诊断。

在诊断职业中毒的具体操作过程中，尤其是某些慢性中毒，因缺乏特异的症状、体征及检测指标，确诊不易。所以，职业中毒的诊断应有充分的资料，包括职业史、现场职业卫生调查、相应的临床表现和必要的实验室检测，并排除非职业因素所致的类似疾病，综合分析后，方能做出合理的诊断。

1. 职业史

是职业中毒诊断的重要前提。应详细询问患者的职业史，包括现职工种、工龄、接触毒物的种类、生产工艺、操作方法、防护措施；既往工作经历，包括部队服役史、再就业史、打工史及兼职史等，以便综合判断患者接触毒物的机会和程度。

2. 职业卫生现场调查

是诊断职业中毒的重要参考依据。应深入作业现场，进一步了解患者所在岗位的生产工艺流程、劳动过程、空气中毒物的浓度、预防措施；同一接触条件下的其他人员有无类似发病情况等，从而判断患者在该条件下是否可能引起职业中毒。

3. 症状与体征

职业中毒的临床表现复杂多样，同一毒物在不同致病条件下可导致性质和程度截然不同的临床表现；不同毒物可引起同一症状或体征；非职业因素也可导致与职业因素危害完全相同或相似的临床症状和体征。因此，在临床资料收集与分析时，既要注意不同职业中毒的共同点，又要考虑到各种特殊的和非典型的临床表现；不仅要排除其他职业性有害因素所致类似疾病，还要考虑职业病与非职业病的鉴别诊断。一般来说，急性职业中毒因果关系较明确，而慢性职业中毒的因果关系有时还难以确立。诊断分析时应注意临床表现与所接触毒物的毒作用特点是否相符，中毒的程度与接触强度是否相符，尤其应注意各种症状体征发生的时间顺序及其与接触生产性毒物的关系。

4. 实验室检查

对职业中毒的诊断具有重要意义，主要包括接触指标和效应指标。

（1）接触指标。指测定生物材料中毒物或其代谢产物是否超出正常值范围，如尿铅、血铅、尿酚、甲基马尿酸等。

（2）效应指标。一是反映毒作用的指标，如铅中毒者检测尿 σ - 氨基 - γ - 酮戊酸（σ - ALA）；有机磷农药中毒者检测血液胆碱酯酶活性等。二是反映毒物所致组织器官病损的指标，包括血、尿常规检测和肝、肾功能实验等，如镉致肾小管损伤可测定尿低分子蛋白（β_2 - 微球蛋白）以及其他相关指标。

上述各项诊断依据，要全面、综合分析，才能做出切合实际的诊断。对有些暂时不能明确诊断的患者，应先做对症处理、动态观察、逐步深化认识，再做出正确的诊断，否则可能引起误诊误治，如将铅中毒所致急性腹绞痛误诊为急性阑尾炎而进行阑尾切除术等。导致误诊误治的原因很多，主要是供诊断分析用的资料不全，尤其是忽视职业史及现场调查资料的收集。

（二）职业中毒的急救和治疗原则

职业中毒的治疗可分为病因治疗、对症治疗和支持疗法三类。病因治疗的目的是尽可能消除或减少致病的物质基础，并针对毒物致病的机制进行处理；及时合理的对症处理是缓解毒物引起的主要症状、促进机体功能恢复的重要措施；支持疗法可改善患者的全身状况、促进康复。

1. 急性职业中毒

（1）现场急救。立即使患者脱离中毒环境，将其移至上风向或空气新鲜的场所，注意保持呼吸道通畅。若患者衣服、皮肤被毒物污染，应立即脱去污染的衣物，并用清水彻底冲洗皮肤（冬天宜用温水）。对遇水可发生化学反应的物质，应先用布抹去污染物，再用水冲洗。现场救治时，应注意对心、肺、脑、眼等重要脏器的保护。对重症患者，应严密注意其意识状态、瞳孔、呼吸、脉搏、血压的变化，若发现呼吸、循环障碍时，应及时对症处理，具体措施与内科急救相同。对严重中毒需转送医院者，应根据症状采取相应的转院前救治措施。

（2）阻止毒物继续吸收。患者到达医院后，如发现现场紧急清洗不够彻底，则应进一步清洗。对气体或蒸气吸入中毒者，可给予吸氧；经口中毒者，应立即催吐、洗胃或导泻。

（3）解毒和排毒。应尽早使用解毒排毒药物，解除或减轻毒物对机体的损害。必要时，可用透析疗法或换血疗法清除体内的毒物。常用的特效解毒剂如下：

1）金属络合剂。主要有依地酸二钠钙（CaNa$_2$EDTA）、二乙三胺五乙酸三钠钙（DTPA）、二巯基丙醇（BAL）、二巯基丁二酸钠（NaDWS）、二巯基丁二酸等，可用于治疗铅、汞、砷、锰等金属和类金属中毒。

2）高铁血红蛋白还原剂。常用的有美蓝（亚甲蓝），可用于治疗急性苯胺、硝基苯类高铁血红蛋白形成剂中毒。

3）氧化物中毒解毒剂。如亚硝酸钠—硫代硫酸钠疗法，主要用于救治氰化物、丙烯氰等含 "CN -" 的化学物急性中毒。

4）有机磷农药中毒解毒剂。主要有氯磷定、解磷定、阿托品等。

5）氟乙酰胺中毒解毒剂。常用的有乙酰胺（解氟灵）等。

（4）对症治疗。由于针对病因的特效解毒剂种类有限，因而对症治疗在职业中毒的救治中极为重要，主要目的在于保护体内重要器官的功能、缓解病痛、促使患者早日康复。其治疗原则与内科处理类同。

2. 慢性职业中毒

早期常为轻度可逆的功能性改变，继续接触则可演变成严重的器质性病变，故应及早诊断和处理。

中毒患者应脱离毒物接触，及早使用有关的特效解毒剂，如 NaDMS、CaNa$_2$EDTA 等金属络合剂；但目前此类特效解毒剂为数不多，应针对慢性中毒的常见症状，如类神经症、精神症状、周围神经病变、白细胞降低、接触性皮炎、慢性肝肾病变等，进行及时合理的对症治疗，并注意适当地增加营养和休息，促进患者康复。慢性中毒经治疗后，应对患者进行劳动能力鉴定，并安排合适的工作或休息。

第四节　有毒化学物质职业接触限值

职业接触限值（occupational exposure limits，OELs），是指劳动者在职业活动过程中长期反复接触、对绝大多数接触者的健康不引起有害作用的容许接触水平，是职业性有害因素的接触限制量值。化学有害因素的职业接触限值包括时间加权平均容许浓度、短时间接触容许浓度和最高容许浓度三类。物理因素职业接触限值包括时间加权平均容许限值和最高容许限值。

一、有毒化学物质职业接触限值制定原则

（一）制定依据

我国职业接触限值是以下列资料为依据制定的：

1. 有害物质的物理和化学特性资料。
2. 动物实验和人体毒理学资料。
3. 现场职业卫生学调查资料。
4. 流行病学调查资料。

制定有害物质的接触限值，应在充分学习文献资料的基础上进行，一般先从毒理实验着手。由于职业接触的特点，最好采用吸入染毒。按一般规律，毒物的毒作用取决于剂量。制定接触限值，更是强调剂量—反应（或效应）关系，应努力寻找所谓的无所观察有害效应的水平（no observed – adverse – effect – level，NOAEL），它是指不引起有害效应的最高水平或者剂量。在确定 NOAEL 后，再选择一定的安全系数，提出相应的接触限值，有害物质的接触限值一般应比 NOAEL 低。接触限值并非一成不变，而是根据现场卫生学调查和健康状况动态观察的结果对其安全性和可行性加以验证，甚至修订。由于工业的发展，新的有害物质不断出现，往往没有现场和职业健康资料可供利用，此时可根据有害物质的理化特性，进行必要的毒性和动物实验研究，以确定其初步的毒作用，据此提出接触限值的建议，先行试用。对于已经生产和使用较久的化学物质，则应主要根据已有的毒理学和流行病学调查资料

制定接触限值。一般认为，现场职业卫生和流行病学调查资料比动物实验资料更为重要，是制定接触限值的主要依据。

研究空气中有害物质接触限值，核心是从质和量两个方面深入研究该有害物质与机体之间的相互关系，最终目的是确定一个合理而安全的界限。换言之，就是在充分掌握有害物质作用性质的基础上，阐明群体接触某一定量有毒有害物质与群体中产生某种程度效应者的百分率的关系，即接触—反应关系（exposure - response relationship）。

因此，在进行现场职业卫生调查与流行病学调查时，必须紧紧抓住接触—反应关系这一环节，才能使得到的资料为制定接触限值提供有力的依据。

（二）有害效应与保护水平

制定接触限值时，首先面临的是选定哪一种有害效应，这关系到实验和调查中观察哪种指标，还关系到 NOAEL 的高低以及一项卫生标准的保护水平。

在制定有害因素的接触限值时，应根据它对机体的主要效应、效应是否敏感及其出现的时序等来选择有害效应。根据我国制定接触限值的实践经验，下列情况应看作是有害效应：呼吸道刺激效应；初期急性、慢性职业中毒或职业病；接触化学物所致早期临床征象；实验室检查有实质性意义的改变；因果关系较明确的职业性多发病；经排除混杂因素有显著意义的自觉症状持续性增高等。在实际工作中往往有些习惯的做法，例如，在粉尘限值制定时，只把致肺纤维化视为有害效应。

工作场所有害因素接触限值像其他卫生标准一样，对健康保护的安全程度是相对的；不同的卫生标准，对接触者提供的保护水平也不相同。这种保护水平集中反映在有害物质接触限值的定义中。

在苏联，车间空气中有害物质的接触限值称为最高容许浓度，其定义是："工人在整个就业期间每天 8 h 接触工作地点空气中有害物质的浓度不会引起任何疾病，也不出现用现代检查方法可能查出的异常变化"。美国政府工业卫生学家协会（ACGIH）在其阈限值规定的前言中指出："绝大多数工人每天反复接触该浓度不至于引起有害效应（adverse effect），然而由于个体易感性不同，在该浓度下可引起少数工人不适，或使既往疾病恶化，甚至发生职业病。"在我国，职业接触限值是指"劳动者在职业活动过程中长期反复接触对机体不引起急性或慢性有害健康影响的容许接触水平"。

每项卫生标准均对接触者提供一定的保护水平，但如果不是百分之百的保护，每项标准又都体现着某种可接受的危险度。有害物质接触限值的保护水平，是指在空气中有害物质的浓度不超出该限值的环境条件下，持续作业若干年，某种有害效应在接触人群中不至超过某一发生比率而言。简言之，职业接触限值的保护水平，是指保持在该接触限值的条件下，接触该有害物质的职业人群的健康保护所能达到的程度。保护水平的内涵，应包括三方面内容：什么样的健康效应及其容许出现的百分率；接触该有害因素的持续时间；被保护者在该职业人群中的比例。每项接触限值的保护水平如何，只有在其制定依据资料中找到答案。在制定职业接触限值时保护水平掌握在什么分寸，也直接影响到标准的可行性。

此外，制定有害物质接触限值时还应考虑高危人群问题。所谓高危人群，是指少部分人在接触有毒物质或致癌物质时，由于生物因素的影响，而使其对毒作用的反应较一般人群出现得早且严重。

（三）制定原则

衡量一项卫生标准，不但要从制定标准的科学性上考虑，而且还要同时考虑标准的可行性。科学性上的考虑主要指接触限值要对接触者的健康提供最大保障。在此前提之下，还要考虑执行此限值对社会和经济发展的影响。我国制定职业接触限值的原则是："在保障健康的前提下，做到经济合理、技术可行，即安全性与可行性相结合。"经济合理和技术可行均属于可行性问题。技术上的可行性（technological feasibility）指现有的技术发展水平能否达到；经济上的可行性（economic feasibility）则意味着执行该标准的工业企业在经济上是否负担得起。

制定车间空气中有害物质接触限值，要围绕有害物质的接触水平（剂量、浓度）与反应关系这一核心问题。在具体工作中，首先要做好文献学习工作，广泛收集与制定接触限值有关的国内外资料，特别是不同国家的接触限值及其制定依据，在毒理学研究方面，应尽量避免重复国外已有研究报告的实验。应切实掌握我国实际情况，包括有关的生产、使用情况，接触该有害物质的人数、危害情况，病例报告、尸检资料及现场调查报告等。在全面整理现有资料的基础上，有针对性地补充必要的现场调查资料或实验研究工作资料，经综合分析，提出适合我国实际情况的接触限值。在我国，从现场获得制定、验证、修订标准的依据资料，具有很多有利条件，应予特别重视。

二、有毒化学物质职业接触限值的种类及应用

职业接触限值是为保护作业人员健康而规定的工作场所有害因素的接触限量值，是卫生标准的一个主要组成部分。不同国家、机构或团体所采用的职业接触限值其名称与含义不尽相同。我国的职业接触限值由全国职业卫生标准委员会制定。

（一）我国的职业接触限值

职业接触限值（occupational exposure limits，OELs）是我国职业卫生标准中对于限值的一个总称，指劳动者在职业活动过程中长期反复接触某种有害因素，对绝大多数人的健康不引起有害作用的容许接触浓度（permissible concentration，PC）或接触水平。职业接触限值包括以下三个具体限值。

1. 时间加权平均容许浓度（permissible concentration time weighted average，PC – TWA）

指以时间为权数规定的 8 h 工作日的平均容许接触水平。

2. 最高容许浓度（maximum allowable concentration，MAC）

指工作地点在一个工作日内、任何时间均不应超过的有毒化学物质的浓度。

3. 短时间接触容许浓度（permissible concentration – short term exposure limit，PC – STEL）

指一个工作日内，任何一次接触不得超过的 15 min 时间加权平均的容许接触水平。

（二）常见的其他国家和地区的职业接触限值

1. 美国政府工业卫生学家协会（ACGIH）的阈限值

（1）时间加权平均阈限值（threshold limit value – time weighted average，TLV – TWA）。

是指 8 h 工作班以及 40 h 工作周的时间加权平均容许浓度，长期反复接触该浓度（有害物质），几乎所有工人不会发生有害的健康效应。

（2）短时间接触阈限值（threshold limit value – short term exposure limit，TLV – STEL）。是指在一个工作日的任何时间均不得超过的短时间接触限值（以 15 min TWA 表示）。工人可以接触该水平的有害因素，但每天接触不得超过 4 次，前后两次接触至少要间隔 60 min，且不得超过当日的 8 h 时间加权平均阈限值。

（3）上限值（threshold limit value – ceiling，TLV – C）。是指瞬时也不得超过的浓度或强度（以小于 15 min 采样测定值表示）。

（4）容许接触限值。是指美国职业安全和卫生管理局（OSHA）引用美国国家职业安全卫生研究所（NIOSH）及 ACGIH 的资料颁布的职业接触限值，具有法律效力。它的具体限值与 NIOSH 及 ACGIH 相类似。

2．德国科学研究联合会（DFG）制定的职业接触限值

（1）最高工作场所浓度（maximale arbeitsplatz – konzentration，MAK）。虽译为最高容许浓度，但实质上是 8 h TWA 容许浓度。

（2）技术参考浓度（technische richtkonzentration，TRK）。该限值为致癌物质根据目前技术条件所能达到的最低浓度，遵守 TRK 只能减少并不能排除该物质对健康的危害。这是德国对致癌物所采取的一种控制措施，要求车间空气致癌物浓度在 TRK 以下，并不断改善防护措施，尽可能远远低于 TRK 水平。

3．日本产业卫生学会（JSOH）推荐的有害物质接触限值

该接触限值是按容许浓度和最大容许浓度规定的。

（1）容许浓度。是指劳动者每天 8 h、每周 40 h 接触有害物质，在体力劳动强度不剧烈的状态下，可以认为几乎所有的劳动者不出现不良健康影响的有害物质平均接触浓度。即使接触时间短，或者劳动强度不大时也应避免超出容许浓度的接触。此外，所谓的接触浓度是指劳动者在不佩戴呼吸防护用品的状态下作业时可能吸入的空气中该物质的浓度。将劳动时间按作业内容、作业场所或者接触程度分为若干时间段，在已知各时间段平均接触浓度或其估计值时，可以通过计算时间加权平均值得出整体平均接触浓度或其估计值。

（2）最大容许浓度。是指任何作业时间几乎所有的劳动者都不出现不良健康影响的接触浓度。对部分物质推荐最大容许浓度的理由是因为该物质的毒性主要以短时间出现刺激、中枢神经抑制等机体影响为主。严格来说，判断瞬间接触是否超出最大容许浓度的测定是非常困难的。实际上，可通过 5 min 短时间测定（可以认为包括最大接触浓度）获得最大值。

4．我国台湾地区作业环境空气中化学物质容许浓度标准

2011 年 9 月 29 日台湾相关部门通过"劳工安全卫生法"修正草案，修正名称为"职业安全卫生法"。依据该法第五条规定，适用于从事制造、处置、使用或贩卖化学物质作业的用人单位，要求用人单位作业环境空气中化学物质浓度不得超过相应的容许浓度。容许浓度有三种类型：

（1）8 h 日时间加权平均容许浓度。是指工人每天工作 8 h，普通工人在该浓度以下重复接触，不致有不良反应。

（2）短时间加权平均容许浓度。是指普通工人在该浓度下连续接触任何 15 min，不致

有不可忍受的刺激，或慢性或不可逆的组织病变，或麻醉昏晕作用、事故增加倾向或工作效率降低。

（3）最高容许浓度。是指普通工人在任何时间接触都不能超过的浓度，以防止工人不可忍受的刺激或生理改变。

5. 我国香港地区劳工处（LD）编印的《控制工作场所空气污染物（化学品）的工作守则》规定的职业接触限值（occupational exposure limit，OEL）

该接触限值可以认为通过呼吸途径接触该化学物质，绝大部分工人的健康不致受到损害的空气中化学物质的浓度。化学物质职业接触限值包括：

（1）时间加权平均值（time – weighted average ，TWA）。指在每周工作 5 d、每天工作 8 h 的情况下化学物质的时间加权平均浓度。在该浓度下几乎所有的工人即使每天重复接触该化学物质，其健康也不会受到损害。OEL – TWA 以每周工作 40 h 和每天工作 8 h 计算。

（2）短时间接触限值（short – term exposure limit ，STEL）。指空气中的化学物质在 15 min 内的时间加权平均浓度。OEL – STEL 是 OEL – TWA 的补充，用以限制在一个工作日内短时间接触高浓度的化学物质。即使化学物质浓度超过 OEL – TWA，但仍低于 OEL – STEL，则接触时间不应超过 15 min，而且每日不应超过 4 次。如需多次在该浓度下接触，则每两次接触之间至少需间隔 60 min。该标准为控制短时间接触提供了指南。

（3）上限值（ceiling，C）。指在工作日的任何时间内都不可超过的空气中的化学物质浓度，一般适用于会引起严重或急性反应的化学物质。没有 OEL – C 的化学物质均没有 OEL – TWA 和 OEL – STEL。

6. 保证健康的职业接触限值（health – based occupational exposure limit）

这是世界卫生组织（WHO）专题工作组提出的一种职业接触限值，制定这种接触限值时，仅以毒性资料与工人健康状况资料为依据，而不考虑社会经济条件或工程技术措施等因素。不同国家可根据各自国情加以修正，作为本国的实施限值。

第五节　常见工业毒物

工业毒物是指工业生产中的有毒化学物质。在工业生产中，毒物的来源是多方面的，有的作为原料，如制造聚甲基丙烯酸甲酯（有机玻璃）时应用的氰化钠；有的是中间体或副产品，如用苯制造二硝基苯时产生的硝基苯；有的是成品，如化肥厂生产的氨、农药厂生产的有机磷农药；有的作为辅助原料，如胶鞋厂用作溶剂的汽油，制造聚氯乙烯用作催化剂的氯化汞；有的为夹杂物，如硫酸中混杂的砷；还有的是反应产物或废弃物，如硫化钠遇酸产生的硫化氢、氩弧焊作业中产生的臭氧和氮的氧化物等。

毒物可按各种方法予以分类，如按化学结构、用途、进入途径、生物作用等进行分类。

毒物按作用性质可分为刺激性、腐蚀性、窒息性、麻醉性、溶血性、致敏性、致癌性、致畸性和致突变性毒物等，按损伤的器官或系统则可分为神经毒性、血液毒性、肝脏毒性、肾脏毒性和全身毒性毒物等。有毒物质主要具有一种作用，有的有毒物质也具有多种或全身性作用。

一、金属与类金属

金属和类金属及其合金在工业上应用广泛，尤其在建筑业、汽车、航空航天、电子和其他制造工业以及在油漆、涂料和催化剂生产中都大量使用。各种金属都是通过矿山开采、冶炼、精炼和加工后成为其他工业用的金属原料，因此，从矿山开采、冶炼到加工成金属以及应用这些金属时，都会对工作场所造成污染，给工人健康造成潜在的危害。了解有害金属和类金属的理化特性、接触机会、毒性和毒理作用及可能引起的中毒，在职业医学中具有特殊重要性。

和其他毒物中毒一样，每一种金属因其毒性和靶器官不同而出现不同的临床表现。很多金属具有靶器官性，即在有选择性的器官或组织中蓄积并发挥生物学效应，并因此引起慢性毒性作用。金属也可与有机物结合，改变其物理特性和毒性，如氢化物和羰基化物结合毒性就很大。急性金属中毒多由食入含金属化合物、吸入高浓度金属烟雾或金属气化物所致，在现代工业操作中，这种类型的接触中毒比较少见，常常是由于意外的化学反应、事故或在密闭空间燃烧或焊接造成中毒。低剂量长时间接触金属和类金属化学物引起的慢性毒性作用是目前金属中毒的重点。

大多数金属类化学物通过代谢可在血和尿中检出从而帮助确立诊断。随着科学技术，特别是医学检测技术的发展，对以前认为是安全的接触剂量可能提出质疑。医学监测和生物学检测对于确定安全接触剂量和诊断是十分重要的。金属毒物在体内代谢过程中，一般主要通过和体内的巯基及其他配基形成稳定复合物而发挥生物学作用，正是这种特性构成了应用络合剂疗法治疗金属类化学物中毒的基础。治疗金属类化学物中毒常用的络合剂有两种，即氨羧络合剂和巯基络合剂。氨羧络合剂（如依地酸二钠钙、促排灵）中的氨基多羧酸能与多种金属离子络合成无毒的金属络合物并排出体外。巯基络合剂（如二巯基丙醇、二巯基丙磺酸钠、二巯基丁二酸钠、青霉胺等）的碳链上带有巯基，可与金属结合，保护人体的巯基酶系统免受金属的抑制作用，同时可解救已被抑制的巯基酶，使其恢复活性。

（一）铅［Pb］

1. 理化性质

铅（Pb）为一种质地较软、具有易锻性的蓝灰色金属。原子量为 207.20，密度为 11.3×10^3 kg/m³，熔点为 327℃，沸点为 1 620℃。加热至 400～500℃时，即有大量铅蒸气逸出，在空气中易被氧化成氧化亚铅（Pb_2O），并凝聚为铅烟。随着熔铅温度的升高，还可逐步产生氧化铅（密陀僧，PbO）、三氧化二铅（黄丹，Pb_2O_3）、四氧化三铅（红丹，Pb_3O_4）。所有铅氧化物都以粉末状态存在，并易溶于酸。

2. 工业应用

工业开采的铅矿主要是硫化铅矿（方铅矿）、碳酸铅矿（白铅矿）及硫酸铅矿。开矿时，接触途径主要是呼吸道和消化道接触。在铅冶炼时，混料、烧结、还原和精炼过程中均可接触。在冶炼锌、锡、锑等金属和制造铅合金时，亦存在铅危害。

制造铅丝、铅皮、铅箔、铅管、铅槽、铅丸、电缆、焊接用的焊锡等，以及废铅回收，均可接触铅烟、铅尘或铅蒸气。

铅氧化物常用于制造蓄电池、玻璃、搪瓷、景泰蓝、铅丹、铅白、颜料、防锈剂、橡胶硫化促进剂等。铅的其他化合物，如醋酸铅用于制药、化工工业，铬酸铅用于油漆、颜料、搪瓷等工业，碱式硫酸铅、碱式亚磷酸铅、硬脂酸铅等用作塑料稳定剂，砷酸铅用作杀虫剂、除草剂等。

3. 职业接触限值

工作场所空气中时间加权平均容许浓度：铅烟为 0.03 mg/m³；铅尘为 0.05 mg/m³。

4. 人体危害

铅及其化合物主要是从呼吸道进入人体的，其次是从消化道进入。工业生产中以慢性中毒为主，初期感觉乏力，口内有金属味，肌肉、关节酸痛，继而可出现腹隐痛、神经衰弱等症状。铅中毒严重者可出现腹绞痛、贫血和末梢神经炎，病情涉及神经系统、消化系统、造血系统等。由于铅是蓄积性毒物，中毒后可对人体健康造成长期的影响。

5. 预防措施

应严格控制工作场所空气中的铅浓度，使之达到国家职业卫生标准要求。生产过程要尽量实现机械化、自动化、密闭化，减少手工操作。生产环境及生产设备采取通风净化措施，注重工艺改革，尽量减少含铅物料的使用。生活中养成良好的个人卫生习惯，不在车间内吸烟、进食，饭前洗手，班后淋浴，注意更换和清洗工作服。

（二）汞［Hg］

1. 理化性质

汞，原子量为200.6，为银白色液态金属，密度为 13.59 × 10³ kg/m³，熔点为 −38.9℃，沸点为356.9℃，在常温下即可蒸发。汞液洒落在桌面或地面上分散成小汞珠，增加其蒸发面积。汞蒸气可吸附于墙壁、地面及衣物等形成二次污染。汞溶于稀硝酸及类脂质，不溶于水及有机溶剂。

2. 工业应用

汞在工业中的应用主要表现在以下方面：

汞矿开采与冶炼；电工器材、仪器仪表制造和维修，如温度计、气压表、血压计、极谱仪、整流器、石英灯、荧光灯等；化工生产烧碱和氯气用汞做阴极电解食盐，塑料、染料工业用汞做催化剂；生产含汞药物和试剂；用于印染、防腐、涂料等；用汞齐法提取金、银等贵金属，用金汞齐镀金及镏金；军工生产中，用雷汞制造雷管作起爆剂；在原子能工业中用汞作反应堆冷却剂；口腔科用银汞齐补牙等。

3. 职业接触限值

工作场所空气中时间加权平均容许浓度为 0.02 mg/m³，短时间接触容许浓度为 0.04 mg/m³。

4. 人体危害

生产过程中金属汞主要以蒸气状态经呼吸道进入人体，可引起急性和慢性中毒。急性中毒多见于意外事故造成的大量汞蒸气散逸引起，发病急，有头晕、乏力、发热、口腔炎症及腹痛、腹泻、食欲不振等症状。慢性中毒较为常见，最早出现神经衰弱综合征，表现为易兴奋、激动、情绪不稳定。汞毒性震颤为典型症状，严重时发展为粗大意向震颤并波及全身。

少数患者出现口腔炎、肾脏及肝脏损害。

5. 预防措施

采用无汞生产工艺，如无汞仪表。食盐电解时采用隔膜电极代替汞电极。汞作业环境中，应加强通风净化措施，并注意清除流散汞及吸附汞，以降低车间空气中的汞浓度。必要时应使用防毒面具等个人防护用品。生产中应注意个人卫生，工作服应定期更换并禁止带出车间。饭前洗手漱口，不在车间进食、吸烟，班后淋浴。患有明显的口腔炎症，慢性肠道炎症，肝、肾、神经等疾病者均不宜从事汞作业。

（三）锰［Mn］

1. 理化性质

锰，原子量为 54.93，为浅灰色硬而脆的金属，密度为 7.20×10^3 kg/m³，熔点为 1 260℃，沸点为 2 097℃，易溶于稀酸。

2. 工业应用

锰及其化合物在工业中用途广泛。在锰矿的开采、加工过程中工人可接触锰尘。在钢铁、冶金、电焊条生产、电焊作业，以及干电池、火柴、塑料、油漆、染料、合成橡胶、鞣皮等工业中均有接触锰的生产过程。

3. 职业接触限值

工作场所空气中时间加权平均容许浓度为 0.15 mg/m³。

4. 人体危害

锰及其化合物的毒性各不相同，化合物中锰的原子价越低毒性越大，毒性最大的是二氧化锰。生产中主要以锰尘和锰烟的形式经呼吸道进入人体而引起中毒。工业生产中以慢性锰中毒为主，多因吸入高浓度锰烟和锰尘所致。在锰粉、锰化合物及干电池生产过程中发病率较高，锰矿工、电焊工、焊剂及焊条生产中也有发病者。发病工龄短者半年，长者 10～20 年。轻度及中度中毒者表现为失眠、头痛、记忆力减退、四肢麻木、轻度震颤、易跌倒、举止缓慢、感情淡漠或冲动；重度中毒者出现四肢僵直，动作缓慢笨拙，语言不清，下颌、唇、舌可有震颤，写字不清，智能下降等症状。

5. 预防措施

接触锰的生产过程应加强通风净化措施，必要时可戴防尘口罩；焊接作业应尽量采用无锰焊条，用自动焊代替手工焊；工作场所禁止吸烟、进食。

（四）铍［Be］

1. 理化性质

铍，原子量为 9.01，银灰色轻金属，密度为 1.34×10^3 kg/m³，熔点为 1 284℃，沸点为 2 970℃。铍质轻、坚硬、难溶于水，可溶于硫酸、盐酸和硝酸。

2. 工业应用

在工业生产中常见的铍化合物有氧化铍、氮化铍、硫酸铍、氯化铍等。在原子能、航空、航天、精密电子仪表等工业中均有接触铍的生产过程。

3. 职业接触限值

工作场所空气中时间加权平均容许浓度为 0.000 5 mg/m³，短时间接触容许浓度为

0.001 mg/m^3。

4. 人体危害

铍及其化合物为高毒物质，可溶性铍化合物毒性大于难溶性铍化合物，毒性最大者为氟化铍和硫酸铍。铍主要以粉尘或烟雾形式经呼吸道进入人体，也可经破损的皮肤进入人体而引起局部作用。急性铍病很少见，多由短时间内吸入大量可溶性铍化合物引起，3~6 h 后出现中毒症状，以急性呼吸道化学炎症为主，严重者出现化学性肺水肿和肺炎。慢性铍病主要是吸入难溶性铍化合物所致，接触 5~10 年可发展为铍肺，表现为呼吸困难、咳嗽、胸痛，后期可发生肺气肿、肺源性心脏病。铍中毒可引起皮炎，可溶性铍可引起铍溃疡和皮肤肉芽肿。铍及其化合物还可引起黏膜刺激，如眼结膜炎、鼻咽炎等，脱离接触后可恢复。

5. 预防措施

生产场所应加强通风净化措施，要注意个人防护及个人卫生，禁止在生产场所吸烟、饮水和进食。

（五）铬 [Cr]

1. 理化性质

六价铬化合物有铬酸酐、铬酸盐、重铬酸盐等。六价铬化合物几乎都与氧结合，为强氧化剂。二价铬化合物无毒，三价铬化合物毒性不大，六价铬化合物（铬酸盐）毒性大，比三价铬化合物毒性大 100 倍。由于其溶解度大，对局部组织有腐蚀性。

2. 工业应用

镀铬工业用铬酸溶液作电镀液，铬酸盐用于生产颜料和油漆、重铬酸盐、鞣皮等。

3. 职业接触限值

工作场所空气中时间加权平均容许浓度为 0.05 mg/m^3。

4. 人体危害

吸入铬酸盐（六价铬化合物）的粉尘或烟雾，可引起急性呼吸道炎症，出现结膜炎、鼻炎、气管炎，引起过敏性哮喘；铬酸盐可灼伤皮肤，引起铬溃疡。长期慢性接触可引起呼吸道炎，出现皮肤黏膜的刺激现象和腐蚀作用，如皮炎、溃疡、鼻炎、鼻中隔穿孔等，引起肝损害、肾损害、血液系统改变，甚至肺癌。

5. 预防措施

生产设备应加强密闭装置，电镀槽设置侧排风装置；工作前涂护肤膏，戴橡胶手套、穿工作服、戴围裙，必要时戴防护口罩和眼镜并定期进行职业健康检查。

（六）砷 [As]

1. 理化性质

砷是一种很分散的元素，在自然界很少见到天然状态的砷。砷主要以硫化矿形式存在。砷能与氢结合形成剧毒的砷化氢，砷化氢无色，稍有大蒜味气体，分子式为 AsH$_3$，分子量为 77.95，熔点为 -117℃，沸点为 -55℃，密度为 2.66 g/cm^3，蒸气压为 1.33 kPa；微溶于乙醇、碱性溶液、溶于氯仿、苯；水溶液呈中性，在水中迅速水解生成砷酸和氢化物；遇明火易燃烧，燃烧时呈蓝色火焰并生成三氧化二砷；加热至 300℃时可分解为元素砷；遇明火、氯气、硝酸、钾 + 氨会爆炸。

2. 工业应用

工业上用于有机合成、军用毒气、科研或某些特殊实验中。生产过程中的副反应产物或环境中自然形成的污染物，只要有砷和新生态氢同时存在，就能产生砷化氢。在工业生产中，夹杂砷的金属与酸作用，含砷矿石冶炼、储存、接触潮湿空气或用水浇含砷矿石的热炉渣均可生成砷化氢。

3. 职业接触限值

工作场所空气中最高容许浓度为 0.03 mg/m^3。

4. 人体危害

砷化氢经呼吸道吸入后，随血液循环分布至全身各脏器，其中，以肝、肺、脑含量较高。人脱离接触后，砷化氢部分以原形随呼气排出。如肾功能未受损，砷—血红蛋白复合物及砷的氧化物可随尿液排出。

砷化氢有剧毒，是强烈的溶血性毒物。砷化氢引起的溶血机理尚不十分清楚，一般认为血液中 $90\% \sim 95\%$ 的砷化氢与血红蛋白结合，形成砷—血红蛋白复合物，通过谷胱甘肽氧化酶的作用，使还原型谷胱甘肽氧化为氧化型谷胱甘肽，红细胞内还原型谷胱甘肽含量下降，导致红细胞膜钠—钾泵作用破坏，红细胞膜破裂，出现急性溶血和黄疸。砷—血红蛋白复合物、砷氧化物、破碎红细胞及血红蛋白管型等可堵塞肾小管，是造成急性肾损害的主要原因，可造成急性肾功能衰竭。此外，砷化物对心、肝、肾有直接的毒作用。

5. 预防措施

在采矿、冶炼及农药制造过程中，生产设备应采取密闭、通风等技术措施，减少工人与含砷粉尘的接触。在维修设备和应用砷化合物过程中，要加强个人防护。医学监护应注重皮肤、呼吸道以及肝、肾、血液和神经系统功能改变。

（七）硒 [Se]

1. 理化性质

硒能直接与氧结合形成二氧化硒。二氧化硒为白色至淡红色有光泽结晶粉末或四角形针状晶体，带酸味，蒸气呈黄绿色，有刺激性和酸味；分子式为 SeO_2，分子量为 110.96，密度为 3.954 g/cm^3，熔点为 $340℃$（$315℃$ 升华），蒸气压为 1.67 kPa（$70℃$），溶解度为 38.4 g（$14℃$ 水）；溶于浓硫酸，有湿气存在时腐蚀金属，对光和热稳定；可迅速吸收干燥氟化氢、氯化氢、溴化氢和碘化氢，生成相应的氧卤化硒。二氧化硒与氨反应生成氮气和硒，此反应在乙醇溶液中生成亚硒酸乙酯铵盐 [$H_2N_4(C_2H_5)SeO_3$]，与肼反应释放出氮气，并生成黑色无定形硒；与羟胺盐酸盐反应生成红棕色无定形硒和氮气；能被硝酸氧化生成硒酸；能被碳和其他有机物质还原；加热分解，放出硒烟。

2. 工业应用

用于制造其他硒化物，作为生物碱试剂、氧化剂、催化剂、润滑油抗氧化剂使用。

3. 职业接触限值

工作场所空气中时间加权平均容许浓度为 0.1 mg/m^3。

4. 人体危害

主要经呼吸道吸入。过量接触后可出现眼和呼吸道刺激症状，数小时后可出现肺炎、肺水肿。接触硒烟后还可引起支气管痉挛及窒息症状。皮肤接触含硒粉尘后可引起接触性皮炎和灼伤，渗入指甲下可引起甲沟炎和甲床炎。眼接触硒粉尘可引起结膜炎及灼伤。少数人在连续或反复接触后，可发生皮肤或眼的过敏反应。

5. 预防措施

生产场所应加强通风净化措施，要注意个人防护及个人卫生，禁止在生产场所吸烟、饮水和进食。

二、刺激性气体

刺激性气体是指对眼、呼吸道黏膜和皮肤具有刺激作用，引起机体以急性炎症、肺水肿为主要病理改变的一类气态物质。此类物质包括在常态下的气体以及在常态下虽非气体，但可以通过蒸发、升华或挥发后形成蒸气或气体的液体或固体。此类气态物质多具有腐蚀性，常因不遵守操作规程或容器、管道等设备被腐蚀而发生跑、冒、滴、漏后污染作业环境。在化学工业生产中最常见。

（一）氯气 [Cl_2]

1. 理化性质

氯气（Cl_2）为黄绿色、具有异臭和强烈刺激性的气体。分子量为 70.91，蒸气密度为 2.488 g/L，沸点为 -34.6℃。易溶于水和碱性溶液，也易溶于二硫化碳和四氯化碳等有机溶剂。遇水可生成次氯酸和盐酸，次氯酸再分解为氯化氢和新生态氧。

2. 工业应用

电解食盐；使用氯气制造各种含氯化合物，如四氯化碳、漂白粉、六六六、聚氯乙烯、环氧树脂等；用于颜料、鞣皮、塑料、合成纤维、制药、造纸、印染等工业；用于油脂及兽骨加工过程中的漂白、水的消毒等。

3. 职业接触限值

工作场所空气中最高容许浓度为 1 mg/m³。

4. 人体危害

氯易溶于水，主要损害上呼吸道及支气管的黏膜，导致支气管痉挛、支气管炎和支气管周围炎。吸入高浓度氯时可作用于肺泡而引起肺水肿。

5. 预防措施

食盐电解生产中，必须备有足够的压缩泵，保持电解槽和管道的负压，注意各部门用氯平衡，以免压力剧增，氯气大量外泄。氯化反应必须密闭。加强设备的维护检查，防止跑、冒、滴、漏。抢修设备需戴防毒面具。液氯储存筒要防热，灌装前需彻底清洗钢瓶，不得夹杂或受其他化学物质污染。钢瓶灌装不得超重，注意密封。

（二）氮氧化物 [NO_x]

1. 种类

氮氧化物的种类很多，主要有氧化亚氮、氧化氮、二氧化氮、三氧化二氮、四氧化二氮、五氧化二氮。在工业生产中引起中毒的多是混合物，但主要是一氧化氮和二氧化氮，一氧化氮又很容易氧化为二氧化氮。

2. 工业应用

制造硝酸，用硝酸清洗金属，制造硝基炸药、硝化纤维、苦味酸等硝基化合物，苯胺染料的重氮化过程，硝基炸药的爆炸，含氮物质和硝酸燃烧，某些青饲料的仓储过程中均可接触氮氧化物。

3. 二氧化氮职业接触限值

工作场所空气中时间加权平均容许浓度为 5 mg/m³，短时间接触容许浓度为 10 mg/m³。

4. 人体危害

二氧化氮在水中溶解度低，对眼和上呼吸道的刺激性小，吸入后对上呼吸道几乎不发生作用。当进入呼吸道深部的细支气管与肺泡时，可与水作用形成硝酸和亚硝酸，对肺组织产生剧烈的刺激和腐蚀作用，形成肺水肿。当接触高浓度二氧化氮时可损害中枢神经系统。

氮氧化物急性中毒可引起肺水肿、化学性肺炎和化学性支气管炎。长期接触低浓度氮氧化物除可引起慢性咽炎、支气管炎外，还可出现头昏、头痛、无力、失眠等症状。

5. 预防措施

大部分刺激性气体对呼吸道有明显刺激作用，并有特殊臭味，人们闻到后自然会避开，故一般情况下急性中毒很少见。当出现事故时可引起急性中毒。预防主要以消除跑、冒、滴、漏和意外事故为主。生产过程应采用机械化、自动化等技术，减少工人接触有害气体的机会。生产设备要采取通风净化措施，凡可能接触高浓度气体或易发生事故的场所都应配置呼吸防护器和救护用品，以备急需。

三、窒息性气体

窒息性气体是指被机体吸收后，可使氧的供给、摄取、运输和利用发生障碍，使全身组织细胞得不到或不能利用氧，而导致组织细胞缺氧窒息的有害气体的总称。中毒后可表现为多个系统受损，但首先是神经系统受损，且最为突出。窒息性气体常发生于局限空间作业场所。局限空间虽不是仅有的作业场所，但由于其空间小、进出口小而少、通风差，很容易形成缺氧，导致其中的作业人员缺氧窒息；另外，还可造成有毒有害气体累积引起中毒，或引起火灾和爆炸。常见的窒息性气体有一氧化碳、硫化氢、氰化氢和甲烷。

（一）一氧化碳［CO］

1. 理化性质

一氧化碳，分子量为 28.01，为无味、无色、无臭的气体，密度为 0.967 g/cm³，可溶于氨水、乙醇、苯和醋酸。爆炸极限为 12.5% ~74.2%。

2. 工业应用

一氧化碳是工业生产中最常见的有毒气体之一。炼钢、炼铁、炼焦、采矿爆破、铸造、锻造、化工、炉窑、煤气发生炉等作业过程中均可接触一氧化碳。交通运输工具使用煤、汽油、柴油等燃料时也可产生一定量的一氧化碳。

3. 职业接触限值

工作场所空气中时间加权平均容许浓度为 20 mg/m³，短时间接触容许浓度为 30 mg/m³。

4. 人体危害

一氧化碳主要经呼吸道进入人体，并与血液中血红蛋白结合从而降低血液携带氧的能力，可造成全身各组织器官缺氧。一氧化碳与血红蛋白的结合能力极强，当空气中一氧化碳含量为正常氧含量的 1/300 时，血液携带氧的能力便丧失一半，可见其毒性之大。在工业生产中一氧化碳主要造成急性中毒，按严重程度可分三个等级。轻度中毒者有头痛、头晕、心悸、恶心呕吐、四肢无力等症状，脱离中毒环境几小时后症状消失。中度中毒者除上述症状外，还出现面色潮红、黏膜呈樱桃红色、全身疲软无力、步态不稳、意识模糊甚至昏迷等症状，若抢救及时数日内可恢复。重度中毒往往是因为中度中毒患者继续吸入一氧化碳而引起，此时可在出现前述症状后发展为昏迷。此外，在短期吸入大量高浓度一氧化碳时也可造成重度中毒，这时患者无任何不适感就很快丧失意识而昏迷，有的甚至立即死亡。重度中毒患者昏迷程度较深，持续时间可长达 10～12 h，且可并发休克、脑水肿、呼吸衰竭、心肌损害、肺水肿、高热、惊厥等症状，治愈后常有后遗症。

5. 预防措施

凡产生一氧化碳的设备应严格执行检修制度，以防泄漏；凡有一氧化碳存在的车间应加强通风，并应安装报警仪器。处理事故或进入高浓度一氧化碳场所时应使用呼吸防护器。正常生产过程中应按规定要求定期或不定期测定一氧化碳浓度，并严格控制操作时间。

（二）氰化氢 [HCN]

1. 理化性质

氰化氢，分子量为 27.03，为无色液体或气体。液体易挥发而成为蒸气，带有杏仁气味，可与乙醇、苯、甲苯、乙醚、甘油、氯仿、二氯乙烷等物质互溶。其水溶液呈弱酸性，称为氢氰酸。氰化氢气体与空气混合可燃烧，爆炸极限范围为 6%～40%。

2. 工业应用

氰化物种类很多（如氰酸盐类、有机氰类化合物等），在高温或与酸性物质作用时，能放出氢氰酸气体。常见于氢氰酸生产，制造其他氰化物、药物、塑料、有机玻璃、活性染料。氰化物多用于电镀、金属表面渗碳以及摄影。氰化物也是从矿石中提炼贵重金属（金、银）、化学工业中制造各种树脂单体（如丙烯酸酯、甲基丙烯酸酯）和乙二胺丙烯腈及其他腈类的原料。

3. 职业接触限值

工作场所空气中最高容许浓度为 1 mg/m^3。

4. 人体危害

生产条件下氰化氢气体或其盐类粉尘主要经呼吸道进入人体，浓度高时也可经皮肤吸收。氢氰酸液体可直接经皮肤吸收。氰化氢气体进入人体后可迅速作用于全身各组织细胞，抑制细胞内呼吸酶的功能，使细胞不能利用氧气而造成全身缺氧窒息，称为"细胞窒息"。

氰化氢毒性剧烈，很低浓度吸入时可引起全身不适，严重者可死亡。在短时间内吸入高浓度的氰化氢可使人立即停止呼吸而死亡，称为"电击型"死亡。生产条件下这种死亡情况少见。若氰化氢浓度较低，中毒病情发展稍缓慢，可分为四个阶段：前驱期，出现眼部及上呼吸道黏膜刺激症状，如流泪、流涎、口中有苦杏仁味或金属味，继而出现恶心、呕吐、震颤等情况；呼吸困难期，表现为呼吸困难加剧，视力及听力下降，并有恐怖感；痉挛期，意识丧失，出现强直性、阵发性痉挛，大小便失禁，皮肤黏膜呈鲜红色；麻痹期，为中毒的终末状态，全身痉挛停止，患者深度昏迷，反射消失，呼吸、心跳可随时停止。上述四期只是表示中毒者病情的延续过程，在时间上很难划分，如重症病人可很快出现痉挛以至立即死亡。

关于氰化氢能否引起慢性中毒尚有争议，但长期接触可对人体健康造成影响，出现慢性刺激症状、神经衰弱、植物神经功能紊乱、甲状腺肿大及运动功能障碍等。

5. 预防措施

生产中尽量使用无毒、低毒的工艺，如无氰电镀。在金属热处理、电镀等有氰化氢逸出的生产过程中应加强通风措施。接触氰化物的工人应加强个体防护并注意个人卫生。

（三）硫化氢 [H₂S]

1. 理化性质

硫化氢，分子量为 34.08，为无色、具有臭鸡蛋气味的气体，易溶于水，燃烧时呈蓝色火焰并生成二氧化硫。硫化氢并不直接用于工业生产，多属生产过程中排放的废气，以及废水腐败后的产物。在开采、提取和精炼含硫石油过程中，可有硫化氢气体排放。爆炸极限范围为 4.3% ~ 45.5%。

2. 工业应用

硫化氢用于生产噻吩、硫醇等，工业上很少直接应用，通常为生产过程中的废气。在采矿、石油开采和炼制、有机磷农药、橡胶、人造丝、制革、精制盐酸或硫酸等工业生产中都可产生硫化氢。含硫有机物腐败发酵亦可产生硫化氢，如制糖及造纸业的原料浸渍，淹浸咸菜，处理腐败鱼肉、蛋类食品等过程都可能产生硫化氢。在进入上述有关池、窑、沟、穴时要注意防护。

3. 职业接触限值

工作场所空气中最高容许浓度为 10 mg/m³。

4. 人体危害

（1）轻度中毒。较低浓度主要引起眼和上呼吸道刺激症状，当浓度为 16 ~ 32 mg/m³ 时，短时间接触首先出现畏光、流泪、眼刺痛、异物感、流涕、鼻及咽喉灼热感等症状。此外，可有轻度的头昏、头痛、乏力等神经系统症状。一般经数小时或数天能自愈。

（2）中度中毒。接触浓度在 200 ~ 300 mg/m³ 时即出现中枢神经系统中毒症状，如头痛、头晕、乏力、恶心、呕吐、共济失调，可有短暂意识障碍。同时引起上呼吸道黏膜刺激症状，如鼻咽喉部灼痛、流涕、咳嗽、胸部压迫感等。眼刺激症状往往较强烈，有流泪、羞明、眼刺痛，且可有眼睑痉挛、虹视、视力模糊等，这是角膜水肿的征兆。

（3）重度中毒。接触浓度在 700 mg/m³ 以上时，以中枢神经系统的症状最为突出。患者可首先发生头晕、心悸、呼吸困难、行动迟钝等症状，如继续接触，则出现烦躁、意识模糊、呕吐、腹泻、腹痛和抽搐，迅即陷入昏迷状态，最后可因呼吸麻痹而死亡。也可合并出现化学性肺炎、肺水肿、呼吸循环衰竭或脑水肿。在接触极高浓度（1 000 mg/m³ 以上）的硫化氢时，可发生"电击样"中毒，即在数秒钟后突然倒下，瞬时内呼吸停止，这是由于呼吸中枢麻痹所致，这时心脏仍可搏动数分钟之久，立即进行人工呼吸可望获救。

（4）亚急性中毒。一般把经常接触硫化氢而发生的局部刺激表现称为亚急性中毒。常见的眼刺激症状为发痒、异物感、流泪、羞明，甚至视力模糊。

（5）慢性中毒。慢性接触低浓度硫化氢可致嗅觉减退，关于硫化氢是否能引起慢性中毒尚有争论。

不同浓度硫化氢对人体的影响见表1—5。

表1—5　　　　　　　　　　　　不同浓度硫化氢对人体的影响

浓度/mg·m^{-3}	接触时间/min	毒性反应
1 400	立即~30	昏迷并因呼吸麻痹而死亡，除非立即进行人工呼吸急救
1 000	数秒钟	很快引起急性中毒，出现明显的全身症状，开始呼吸加快，接着呼吸麻痹而死亡
760	15~60	可能引起生命危险——发生肺水肿、支气管炎及肺炎。接触时间更长者可引起头痛、头昏、激动、步态不稳、恶心、呕吐、鼻咽喉发干及疼痛、咳嗽、排尿困难等全身症状
300	60	可引起严重反应——眼及呼吸道黏膜强烈刺激症状，并引起神经系统抑制，6~8 min即出现急性眼刺激症状，长期接触可引起肺水肿
70~150	60~120	出现眼及呼吸道刺激症状。吸入2~15 min即发生嗅觉疲劳而不再嗅出臭味，浓度越高嗅觉疲劳越快
30~40	—	虽臭味强烈，仍能耐受。这是可能引起全身性症状的阈浓度

嗅觉阈的个体差异很大，为0.012~0.03 mg/m³或0.14 mg/m³，远低于引起危害的最低浓度，因而它是触觉低浓度硫化氢存在的敏感指标。浓度超过0.2 mg/m³以后，臭味强度与浓度的升高成正比，当浓度达到30~40 mg/m³以后，继续增高时反觉其臭味减弱。当浓度高达200~300 mg/m³时，因嗅觉疲劳或嗅觉神经麻痹而不能察觉硫化氢的存在，故不能单纯依靠其臭味来判断危险浓度。

5．预防措施

建立安全通风检查制度。注意通风，保证必需的气流和空气容积。进入下水道、蓄粪池、井底等作业时，注意通风换气。在进入可疑的作业环境以前，可用醋酸铅试纸观察试纸变化。必须进入高浓度硫化氢危险的场所时，作业工人要戴防毒面具，身上缚以救护带，并准备其他救生设备。有可能发生硫化氢危险的工作场所，有条件时可安装自动报警器。发生应急事故时，应迅速脱离现场至空气新鲜处，保持呼吸道通畅，如呼吸困难应给予输氧。

四、有机溶剂

有机溶剂主要用于清洗、去油污、稀释和作为萃取剂，许多溶剂也用作原料以制备其他化学产品。工业溶剂有30 000余种，具有类似或不同的理化特性和毒作用。不同的有机溶剂可对人体的皮肤、中枢神经系统、周围神经和脑神经、呼吸系统、心脏、肝脏、肾脏、血液及生殖系统产生不同程度的影响。

（一）苯 [C_6H_6]

1. 理化性质

苯，分子量为 78.11，是一种有特殊香味、无色透明的液体。沸点为 80.1℃，闪点为 -12 ~ -10℃，爆炸极限范围为 1.3% ~ 9.5%。常温下易蒸发，微溶于水，易溶于乙醚、乙醇、丙酮等有机溶剂。

2. 工业应用

苯在工农业生产中使用广泛。在苯的加工生产，化工中的香料、合成纤维、合成橡胶、合成洗涤剂、合成染料、酚、氯苯、硝基苯的生产，以及使用溶剂和稀释剂如喷漆、制鞋、绝缘材料等行业中均有接触苯的生产过程。

3. 职业接触限值

工作场所空气中时间加权平均容许浓度为 6 mg/m³，短时间接触容许浓度为 10 mg/m³。

4. 人体危害

生产过程中苯主要经呼吸道进入人体，经皮肤仅能进入少量。苯可造成急性中毒和慢性中毒。急性苯中毒是由于短时间内吸入大量苯蒸气引起，主要表现在中枢神经系统。初期有黏膜刺激，随后可出现兴奋或酒醉状态以及头痛、头晕等现象。症重者除上述症状外还可出现昏迷、谵妄、阵发性或强直性抽搐、呼吸浅表、血压下降，症重时可因呼吸和循环衰竭而死亡。慢性苯中毒主要损害神经系统和造血系统，表现为神经衰弱综合征，有头晕、头痛、记忆力减退、失眠等现象。慢性苯中毒在造血系统引起的典型症状为白血病和再生障碍性贫血。

5. 预防措施

对于苯中毒的防治应采取综合措施。有些生产过程可用无毒或低毒的物料代替苯，如使用无苯稀料、无苯溶剂、无苯胶等，在工艺上可采用静电喷漆、电泳涂漆等新技术。在使用苯的生产场所应加强通风净化措施，必要时可使用防苯口罩等防护用品。此外应注意皮肤防护，用手接触苯时可使用液体防苯手套等。

（二）甲苯 [$C_6H_5CH_3$]

1. 理化性质

甲苯，分子量为 92.13，沸点为 100.6℃，为无色具有芳香气味的液体。不溶于水，溶于酒精、乙醚等有机溶剂。闪点为 6 ~ 30℃，爆炸极限范围为 1% ~ 7.6%。

2. 工业应用

甲苯大量地用来代替苯作为溶剂和稀释剂，工业上用于制造炸药、苯甲酸、合成涤纶。

3. 职业接触限值

工作场所空气中时间加权平均容许浓度为 50 mg/m³，短时间接触容许浓度为 100 mg/m³。

4. 人体危害

甲苯毒性较苯低，属低毒类。工业生产中甲苯主要以蒸气态经呼吸道进入人体，皮肤吸收很少。急性中毒表现为中枢神经系统的麻醉作用和植物神经功能紊乱症状，如眩晕、无力、酒醉状、血压偏低、咳嗽、流泪等，重者有恶心、呕吐、幻觉，甚至神志不清等症状。慢性中毒主要因长期吸入较高浓度的甲苯蒸气所引起，可出现头晕、头痛、无力、失眠、记忆力减退等现象。

5. 预防措施

参见苯的预防措施。

（三）汽油

1. 理化性质

汽油为无色或浅黄色具有特殊臭味的液体，易挥发，易燃、易爆，闪点为 -50℃，爆炸极限范围为 1%~6%。易溶于苯、醇等有机溶剂，难溶于水。

2. 工业应用

汽油主要用作交通运输工具的燃料，橡胶、油漆、染料、印刷、制药、黏合剂等工业中用汽油作为溶剂，在衣物的干洗及机器零件的清洗中作为去油剂。在石油炼制、汽油的运输及储存过程中均可接触汽油。

3. 职业接触限值

工作场所空气中时间加权平均容许浓度为 300 mg/m³。

4. 人体危害

生产过程中汽油主要以蒸气形式经呼吸道进入人体，皮肤吸收很少。当汽油中不饱和烃、芳香烃、硫化物等含量增多时，毒性增大。汽油可引起急性和慢性中毒。急性中毒症状较轻时可有头晕、头痛、肢体震颤、精神恍惚、流泪等现象，严重者出现昏迷、抽搐、肌肉痉挛、眼球震颤、瞳孔散大等症状。高浓度时可发生"闪电样"死亡。当用口吸入汽油而进入肺部时可引起吸入性肺炎。慢性中毒可引起神经精神症状，如萎靡、倦怠、头痛、头晕、步态不稳、肌肉震颤、手足麻木等，也可引起消化道、血液系统的症状。

5. 预防措施

应采用无毒或低毒的物质代替汽油作为溶剂。给汽车加油时应使用抽油器，不得用口吸，工作场所应注意通风。

（四）二硫化碳 [CS_2]

1. 理化性质

二硫化碳，分子量为 76，纯品为易挥发无色液体，工业品为黄色，有臭味。沸点为 46.3℃，易燃、易爆，爆炸极限范围为 1%~50%，自燃点为 100℃。几乎不溶于水，溶于强碱，能与乙醇、醚、苯、氯仿、油脂等混溶，腐蚀性强。

2. 工业应用

二硫化碳主要用于黏胶纤维生产。在此过程中，二硫化碳与碱性纤维素反应，产生纤维素磺原酸酯和三硫碳酸钠；经纺丝槽生成黏胶丝，通过硫酸凝固为人造纤维，释放出多余的二硫化碳。三硫碳酸钠与硫酸作用时，除产生二硫化碳外还可产生硫化氢。在玻璃纸和四氯化碳制造、橡胶硫化、谷物熏蒸、石油精制、清漆、石蜡溶解以及用有机溶剂提取油脂时也可接触到二硫化碳。

3. 职业接触限值

工作场所空气中时间加权平均容许浓度为 5 mg/m³，短时间接触容许浓度为 10 mg/m³。

4. 人体危害

主要经呼吸道进入人体，可引起急性和慢性中毒，主要对神经系统造成损害。急性中毒主要由事故引起，轻者表现似酒醉，并伴有头晕、头痛、眩晕、步态蹒跚及精神症状。重者先呈现兴奋状态，后出现谵妄、意识丧失、瞳孔反射消失，乃至死亡。慢性中毒除出现上述较轻症状外，还可出现四肢麻木、步态不稳，并可对心血管系统、眼部、消化系统产生损害。

5. 预防措施

粘胶纤维生产中使用二硫化碳较多，应采取通风净化措施。在检修设备、处理事故时应戴防毒面具。

（五）四氯化碳 ［CCl_4］

1. 理化性质

四氯化碳，分子量为 153.84，为无色、透明、易挥发、有微甜味的油状液体，熔点为 22.9℃，沸点为 76.7℃。不易燃，遇火或热的表面可分解为二氧化碳、氯化氢、光气和氯气。微溶于水，易溶于有机溶剂。

2. 工业应用

四氯化碳在工业中用于制造二氯二氟甲烷和三氯甲烷，也用作油漆、脂肪、橡胶、硫黄、树脂的溶剂，在香料制造、纤维脱脂、电子零件脱脂、灭火剂等生产过程中也可接触四氯化碳。

3. 职业接触限值

工作场所空气中时间加权平均容许浓度为 15 mg/m³，短时间接触容许浓度为 25 mg/m³。

4. 人体危害

四氯化碳蒸气主要经呼吸道进入人体，液体和蒸气均可经皮肤吸收，可引起急性和慢性中毒。乙醇可促进四氯化碳的吸收，故饮酒可加重中毒症状。吸入高浓度蒸气可引起急性中毒，可迅速出现昏迷、抽搐，严重者可突然死亡。接触较高浓度四氯化碳蒸气可引起眼、鼻、呼吸道刺激症状，也可损害肝、肾、神经系统。长期接触中等浓度四氯化碳可有头昏、眩晕、疲乏无力、失眠、记忆力减退等症状，少数患者可引起肝硬变、视野减小、视力减退等，皮肤长期接触可引起干燥、脱屑、皲裂。

5. 预防措施

在生产四氯化碳的过程中，要求严格密闭；使用四氯化碳时应注意通风。避免四氯化碳与火焰接触。接触高浓度四氯化碳时应戴供氧式或过滤式呼吸器，操作中应穿工作服、戴手套。使用四氯化碳灭火器应戴供氧式呼吸器，并注意发生光气的危险性。接触四氯化碳的工人不宜饮酒。

（六）甲酚 ［$CH_3C_6H_4OH$］

1. 理化性质

甲酚为无色、淡黄色、棕黄色或粉红色液体，在空气中遇光转为深色。有酚味，分子量为 108.13。遇高热、明火会引起燃烧爆炸，遇硝酸、发烟硫酸、氯磺酸发生剧烈反应而爆炸。加热分解放出有毒烟。纯甲酚是对位、邻位和间位异构体的混合物，粗甲酚还含有少量苯酚、二甲苯酚等。纯甲酚中各种异构体的比例取决于它的来源。

2. 工业应用

甲酚由煤焦油精炼获得，在合成树脂、生产炸药、防腐剂、染料、农药、医用消毒剂及矿石浮选等过程中均能接触到。

3. 职业接触限值

工作场所空气中时间加权平均容许浓度为 10 mg/m³。

4. 人体危害

主要经消化道、呼吸道及破损皮肤侵入。在影响皮肤吸收的因素中，接触面积的影响较浓度更大。甲酚被吸收后，分布于全身各组织。甲酚在体内部分被氧化为氢醌和邻苯二酚，大部分是以原形或与葡萄糖醛酸和硫酸根结合随尿液排出，但从胆汁排出的量亦相当多，还有微量随呼气排出。正常人的尿液中，甲酚每日排出量为 0.148 ~ 0.38 mmol/ 24 h（16 ~ 39 mg）。

甲酚为细胞原浆毒，能使蛋白变性和沉淀，对皮肤及黏膜有明显的腐蚀作用，故对各种细胞有直接损害。

经口中毒时，口腔、咽喉及食管黏膜有明显腐蚀和坏死，周围组织有出血及浆液性浸润。蒸气经呼吸道吸收时，可引起气道刺激、肺部充血、水肿和支气管肺炎，并伴有胸膜出血症状。吸收入血后分布到全身各组织，透入细胞后引起全身性中毒症状，主要对血管舒缩中枢及呼吸、体温中枢有明显抑制作用。可直接损害心肌和毛细血管，使心肌变性坏死。可引起肝细胞肿胀、炎性变化及脂肪变性，肾表现实质性损害和出血性肾炎。还可作用于脊髓，引起阵挛性抽搐和肌束颤动。

5. 预防措施

生产设备尽量密闭，并辅以吸风设备。生产车间多设置冲水设备，以备急救。

（七）乙醇 [CH₃CH₂OH]

1. 理化性质

乙醇为无色、易挥发的液体，有酒香，分子量为 46.07，密度为 0.789 g/cm³，熔点为 －114.1℃，沸点为 78.5℃，闪点为 12.78℃，自燃点为 423℃，蒸气密度为 1.59 g/L，蒸气压为 5.33 kPa，蒸气与空气混合物爆炸极限范围为 3.3% ~ 19%。能与水和大多数有机溶剂混溶。遇明火、热易燃烧爆炸。与氧化剂如铬酸、次氯酸钙、过氧化氢、硝酸、硝酸银、过氯酸盐反应剧烈。

2. 工业应用

乙醇广泛用作工业溶剂、防冻剂和燃料，医疗工作中用作消毒剂。日常酒类饮料中均含有不同分量的乙醇。乙醇也用于化工、制药、合成纤维、合成橡胶、塑料、炸药、黏合剂、化妆品等工业。这些工业生产过程中可接触乙醇蒸气，产生轻度黏膜刺激作用。未见急性职业性乙醇中毒报道。

3. 职业接触限值

参照 ACGIH 限值，时间加权平均容许浓度（体积分数）为 1 000 × 10⁻⁶。

4. 人体危害

乙醇饮入后主要经小肠和胃吸收，约 2 h 全部吸收，并迅速分布于全身各组织。主要在肝内代谢经乙醇脱氢酶、过氧化氢酶及醛脱氢酶的作用，先氧化成乙醛，进而氧化成乙酸，最后氧化成二氧化碳和水排出体外。在体内蓄积较少，仅 10% 未经氧化的乙醇经尿、呼吸及唾液腺排出。

乙醇属微毒类。人饮入乙醇的中毒剂量个体差异很大，一般成人中毒剂量为 75～80 mL，致死量为 250～500 mL，血中乙醇浓度达到 0.4%～0.5% 时可致死；儿童对乙醇的耐受性低，儿童致死量为 6～30 mL。血液中乙醇浓度低于 0.05% 时不产生症状。

乙醇蒸气对眼及呼吸道黏膜有轻度刺激作用。乙醇主要有麻醉作用，对中枢神经有抑制作用，首先作用于大脑皮质，继而影响皮质下中枢和小脑，最后引起延髓血管运动中枢和呼吸中枢麻痹。

乙醇直接损害肝细胞线粒体，被损害的肝细胞释放出 Mallory 小体，引起机体免疫反应，导致细胞坏死，造成急性酒精性肝病。

乙醇可抑制糖原异生，引起低血糖。乙醇也有明显的血液毒作用，引起溶血性贫血、血小板减少等。

乙醇急性毒作用的主要靶器官是中枢神经系统，对肝、肾和血液系统也有一定损害。

5. 预防措施

生产设备应密闭化，加强生产环境的通风。

（八）乙醚 [$C_2H_5OC_2H_5$]

1. 理化性质

乙醚为无色透明液体，易挥发，有特殊香味，分子量为 74.12，密度为 0.708 g/cm³，熔点为 -116.3℃，沸点为 34.6℃，闪点为 -45℃，自燃点为 180℃，蒸气密度为 2.55 g/L，蒸气压为 58.92 kPa，蒸气与空气混合物爆炸极限范围为 1.85%～36.5%。微溶于水，溶于热的盐酸，与低脂族醇、苯、氯仿、石油醚和其他脂肪溶液及许多油类相溶。有氧气存在时，长时间静止或日光下，能形成爆炸性过氧化物，但过氧化物可通过加 5% 硫酸亚铁水溶液并振摇加以清除。遇热、明火易燃、易爆。萘酚、多酚、芳香胺和氨基酚可作为它的稳定剂。

2. 工业应用

工业生产中作为有机溶剂、萃取剂等，是有机合成中的重要试剂，特别用于格利雅和孚兹型反应中，可用于制造黑色火药，作为汽油引擎点火剂、纺织品的清洁剂、医用吸入麻醉剂等。

3. 职业接触限值

工作场所空气中时间加权平均容许浓度为 300 mg/m³，短时间接触容许浓度为 500 mg/m³。

4. 人体危害

主要作用于中枢神经系统，引起全身麻醉，对呼吸道黏膜有轻度刺激作用。乙醚经呼吸道吸入，在肺泡内很快被吸收，由血液迅速进入脑和脂肪组织中。脑组织中乙醚含量较高，是因为脑内血流量大，含脂类丰富及乙醚能透过血脑屏障。吸入的乙醚有 87% 未经变化由呼吸道排出，1%~2%从尿中排出，一部分在肝脏经微粒体酶转化为乙醛、乙醇、乙酸和二氧化碳，后经呼吸和尿排出。停止接触后，在血液中的含量很快下降，而脂肪组织中仍保持相当高的浓度。

乙醚对人的麻醉浓度为 109.8~196.95 g/m³（3.6%~6.5%）。浓度为 212.1~303 g/m³（7%~10%）可引起呼吸抑制，当浓度超过 303 g/m³ 时对人有生命危险。连续吸入浓度为 6.06 g/m³ 的乙醚气体可引起头晕。

5. 预防措施

生产设备应密闭化，加强生产环境的通风。

五、苯的氨基和硝基化合物

苯或其同系物（如甲苯、二甲苯、酚）苯环上的氢原子被一个或几个氨基（ $-NH_2$ ）或硝基（ $-NO_2$ ）取代后，即形成芳香族氨基或硝基化合物。因苯环不同位置上的氨可由不同数量的氨基或硝基、卤素或烷基取代，故可形成种类繁多的衍生物，比较常见的有苯胺、苯二胺、联苯胺、二硝基苯、三硝基甲苯、硝基氯苯等，其主要代表为苯胺和硝基苯。

（一）苯胺 [$C_6H_5NH_2$]

1. 理化性质

苯胺又称阿尼林油，纯品为无色油状液体，久置成棕色，有特殊的臭味。分子量为 93.1，熔点为 -6.2℃，沸点为 184.3℃，闪点为 79℃，爆炸下限为 1.58%。中等程度溶于水，能与苯、乙醇、乙醚等混溶。

2. 工业应用

苯胺广泛用于印染、染料制造、橡胶、塑料、制药等工业。

3. 职业接触限值

工作场所空气中时间加权平均容许浓度为 3 mg/m³。

4. 人体危害

工业生产中苯胺以皮肤吸收而引起中毒为主，其液体和蒸气均可经皮肤吸收，此外还可经呼吸道和消化道进入人体。苯胺中毒主要对中枢神经系统和造血系统造成损害，可引起急性和慢性中毒。急性中毒较轻者感觉头痛、头晕、无力、口唇青紫，严重者进而出现呕吐、精神恍惚、步态不稳以至意识消失或昏迷、瞳孔收缩或放大等现象。慢性中毒者最早出现头痛、头晕、耳鸣、记忆力下降等症状。皮肤经常接触苯胺时可引起湿疹、皮炎。

5. 预防措施

生产场所应采取通风措施，操作中要注意皮肤防护。

（二）三硝基甲苯 [$CH_3C_6H_2(NO_2)_3$]

1. 理化性质

三硝基甲苯，分子量为 227.13，有六种异构体，通常指 2，4，6 - 三硝基甲苯，简称 TNT。熔点为 82℃，密度为 1.65×10^3 kg/m³，沸点为 240℃，易溶于氯仿、四氯化碳、醚等溶剂，突然受热易爆炸。

2. 工业应用

三硝基甲苯作为炸药而用于国防、采矿、隧道工程。在生产及包装过程中均可产生大量粉尘和蒸气。加热时较为稳定，在160℃下生成气态分解产物。接触日光后对摩擦、冲击敏感而更具危险性。

3. 职业接触限值

工作场所空气中时间加权平均容许浓度为0.2 mg/m³，短时间接触容许浓度为0.5 mg/m³。

4. 人体危害

在生产过程中，三硝基甲苯主要经皮肤和呼吸道进入人体，且以皮肤吸收为主。高温环境下皮肤暴露较多并有汗液时，可加速吸收过程。三硝基甲苯的毒作用主要是对眼晶体、肝脏、血液和神经系统的损害。眼晶体损害以中毒性白内障为主，这是接触该毒物的人最常见、最早出现的症状。对肝脏的损害是使其排泄功能、解毒功能变差。生产中以慢性中毒最为常见，中毒者表现为：眼晶体混浊，并可发展为白内障；肝脏可出现压痛、肿大、功能异常。此外还可引起血液系统病变，个别严重者可发展为再生障碍性贫血。

5. 预防措施

生产环境应加强通风；工作中应注意使用有关防护用品，操作后洗手，班后洗澡。

六、高分子化合物

高分子化合物是指分子量高达几千至几百万，由一种或几种单体，经聚合或缩聚而成的化合物，故又称聚合物。聚合是指许多单体连接起来形成高分子化合物的过程，此过程中不析出任何副产品，例如聚乙烯是由许多单体乙烯分子聚合而成。缩聚是指单体间首先缩合析出一分子的水、氨、氯化氢或醇以后，再聚合为高分子化合物的过程，例如酚醛树脂是由苯酚与甲醛缩聚而成。

（一）氯乙烯 [CH_2＝$CHCl$]

1. 理化性质

氯乙烯，分子量为62.5，常温常压下为无色气体，12～14℃时为液体，沸点为13.9℃。易燃，爆炸极限范围为4%～22%，自燃点为472℃。蒸气有乙醚样气味，微溶于水，溶于乙醇、乙醚及四氯化碳。

2. 工业应用

氯乙烯主要用于制造聚氯乙烯，也可作为化学中间体及溶剂，还可与丙烯腈等制成共聚物用于合成纤维的生产。在离心、干燥、清洗及聚合釜的检查、清理工作中，会接触较多的氯乙烯单体。

3. 职业接触限值

工作场所空气中时间加权平均容许浓度为10 mg/m³。

4. 人体危害

氯乙烯蒸气经呼吸道进入体内，液体可经皮肤吸收，当吸入高浓度氯乙烯时可引起急性中毒。中毒较轻者出现眩晕、头痛、恶心、嗜睡等症状，严重中毒者神志不清，甚至死亡。皮肤接触液体氯乙烯时，可引起局部麻木，继而出现红斑、浮肿以至局部坏死。长期接触低浓度氯乙烯可造成慢性影响，严重者可出现肝脏病变和手指骨骼病变。

5. 预防措施

生产环境及设备应采取通风净化措施，设备、管道要密闭，注意防火、防爆，设备要加强维修以防氯乙烯气体溢出。聚合釜出料、清釜时要加强防护措施，清釜工应注重清釜的技术和个人防护技术，以免造成急性中毒。

（二）丙烯腈 [CH_2＝CH—CN]

1. 理化性质

丙烯腈，分子量为 53，为无色、易燃、易挥发的液体，有杏仁气味，沸点为 77.3℃，爆炸极限范围为 3% ~ 17%，闪点为 -5℃，自燃点为 481℃，溶于水，可与醇及乙醚混溶。

2. 工业应用

丙烯腈是有机合成工业的重要单体，用于合成纤维、树脂、塑料和丁腈橡胶的生产。

3. 职业接触限值

工作场所空气中时间加权平均容许浓度为 1 mg/m^3，短时间接触容许浓度为 2 mg/m^3。

4. 人体危害

在丙烯腈的生产过程中，氰化氢以原料或副产品的形式存在。本品易引起火灾。丙烯腈在光和热的作用下，能自发聚合而引起密闭设备爆炸。发生火灾和爆炸时可产生致死性烟雾和蒸气（如氨和氰化氢）而使危害加剧。丙烯腈主要经呼吸道进入人体，也可经皮肤吸收。丙烯腈对人产生窒息和刺激作用。急性中毒的症状与氢氰酸中毒相似，出现四肢无力、呼吸困难、腹部不适、恶心、呼吸不规则，以至虚脱死亡。丙烯腈引起的慢性中毒目前尚无定论。

5. 预防措施

生产场所应采取防火措施，设备应密闭通风，并注意正确使用呼吸防护器。生产中应注意皮肤防护，要配备必要的中毒急救设备和人员。

（三）氯丁二烯 [CH_2＝CCl—CH＝CH_2]

1. 理化性质

氯丁二烯（β - 氯丁二烯），分子量为 88.5，为无色易挥发液体。沸点为 59.4℃，密度为 0.96 g/cm^3，微溶于水，可溶于乙醇、乙醚、酮、苯和有机溶剂。闪点为 -20℃，爆炸极限范围为 1.9% ~ 20%。

2. 工业应用

氯丁二烯主要用于制造氯丁橡胶。在聚合氯丁橡胶生产及后处理过程中，聚合釜加料、清釜时，可逸出高浓度氯丁二烯。在氯丁橡胶加工过程中也可接触氯丁二烯。

3. 职业接触限值

工作场所空气中时间加权平均容许浓度为 4 mg/m^3。

4. 人体危害

氯丁二烯属中等毒物，可经呼吸道和皮肤进入人体。接触高浓度氯丁二烯可引起急性中毒，常发生于操作事故或设备事故中。一般出现眼、鼻、上呼吸道刺激征，严重者出现步态不稳、震颤、血压下降，甚至丧失意识。氯丁二烯的慢性影响表现为毛发脱落、头晕、头痛等症状。

5. 预防措施

氯丁二烯毒作用明显，生产设备应密闭，作业环境应加强通风措施。清洗检修聚合釜时应先用水冲洗，后注入氮气，并充分通风后方可进入。生产中应注意个人卫生，不要徒手接触毒物，注意佩戴防护用品。

七、农药

农药指用于农业生产中防治病虫害、杂草、有害动物和调节植物生长的药剂。农药种类多，使用广泛。其中有些属无毒或中、低等毒物，有些则属剧毒或高毒。在农药生产中的合成、加工、包装、出料、设备检修等工序均可接触到分散于空气中的农药，容易发生中毒。在农药的使用、配药、喷药过程中，皮肤、衣物均易沾染农药，也可因吸入农药雾滴、蒸气或粉尘而引起中毒。在农药的装卸、运输、供销及保管中，若不加注意也可发生中毒。

（一）有机磷农药

我国生产的有机磷农药多为杀虫剂，除少数品种（如敌百虫）外，多为油状液体，工业晶体呈淡黄色至棕色，具有大蒜臭味，不易溶于水，可溶于有机溶剂及动植物油。

有机磷农药能通过消化道、呼吸道及完整的皮肤和黏膜进入人体，生产性中毒主要由皮肤污染和呼吸道吸入引起。品种不同，产品质量、纯度不同，毒性的差异也很大。在农业生产中，当采用两种以上药剂混合使用时，应考虑毒物的联合作用。有机磷农药引起的急性中毒，早期表现为食欲减退、恶心、呕吐、腹痛、腹泻、视力模糊、瞳孔缩小，重度中毒可出现肺水肿、昏迷以至死亡。长期接触少量有机磷农药可引起慢性中毒，表现为神经衰弱综合征以及急性中毒较轻时出现的部分症状，部分患者可有视觉功能损害。

（二）有机氯农药

有机氯农药包括杀虫剂、杀螨剂和杀菌剂，后两类对人体毒性小，一般不会造成中毒。在有机氯农药中以氯化苯类杀虫剂中的六六六、DDT在过去使用最为广泛且用量大，目前DDT已在国内停止生产和使用。此外，还有氯化甲撑萘制剂（如氯丹）、七氯化萘类以及艾氏剂、狄氏剂、毒杀芬等，过去国内应用不多，目前也已在国内全部停止生产和使用。

多数氯化烃类杀虫剂为白色或淡黄色结晶或蜡状固体，一般挥发性不大，不溶于水而溶于有机溶剂、植物油或动物脂肪中。一般化学性质稳定，但遇碱后易分解失效。

氯化烃类杀虫剂能通过消化道、呼吸道和完整皮肤吸收，虽品种不同但毒作用及中毒症状相似。有机氯农药可造成急性与慢性中毒。急性中毒主要危害神经系统，引起头昏、头痛、恶心、肌肉抽动、震颤，严重者可使意识丧失、呼吸衰竭。慢性中毒可引起黏膜刺激、头昏、头痛、全身肌肉无力、四肢疼痛，晚期造成肝、肾损坏。六六六和氯丹可引起皮炎，出现红斑、丘疹、瘙痒，并有水泡。六六六和DDT是典型的环境污染物，可残存于食物、草料、土壤、水和空气中而危害人类健康，目前有些国家已禁止使用六六六。

各类农药中毒预防措施基本相同。农药厂的预防措施可参照化工厂的有关办法，使用剧毒农药时应执行有关规定。农业中使用农药应注意科学性，尽量采用低毒农药，工具应专用并妥善保管；喷药应注意安全操作规程；农药的运输、保管、销售、分发等各环节都应由专人管理，要严格管理制度和安全措施。

参 考 文 献

［1］孙宝林，赵容，王淑荪. 工业防毒技术［M］. 北京：中国劳动社会保障出版社，2008.

［2］孙贵范. 职业卫生与职业医学（第7版）［M］. 北京：人民卫生出版社，2012.

［3］王心如. 毒理学基础（第6版）［M］. 北京：人民卫生出版社，2012.

［4］顾祖维. 现代毒理学概论［M］. 北京：化学工业出版社，2005.

［5］中华人民共和国国家职业卫生标准 GBZ 2.1—2007，工作场所有害因素职业接触限值 第1部分：化学有害因素［S］.

［6］夏元洵. 化学物质毒性全书［M］. 上海：上海科学技术文献出版社，1991.

［7］中华人民共和国国家职业卫生标准 GBZ/T 224—2010，职业卫生名词术语［S］.

［8］日本化学物质推荐性容许浓度［J］. 国外医学卫生学分册，2009年第36卷第6期.

［9］台湾工人作业环境空气中化学物质容许浓度标准［J］. 国外医学卫生学分册，2009年第36卷第6期.

［10］香港工人作业环境空气中化学物质容许浓度标准［J］. 国外医学卫生学分册，2009年第36卷第6期.

第二章　综合防毒措施

第一节　概　　述

控制与消除职业病危害是防止职业中毒、改善劳动条件、保护劳动者健康、保证经济可持续发展、贯彻执行《中华人民共和国职业病防治法》及其他法律法规要求的一项重要内容。

多年来，我国开展防毒工作是从预防与治理等方面着手的，特别是以预防为主。实践表明，只有做好预防工作，才能从根本上解决工业毒物对人体造成的危害。由于工业毒物对人体的危害是复杂的，而且生产条件和技术条件也各异，所以要从多方面采取综合的防毒措施。

由工业毒物引起的危害常常是可以预防的，采取的综合性防毒措施应从技术、管理等方面入手。防毒技术措施是指从防止工业毒物危害的角度出发，一方面对生产工艺、设备设施和操作等方面进行设计、检查和保养；另一方面对作业环境中的有毒物质采取净化回收的措施。净化回收，就是把有毒物质收集起来，予以净化处理或回收加以利用。净化回收对降低作业环境中有毒物质的浓度和保护环境都有重要意义。防毒管理措施是指通过国家制定有关法律、法规及技术规范和职业卫生标准，企业制定并完善管理规定和操作规程，并严格按照国家的法律法规及标准去贯彻执行等。此外，职业健康促进与教育也是防毒管理措施的一项重要内容，主要是指通过不同途径，传授与训练防毒方面的有关知识和技能，提高劳动者个人防护技巧和法律法规意识，达到防毒的目的。

第二节　防毒技术措施

防毒技术措施包括预防措施、工程治理措施、个人防护措施、应急救援措施等。预防措施是指尽量减少人与工业毒物直接接触的措施；工程治理措施是指由于受生产条件的限制，仍然有有毒物质散逸的情况下，可采用通风排毒的方法将有毒物质收集起来，再用各种净化法消除其危害；个人防护措施是指通过佩戴个体防护用品控制进入人体的有毒物质；应急救援措施是指有效地将事故的影响和损失控制在最低限度。

一、预防措施

（一）以无毒低毒代替有毒高毒

在工业生产中使用原料及各种辅助材料时，尽量以无毒低毒代替有毒高毒，尤其是以无毒代替有毒，是从根本上解决工业毒物对人体造成危害的最佳措施。目前已有不少较为成熟的技术与替代品。

1. 电泳涂漆

由于油漆溶剂中的苯及其同系物（甲苯、二甲苯）对人体危害大，采用以水作为溶剂的水溶性漆和电泳涂漆工艺，可解除苯系物的危害。其工作原理是，在电泳槽的直流电场中（电压为 36~50 V 或 150~170 V），带负电的树脂粒子连同附着的颜料粒子，向作为正极的工件方向泳去，并沉积在工件表面形成一层薄膜。电泳涂漆安全、无毒且经济。目前水溶性电泳漆的品种有改性油、酚醛树脂、醇酸树脂、氨基树脂、环氧树脂及丙烯酸树脂等，但大多数只能作为底漆用，且颜色多为深色。由于以水作为溶剂，水挥发得慢，所以水溶性漆只能用电泳涂漆，且烘干温度较高，而不能用喷漆或刷漆的方法，否则易发生流挂和烘烤起泡现象。

2. 无苯稀料

油漆稀释剂（稀料）中含大量苯及其同系物，可用低毒物料代替苯系物作为溶剂。目前推广使用的抽余油，是炼油厂抽去芳香烃后余下的油，蒸馏去属于橡胶溶剂油的 60~90℃馏分，只用 95~145℃末段馏分，其毒性大大低于苯类溶剂。部分无苯稀料漆种配方见表 2—1。

表 2—1 部分无苯稀料漆种配方 %

稀料组分	硝基漆	过氯乙烯漆	醇酸树脂漆	氨基树脂漆
醋酸乙酯	17	10	—	—
醋酸戊酯	13	8	—	—
乙　醇	20	—	—	—
丙　酮	—	27	—	—
丁　醇	—	—	—	20
抽余油	50	55	50	40
轻　油	—	—	50	40

注：轻油即低于 C_{10} 的烷基苯，苯系化合物的毒性因有烷基而大为减弱，烷基链越长则毒性越小。

3. 无汞仪表

工业生产中有很大一部分是汞仪表，制造和使用汞仪表的工人必然要接触汞。改有汞仪表为无汞仪表是消除汞对人体危害的重要防护措施。工艺主要有：以硅整流器或硒整流器代替汞整流器；用橡胶波纹管、平衡弹簧等元件代替压力计中的汞，制成无汞差压计来代替水银差压计；用热电偶、双金属片制成的螺旋弹簧状感温元件等代替温度计中的汞，即用热电偶温度计、工业双金属温度计等代替水银温度计。

4. 汞替代

以隔膜法替代水银电解法工艺生产碱。多数氯碱厂的传统工艺采用水银作为阴极，由于水银电解产生大量的汞蒸气、含汞盐泥、含汞废水等，危害工人的健康，也污染环境。而采用隔膜法生产工艺，则不需要汞，彻底消除了汞的污染。

化工生产过程中，用乙炔制乙醛、将乙炔与氯化氢合成氯乙烯等，过去常采用汞催化剂。而采用乙烯为原料的工艺（乙烯氧化、氧氯化），则不需要汞作为催化剂。采用蒽醌磺化—氯化制四氯蒽醌染料，以往用汞作为蒽醌磺化反应的定位剂，而改为碘催化，从蒽醌直接氯化制四氯蒽醌，不仅简化了工艺流程和操作程序，同时根除了汞的危害。

5. 无铅油漆

为防止铅及其化合物对人体的危害，在油漆行业中以立德粉（即锌钡白、硫化锌和硫酸钡的混合白色颜料，一般硫化锌占28%~30%）或钛白粉（即二氧化钛，TiO_2）代替铅白［即碱式碳酸铅，$2PbCO_3 \cdot Pb(OH)_2$］。在防锈底漆中，用氧化铁红（Fe_2O_3）代替铅丹（Pb_3O_4）。

在其他行业中类似的替代技术和替代品也很多，例如以无铅合金或塑料代替印刷字模用的含铅合金，以二氯苯代替苯作为合成偶氮染料的原料，以玻璃纤维、泡沫聚乙烯代替石棉作为隔热材料，以无毒的熔盐炉代替铅浴炉和以沸水淬火代替铅淬火进行钢丝绳的热处理等技术。

以无毒、低毒物料代替有毒、高毒物料有着十分广泛的发展前景，即使是某些被人们利用其毒性的物质，也可以采用这种代替方法。如人们利用农药的毒性治理田地中的虫害，同样可以研制出杀虫效率高，对人、畜毒性低的高效低毒农药。这种代替收效快、设备改动少，是值得重视和有实际意义的防毒措施。

（二）生产设备的密闭化、管道化、机械化

1. 改革工艺

改革工艺即在选择新工艺或改造旧工艺时，应尽量选用那些生产过程中不产生（或少产生）有毒物质或将这些有毒物质消除在此生产过程中的工艺路线。在选择工艺路线时，应把有毒、无毒作为权衡选择的主要条件，同时要把此工艺路线中所需的防毒措施费用纳入技术经济指标中去。改革工艺大多是通过改动设备、改变作业方式或改变生产工序等，以达到不用（少用）、不产生（少产生）有毒物质的目的。举例如下：

在镀锌、铜、镉、锡、银、金等电镀工艺中，都要使用氰化物作为络合剂。氰化物是剧毒物质，且用量又大，在镀槽表面易散发出剧毒的氰化氢气体。采用无氰电镀，就是通过改革电镀工艺，改用其他物质代替氰化物起络合剂的作用，从而消除氰化物对人体的危害。

有机化工原料苯胺的生产中，过去一直采用铁粉作为还原剂，把硝基苯（$C_6H_5NO_2$）还原成苯胺（$C_6H_5NH_2$）。整个生产过程是间歇操作的，接触时间长，尤其是会产生大量的铁泥废渣及废水，其中含有对人体危害极大的硝基苯和氨基苯。可采用新兴的流态化技术，用硝基苯氢气催化还原法制苯胺新工艺，从而使生产过程连续化、自动化，且大大降低了生产过程中毒物对人体的危害。

目前黄丹（PbO）的生产已经多数采用连续氧化法。改革工艺前，由于物料输送和捕集系统存在一些问题，造成作业场所铅尘、铅烟危害较为严重。改进后，将过去流程中的制粉→预热氧化→氧化三个工序，改为由制粉直接氧化，缩短了流程。同时将生产系统中的正压操作部分改为负压操作，控制了泄漏。还配合使用除尘器、尾气洗涤、洗涤水循环等措施，从而大大改善了工作场所空气中铅的浓度，降低了职业中毒的发病率，又可回收一定量产品。

为了控制有毒物质的产生，还可以把干式作业改为湿式作业，如洒水、喷雾、撒入吸湿性盐类溶液等方法，使粉尘固结。又如，可将燃料粉末改成浆状或湿块状，减少其散逸，降低工作场所空气中有毒物质的浓度。

在工业生产中，对于那些毒性大、卫生标准要求高，采取防毒措施又较为困难的生产，应尽可能地采用无毒、低毒工艺。这种工艺的变革涉及有毒作业的各行业。随着科技的发展，行业之间的宣传和交流，无毒、低毒工艺会越来越先进。

2. 生产过程中的密闭

防止有毒物质从生产过程中散发、外逸，关键在于生产过程的密闭程度。生产过程的密闭包括设备本身的密闭，以及投料、出料、物料的输送、粉碎、包装等过程中有毒物质的不散逸。

（1）设备本身的密闭，就是将设备封严、封实。如橡胶加工中的塑炼和混炼，是在开炼机和密炼机中进行的，如果不密闭，则会散发出大量有毒气体和烟尘。经改进后，配合其他机械操作，把设备密闭起来，用通风排毒措施解决操作中排出的有毒物质。其他一些生产设备，如破碎机、筛分机、皮带运输机、电镀槽、清洗槽等，均可采用密闭的方法。如生产条件允许，应尽可能使密闭的设备内保持负压，以提高设备的密闭效果。

（2）设备上相应部件的密封，如取样口、测温口、观察视窗等部件的密封。如设备装有液下泵或搅拌等转动装置，为防止毒物的逸散，保证设备正常运转，必须将转动轴密封好。密封转动轴有多种形式，如密封圈、机械密封、无填料密封及磁封等。近年来，在改进设备的密封材料和密封方法上取得很大成效，如用有机硅橡胶、含氟橡胶、聚四氟乙烯塑料等作为密封材料。

（3）生产过程的投料、出料、运输等环节的防护，也是防止毒物外逸的关键。对于气、液物料，往往用风机、泵等作为运输动力，依靠高位槽、管道作为投料、出料、运输的设施。对于固体物料，如工艺允许，可将固体熔化成液体。如为粉末固体料，可采用软管真空加料法，还可采用密闭的沸腾混合新工艺代替原有的机械滚筒混合机。用密闭的管道气力（风动）输送代替原有的斗式提升机和螺旋输送机，用密闭的脉冲除尘器代替原有的布袋除尘器等。尽可能实现生产连续化和机械化，以降低工业毒物对人体的危害。

（4）生产过程中的跑、冒、滴、漏现象，是造成有毒物质散逸，设备腐蚀损坏，以及发生急性中毒等事故不可忽视的原因。消除这些问题的关键，在于加强职业卫生管理。实际生产中由于受生产条件限制而无法将设备完全密闭，或密闭的生产设备仍有毒物外逸时，应采用局部排风的办法，用排风罩把有毒物质从其发生源排出。使用易挥发的物料时，容器应加盖；堆放的粉料应用苫布盖好或喷一层覆盖剂，水分蒸干后可在其表面形成一层硬壳；用特定的矿物粉（如石墨、碳酸钙等）覆盖在熔融金属液面，以减少其烟尘的挥发。此外，在烟尘弥漫的环境，可将天车操作室密闭；在酸洗槽和电镀槽中使用酸雾抑制剂和液面覆盖剂，以减少槽液散发的酸雾。

（三）隔离措施

隔离操作，就是把工人操作的地点与生产设备隔离开来。隔离是把生产设备放在隔离室内，采用排风装置使隔离室内保持负压状态；也可以把工人的操作地点放在隔离室内，采用向隔离室内输送新鲜空气的方法使室内处于正压状态。前者多用于防毒，而后者多用于防暑降温。当工人远离生产设备时，使用仪表控制生产或采用自行调节，以达到隔离的目的。如生产过程是间歇的，也可将产生有毒物质的操作安排在工人人数最少时进行，如铸件开箱、落砂等可以安排在夜间，这就是有人提出的"时间隔离"。

（四）二次毒源的控制

二次毒源是指有毒物质以蒸气、气溶胶等形式从生产或储运过程中逸出，散落在车间、厂区后，再次成为有毒物质的来源。二次毒源如不及时清除，对车间有毒气体的浓度影响很大，在使用有挥发性物料的生产过程中尤为突出。常见毒物有苯、汞、铅、锰等。

对于接触苯系有机溶剂的作业场所，此类有机溶剂如处于敞露或散落状态，则其挥发面积增大，引起空气中苯的浓度增大。汽油、二硫化碳等其他有机溶剂也同样如此。控制这样的"二次挥发物"主要从以下两个方面防治：一是坚持作业场所清扫制度，及时清除作业场所散落的溶剂及含有溶剂的物料，如废油漆、废胶等；二是对生产中使用的盛有溶剂的容器严加管理，如盛放油漆、胶浆的容器必须加盖，并坚持随时取用随时盖上。

对于以尘的形式存在的铅、锰等二次毒源，主要实行作业场所清扫制度，及时清除二次毒源。铅作业比较集中的生产，如蓄电池生产、塑料铅稳定剂生产等，应采用先进的工艺和排毒措施，对铅烟进行净化处理。另外，应充分注意墙壁、地面及各种设备表面存在的铅的积尘。某些特殊器件的压制工程中，使用的主要原料是金属锰，这些金属锰以尘的状态存在，压制过程为人工加料时，这些锰粒极易在作业场所及设备表面产生积尘，因此，作业场所清扫制度尤为重要。及时清除二次毒源可以有效地控制空气中有毒物质的浓度。

对于厂区污染也应充分注意，即使车间防毒措施很完善，但是忽略厂区内的防护，也会使空气中有毒物质的浓度增大。如在厂区内建一敞开式的废铅熔融回收装置，结果铅烟扩散，污染的后果却不会短期消失。

接触汞作业的二次毒源问题最为突出，因为汞具有易蒸发、毒性大的特点。在汞作业中，如果由于操作原因或仪表破损汞散落下来，就会分散成大小汞珠流到地上或工作台上的缝隙中，这些散落的汞珠通常称为"流散汞"。汞或汞蒸气还可以吸附在木制的和水泥的墙壁、地面上，以及设备表面等，再慢慢地蒸发，这些被墙壁、地面、设备等吸附的汞，通常称为"吸附汞"。"流散汞""吸附汞"虽然是所谓"二次蒸发源"，却具有比"一次源"大得多的蒸发面积，因而往往是污染车间空气的主要因素。而且"流散汞""吸附汞"在车间中很分散，源源蒸发，因而也不是通风排毒所能解决的。

（五）辅助用室

辅助用室的设置应根据工业企业的生产特点和实际需要，按照使用方便的原则设置，包括车间卫生用室（浴室、更/存衣室、盥洗室以及在特殊作业、工种或岗位设置的洗衣室）等。

《工业企业设计卫生标准》（GBZ1—2010）对产生有毒物质的生产车间的卫生特征进行了分级（见表2—2），并对不同卫生特征的车间设置浴室、淋浴器的数量、盥洗水龙头的数量等做了明确的规定。

卫生特征为1级、2级的车间应设浴室，3级的车间宜在车间附近或厂区设置集中浴室，4级的车间可在厂区或居住区设置集中浴室。

车间卫生特征为1级的更/存衣室应分便服室和工作服室，工作服室应有良好的通风。

车间卫生特征为2级的更/存衣室，便服室、工作服室可按照同室分柜存放的原则设计，以避免工作服污染便服。车间卫生特征为3级的更/存衣室，便服室、工作服室可按照同柜分层存放的原则设计，更衣室与休息室可合并设置。车间卫生特征为4级的更/存衣柜可设在休息室内或车间内适当地点。车间卫生特征为4级的，每个淋浴器使用人数上限为12人。

车间内应设置盥洗室或盥洗设备。接触油污的车间，应供给热水。

根据职业接触特征，对易沾染病原体或易经皮肤吸收的剧毒或高毒物质的特殊工种和污染严重的工作场所设置洗消室、消毒室及专用洗衣房等。

表 2—2 车间卫生特征分级（有毒物质）

1级	2级	3级	4级
易经皮肤吸收引起中毒的剧毒物质（如有机磷农药、三硝基甲苯、四乙基铅等）	易经皮肤吸收或有恶臭的物质，或高毒物质（如丙烯腈、吡啶、苯酚等）	其他毒物	不接触有害物质或粉尘，不污染或轻度污染身体（如仪表、金属冷加工、机械加工等）

注：虽易经皮肤吸收，但易挥发的有毒物质（如苯等）可按3级确定。

二、工程治理措施

工业生产中采用一系列的防毒技术预防措施后，仍然会有有毒物质散逸，如受生产条件限制使得设备无法完全密闭，或采用低毒（而不是无毒）代替高毒等，此时必须对工作场所进行治理，以达到国家职业卫生标准要求。治理措施是指将工作场所中的有毒物质收集起来，然后加以净化回收的措施。

（一）通风排毒

对于逸出的有毒气体、蒸气或气溶胶，采用通风排毒的方法收集或稀释。将通风技术应用于防毒，以排风为主。在排风量不大时可以依靠门窗渗透来补偿，排风量较大时则需考虑车间进风的条件。

通风排毒可分为局部通风和全面通风两种。局部通风包括局部排风和局部送风。局部排风是把有毒物质从发生源直接抽出去，然后净化回收；而全面通风则是用新鲜空气将作业场所中的有毒气体稀释到符合国家职业卫生标准。前者处理风量小，处理气体中有毒物质浓度高，较为经济有效，也便于净化回收；而后者所需风量大，且无法集中，也不能净化回收。因此，采用通风排毒措施时应尽可能地采用局部排风的方法。

局部排风系统是由排风罩、风道、风机、净化装置或排放装置等组成。设计局部排风系统时，首要的问题是选择排风罩的形式、尺寸以及所需控制的风速，从而确定排风量。

全面通风适用于低毒物质、有毒气体散发源过于分散且发散量不大的情况，或虽有局部排风装置但仍有散逸的情况。全面通风可作为局部排风的辅助措施。采用全面通风措施时，应根据车间气流条件，使新鲜空气或污染较少的空气先流经工作地点，再去冲淡污染较严重的空气。也就是车间气流的组织应使进风口接近工作地点，或有毒气体浓度较低的区域，而排风口应接近有毒气体的发生源。当数种溶剂（苯及其同系物、醇类或醋酸酯类）蒸气或数种刺激性气体同时逸散于空气中时，全面通风换气量应按各种气体分别稀释至规定的接触限值所需要的空气量的总和计算。除上述有害气体及蒸气外，其他有害物质同时逸散于空气中时，通风量仅按需要空气量最大的有害物质计算。其计算公式如下：

$$L = \frac{M}{Y_s - Y_o}$$

式中　L——全面通风换气量，m^3/s；

　　　M——有毒物质的散发量，mg/s；

　　　Y_s——有毒物质的职业接触限值，即卫生标准，mg/m^3；

　　　Y_o——进风中有毒物质的浓度，mg/m^3。

应该指出，在生产中可能突然逸出大量有害物质或易造成急性中毒或存在易燃易爆化学物质的作业场所，必须设计自动报警装置和事故通风设施，其通风换气次数不小于 12 次/h。事故排风装置的排出口，应避免对居民和行人造成影响。

（二）净化回收

车间空气中有毒物质的净化回收，对于改善劳动条件和防止环境污染都有极为重要的意义。净化回收，就是把有毒物质予以处理或回收，是"综合利用、化害为利"的一个重要方面。净化回收的方法，因车间空气中有毒物质存在的状态不同而不同。一类是气溶胶状态，即雾、烟、尘等微小颗粒分散在空气中构成的非均相系统；另一类是气体、蒸气状态，它们与空气呈分子状态均匀混合，构成的均相系统。

三、个体防护装备

个体防护装备（PPE）是综合防毒措施之一。当工程措施、管理措施及工作实践等控制方法无法实施或无法完全消除有毒物质的危害时，个体防护装备是最后一道非常重要的防护措施。根据有毒物质进入人体的三条途径——呼吸道、皮肤和消化道，应采取合理、有效的呼吸防护用品和皮肤防护用品，有效地保护劳动者。避免有毒物质从消化道进入人体的最主要方法是搞好个人卫生，再加上防止有毒物质从呼吸道和皮肤进入人体这两方面的个体防护，就构成了防止毒物进入人体的牢固防线。

（一）皮肤防护

皮肤防护主要依靠个人防护用品，如防护手套、防护服、防护围裙、眼部防护用具、防护鞋、防护膏等，这些防护用品可以避免有毒物质与人体皮肤接触。

防护手套、防护服、防护围裙的品种很多，需根据实际接触的有毒物质的化学成分来选择相适应的防护用品。

接触大量的有毒物质并可能有飞溅的作业需配备符合规定的眼部防护用品，眼部防护用品应具备防化学液体飞溅特性，需要时也可考虑选择具有防雾功能，并能在佩戴视力矫正眼镜的情况下使用。

无法使用防护服、防护手套时（如在戴手套妨碍操作的情况下），应采用防护膏（膜）。但是皮肤有破损时，不能使用防护膏。应视所接触的不同有毒物质，采用相应的皮肤防护膏。

皮肤被有毒物质污染后，必须立即清洗。许多污染物是不易被普通肥皂清洗掉的，所以应该按不同的污染物分别采用不同的清洗剂。但最好不要用汽油、煤油作为清洗剂。

（二）呼吸防护

使用呼吸防护是防止有毒物质由呼吸道进入人体引起职业中毒的重要措施之一。但是，这种防护只是一种辅助性的保护措施，而根本的解决办法在于改善劳动条件、降低作业场所有毒物质的浓度。

用于防毒的呼吸防护用品大致可分为两类：过滤式呼吸防护用品和隔绝式呼吸防护用品。

1. 过滤式呼吸防护用品

过滤式呼吸防护用品，是指能把吸入的作业场所的空气通过净化部件的吸附、吸收、催化或过滤等作用，除去其中有害物质后作为气源的呼吸防护用品。主要包括自吸过滤式、送风过滤式呼吸防护用品。

（1）自吸过滤式呼吸防护用品。自吸过滤式呼吸防护用品是靠佩戴者呼吸克服部件阻力的呼吸防护用品。自吸过滤式呼吸防护用品有两大类：一类为一次性过滤产品，如口罩；另一类可以通过更换各种滤材重复使用，面罩结构分为半面罩、全面罩，按照面罩与过滤件的连接方式可分为导管式防毒面具和直接式防毒面具。

过滤件类型分为普通过滤件、多功能过滤件、综合过滤件、特殊过滤件等。过滤件级别按照防护时间不同定义为1级、2级、3级、4级。过滤件的标记由过滤件类型、过滤件级别组成。

普通过滤件的标色应符合表2—3的规定；多功能过滤件应标示出每种防护气体在表2—3中规定的相应标色，两色条间无间隔；综合过滤件的标色要在表2—3规定的基础上加粉色色条，两色条间无间隔。特殊过滤件的标色应为紫色。

表2—3 过滤件的标色

过滤件类型	标色	防护对象（举例）
A	褐	苯、苯胺类、四氯化碳、硝基苯、氯化苦
B	灰	氯化氢、氢氰酸、氯气
E	黄	二氧化硫
K	绿	氨
CO	白	一氧化碳
Hg	红	汞
H_2S	蓝	硫化氢

（2）送风过滤式呼吸防护用品。送风过滤式呼吸防护用品是靠动力（如电动风机或手动风机）克服部件阻力的呼吸防护用品。送风过滤式呼吸防护用品的组成为动力送风系统、半面罩/全面罩/头罩、滤材等。应根据有毒气体和蒸气种类选择适用的滤毒罐、滤毒盒、滤料等。对现行标准中未包括的过滤元件种类，应参考呼吸防护用品生产者提供的使用说明选择。

2. 隔绝式呼吸防护用品

隔绝式呼吸防护用品是能使佩戴者呼吸器官与作业环境隔绝，靠本身携带的气源或者依靠导气管引入作业环境以外的洁净气源的呼吸防护用品。

隔绝式呼吸防护用品主要包括供气式呼吸防护用品和携气式呼吸防护用品。供气式呼吸防护用品是佩戴者靠呼吸或借助机械力通过导气管引入清洁空气的隔绝式呼吸防护用品。携气式呼吸防护用品是佩戴者携带空气瓶、氧气瓶或生氧器等作为气源的隔绝式呼吸防护用品。

隔绝式呼吸防护用品主要有各种正压式、负压式空气呼吸器和长管式呼吸器。

正压式空气呼吸器广泛应用于消防、工矿企业等系统，为消防队员、抢险救灾人员、工矿企业作业人员在浓烟、蒸气、缺氧等各种恶劣环境中提供呼吸保护，使其不吸入有毒气体，从而有效地进行灭火、抢险救灾救护和劳动作业等。

供气式呼吸防护用品也称为长管式呼吸器，是通过长管将较远地点的新鲜空气供人呼吸，这种呼吸器又分为自吸式和送风式两种。前者是依靠使用人员自己吸入清洁空气，因此要求保证面罩的气密性好，软管不能过长，更不能发生吸气受阻现象，所以应用不多。后者是将过滤后的压缩空气经减压再送入工作面罩，使罩内保持正压状态，以供人呼吸。送风面罩常用于目前尚无法采取防毒措施的地方，如工人到油罐或反应釜中工作，或在船舱内涂油漆而又无法通风时使用。

3. 呼吸防护用品的选择

使用呼吸防护用品，首先应分清有害因素是否会立即威胁生命和健康（Immediately Dangerous to Life or Health，IDLH），如果有害环境性质未知、缺氧或无法确定是否缺氧、有害物质浓度未知，以及空气中污染物已达到立即威胁生命健康的浓度若超过此浓度不用呼吸护具，作业时有可能使人死亡、致残或丧失逃生能力，则必须配备全面罩正压携气式呼吸器，其指定防护因素（Assigned Protection Factor，APF）大于1 000。同时应配备适合的辅助逃生呼吸器，但不得单独使用逃生呼吸器作业。

指定防护因素（APF）是指一种或一类适宜功能的呼吸防护用品，在适合使用者佩戴且正确使用的前提下，预期能将空气污染物浓度降低的倍数。

危害因素是指空气污染物浓度与国家职业卫生标准规定的浓度限值的比值。

非立即威胁生命和健康环境的防护应选择防护因素大于危害因素的呼吸防护用品。各类呼吸防护用品的APF见表2—4。

表2—4　　　　各类呼吸防护用品的APF

呼吸防护用品类型	面罩类型	APF	
		正压式	负压式
自吸过滤式	半面罩	不适用	10
	全面罩		100
送风过滤式	半面罩	50	不适用
	全面罩	>200 且 <1 000	
	开放型面罩	25	
	送气头罩	>200 且 <1 000	

呼吸防护用品类型	面罩类型	APF	
		正压式	负压式
供气式	半面罩	50	10
	全面罩	1 000	100
	开放型面罩	25	不适用
	送气头罩	1 000	
携气式	半面罩	>1 000	10
	全面罩		100

隔绝式呼吸器用于缺氧、空气中污染物和浓度未知、空气中污染物浓度高等危险较大的作业场所。使用者必须先练习多次，在正确掌握使用方法后方可使用。

使用防护口罩、面具、头罩前，应根据作业场所有害气体浓度选用可靠合适的呼吸器；仔细检查口罩面具四周是否与个人脸型吻合；检查滤盒内活性炭等是否松动（用力在耳边摇动应无松动声），是否过期失效；有爆炸性危险作业场所不能用氧气呼吸器；患有心肺疾病者不宜选用呼吸阻力较大的呼吸器，可用正压供气式呼吸器；使用防毒呼吸器嗅到空气污染物味道或刺激性气味时应立即更换。

供气式防毒口罩、面具的使用注意事项：使用前检查各部件是否齐全和完好，有无破损生锈，连接部位是否漏气等；空气呼吸器使用的压缩空气钢瓶，绝对不允许用于充氧气；橡胶制品经过一段时间会自然老化而失去弹性，因而影响防毒面具的气密性。一般面罩和导气管每两年更新一次，呼气阀每六个月至一年更换一次；若不经常使用且保管妥善，面罩和呼气管可三年更换一次，呼气阀每年更换一次。呼吸器不用时应装入箱内，避免阳光照射，存放位置固定，方便紧急情况时取用；使用的呼吸器除日常现场检查外，应每三个月（使用频繁时，可少于三个月）进行一次检查。

呼吸防护用品的使用者应及时向厂商、专家或技术人员咨询使用或保养方法，尤其是使用说明书未包括的内容，应向生产者或经销商询问。

（三）消化防护

个人卫生习惯不好和发生意外时，有毒物质可经消化道进入体内。因此，从事有毒有害作业的工人，必须注意搞好个人卫生。如饭前要洗脸洗手、车间内禁止饮食、班后要淋浴、工作衣帽和便服隔开存放并定期清洗等，可以有效防止有害物质污染人体，防止有害物质从口腔、消化道进入人体。

四、应急救援措施

为预防急性职业中毒事故的发生，《中华人民共和国职业病防治法》第二十六条明确规定："对可能发生急性职业损伤的有毒、有害工作场所，用人单位应当设置报警装置，配备现场急救用品、冲洗设备、应急撤离通道和必要的泄险区。"应急救援主要内容如下：

1. 产生或可能存在毒物或酸碱等强腐蚀性物质的工作场所应设冲洗设施。

2. 酸、碱等高危液体物质储罐区周围应设置泄险沟（堰）。

3. 在生产中可能突然溢出大量有害物质，或易造成急性中毒，或存在易燃易爆化学物质的室内作业场所，应设置事故通风装置及与事故排风相连接的泄漏报警装置。

4. 应结合生产工艺和毒物特性，在有可能发生急性职业中毒的工作场所设计自动报警或检测装置。有毒气体检测报警点的确定原则如下：

（1）存在或使用、生产有毒气体，并可能导致劳动者发生急性职业中毒的工作场所，应设立有毒气体检测报警点，主要指可能释放高毒、剧毒气体的工作场所，或可能大量释放或易于聚集其他有毒气体的工作场所。

（2）检测报警点应设在可能释放有毒气体的地点附近，如输送泵、压缩机、阀门、法兰、加料口、采样口、储运设备的排水口、有毒液体装卸口或可能溢出口、有毒气体填充口以及有毒物质设备易损害部位等处。另外，与有毒气体释放源场所相关联并有人员活动的沟道、排污口以及易聚集有毒气体的死角、坑道等处也宜设置检测报警点。

（3）已知空气中有毒气体浓度经常或持续超过报警设定值的特殊场所，可不设立固定式有毒气体检测报警点。如因工作需要进入作业场所，有关人员应配备便携式有毒气体检测报警仪及有效的个体防护用品。

（4）一般情况下，应设置有毒气体检测报警仪的场所，易采用固定式；当没有必要或不具备设置固定式的条件时，应配置移动式或便携式检测报警仪。另外，巡检和事故检查也宜使用便携式检测报警仪。

5. 可能存在或产生有毒物质的工作场所，应根据有毒物质的理化特性和危害特点配备现场急救用品，设置洗眼喷淋设备、应急撤离通道、必要的泄险区以及风向标。

6. 生产或使用有毒物质的、有可能发生急性职业病危害的工业企业的劳动定员设计应包括应急救援组织机构（站）编制和人员定员。

（1）应急救援机构（站）可设在厂区内的医务所或卫生所内，设在厂区外的应考虑应急救援机构（站）与工业企业的距离及最佳响应时间。

（2）应急救援组织机构急救人员的人数宜根据工作场所的规模、职业性有害因素的特点、劳动者人数，按照 0.1%~5% 的比例配备，并对急救人员进行相关知识和技能的培训。有条件的企业，每个工作班宜至少安排 1 名急救人员。

7. 生产或使用剧毒或高毒物质的高风险工业企业应设置紧急救援站或有毒气体防护站。

（1）紧急救援站或有毒气体防护站使用面积见表 2—5。

表 2—5　　　　　　　　　紧急救援站或有毒气体防护站使用面积

职工人数/人	最小使用面积/m²
<300	20
300~1 000	30
1 001~2 000	60
2 001~3 500	100
3 501~10 000	120
>10 000	200

（2）有毒气体防护站的装备应根据职业病危害性质、企业规模和实际需要确定，并可按表2—6配置。

表2—6　　　　　　　　　有毒气体防护站装备参考配置表

装备名称	数量	备注
万能校验器	2~3台	
空气或氧气充装泵	1~2台	
天平	1~2台	
采样器、胶管	按需要配备	
快速检测分析仪器（包括测爆仪、测氧仪和毒气监测仪）	按需要配备	
器材维修工具（包括台虎钳、钳工工具）	1套	
电话	2部	
录音电话	1部	
生产调度电话	1部	
对讲机	2对	
事故警铃	1只	
气体防护作业（救护）车	1~2辆	设有声光报警器，备有空气呼吸器、苏生器、安全帽、安全带、全身防毒衣、防酸碱胶皮衣裤、绝缘棒、绝缘靴、手套、被褥、担架、防爆照明灯等抢救用的器具
空气呼吸器	根据技术防护人员及驾驶员人数确定	
过滤式防毒面具	每人1套	

（3）应根据车间（岗位）毒害情况配备防毒器具，设置防毒器具存放柜。防毒器具在专用存放柜内铅封存放，设置明显标识，并定期维护与检查，确保应急使用需要。

（4）站内采暖、通风、空调、给排水、电器、照明灯等配套设备应按相应国家标准、规范配置。

8. 有可能发生化学性灼伤及经皮肤黏膜吸收引起急性中毒的工作地点或车间，应根据可能产生或存在的职业性有害因素及其危害特点，在工作地点就近设置现场应急处理设施。急救设施应包括：不断水的冲淋、洗眼设施，气体防护柜，个人防护用品，急救包或急救箱以及急救药品，转运病人的担架和装置，急救处理的设施以及应急救援通信设备等。

（1）应急救援设施应有清晰的标识，并按照相关规定定期保养维护以确保其正常运行。

（2）冲淋、洗眼设施应靠近可能发生相应事故的工作地点。

（3）急救箱应当设置在便于劳动者取用的地点，配备内容可根据实际需要参照表2—7确定，并由专人负责定期检查和更新。

表2—7 急救箱配置参考清单

药品名称	储存数量	用途	保质（使用）期限
医用酒精	1瓶	消毒伤口	
新洁尔灭酊	1瓶	消毒伤口	
过氧化氢溶液	1瓶	消毒伤口	
0.9%生理盐水	1瓶	消毒伤口	
2%碳酸氢钠	1瓶	处置酸灼伤	
2%醋酸或3%硼酸	1瓶	处置碱灼伤	
解毒药品	按实际需要	职业中毒处置	有效期内
脱脂棉花、棉签	2~5包	清洗伤口	
脱脂棉签	5包	清洗伤口	
中号胶布	2卷	粘贴绷带	
绷带	2卷	包扎伤口	
剪刀	1个	急救	
镊子	1个	急救	
医用手套、口罩	按实际需要	防止施救者被感染	
烫伤软膏	2支	消肿/烫伤	
保鲜纸	2包	包裹烧伤、烫伤部位	
创可贴	8个	止血护创	
伤湿止痛膏	2个	瘀伤、扭伤	
冰袋	1个	瘀伤、肌肉拉伤或关节扭伤	
止血带	2个	止血	
三角巾	2包	包扎受伤的上肢、固定敷料或骨折处等	
高分子急救夹板	1个	骨折处理	
眼药膏	2支	处理眼睛	有效期内
洗眼液	2支	处理眼睛	有效期内
防暑降温药品	5盒	夏季防暑降温	有效期内
体温计	2支	测体温	
急救、呼吸气囊	1个	人工呼吸	
雾化吸入器	1个	应急处置	
急救毯	1个	急救	
手电筒	2个	急救	
急救使用说明	1个		

9. 工业园区内设置的应急救援机构（站）应统筹考虑园区内各企业的特点，满足各企业应急救援的需要。

10. 对于生产或使用有毒物质且有可能发生急性职业病危害的工业企业的卫生设计应制定应对突发职业中毒的应急救援预案。

（1）密闭空间作业的应急救援要求：用人单位应建立应急救援机制，设立或委托救援机构，制定密闭空间应急救援预案，并确保每位应急救援人员每年至少一次实战演练；救援机构应具备有效实施救援服务的装备，具有将准入者从特定密闭空间或已知危害的密闭空间中救出的能力；救援人员应经过专业培训，培训内容应包括基本的急救和心肺复苏术，每个救援机构至少确保有一名人员掌握基本急救和心肺复苏术技能，还要接受作为准入者所要求的培训。救援人员应具有在规定时间内在密闭空间危害已被识别的情况下对受害者实施救援的能力。

（2）进行密闭空间救援和应急服务时，应采取的措施：告知每个救援人员所面临的危害；为救援人员提供安全可靠的个人防护设施，并通过培训使其能熟练使用；无论准入者何时进入密闭空间，密闭空间外的救援均应使用吊救系统；应将化学物质安全数据清单或所需要的类似书面信息放在工作地点，如果准入者受到有毒物质的伤害，应当将这些信息告知处理暴露者的医疗机构。

第三节　职业卫生管理措施

职业病防治工作坚持"预防为主、防治结合"的方针，建立用人单位负责、行政机关监管、行业自律、职工参与和社会监督的机制，实行分类管理、综合治理。职业卫生管理措施对加强建设单位职业病防治的管理、提高职业病防治水平起着非常重要的作用。

一、前期预防

（一）职业病危害项目申报

用人单位工作场所存在《职业病分类和目录》所列职业病危害因素的，应当及时、如实向所在地安全生产监督管理部门申报危害项目，接受监督。

（二）建设项目的职业病危害控制

新建、扩建、改建建设项目和技术改造、技术引进项目（以下统称建设项目）可能产生职业病危害的，建设单位在可行性论证阶段应当向安全生产监督管理部门提交职业病危害预评价报告。

建设项目的职业病防护设施所需费用应当纳入建设项目工程预算，并与主体工程同时设计、同时施工、同时投入生产和使用。

职业病危害严重的建设项目的防护设施设计，应当经安全生产监督管理部门审查，符合国家职业卫生标准和卫生要求的，方可施工。

建设项目在竣工验收前，建设单位应当进行职业病危害控制效果评价。建设项目竣工验收时，其职业病防护设施经安全生产监督管理部门验收合格后，方可投入正式生产和使用。

二、劳动过程中的防护与管理

1. 用人单位应当完善职业病防治管理措施。

(1) 设置或者指定职业卫生管理机构或者组织,配备专职或者兼职的职业卫生管理人员,负责本单位的职业病防治工作。

职业病危害严重的用人单位,应当设置或者指定职业卫生管理机构或者组织,配备专职职业卫生管理人员。其他存在职业病危害的用人单位,劳动者超过100人的,应当设置或者指定职业卫生管理机构或者组织,配备专职职业卫生管理人员;劳动者在100人以下的,应当配备专职或者兼职的职业卫生管理人员,负责本单位的职业病防治工作。

(2) 制定职业病防治计划和实施方案。

(3) 建立健全职业卫生管理制度和操作规程。

职业卫生管理制度和操作规程主要包括:职业病危害防治责任制度,职业病危害警示与告知制度,职业病危害项目申报制度,职业病防治宣传教育培训制度,职业病防护设施维护检修制度,职业病防护用品管理制度,职业病危害监测及评价管理制度,建设项目职业卫生"三同时"管理制度,劳动者职业健康监护及其档案管理制度,职业病危害事故处置与报告制度,职业病危害应急救援与管理制度,岗位职业卫生操作规程,法律、法规、规章规定的其他职业病防治制度。

(4) 建立健全职业卫生档案和劳动者健康监护档案。

职业卫生档案资料包括:职业病防治责任制文件;职业卫生管理规章制度、操作规程;工作场所职业病危害因素种类清单、岗位分布以及作业人员接触情况等资料;职业病防护设施、应急救援设施基本信息,以及其配置、使用、维护、检修与更换等记录;工作场所职业病危害因素检测、评价报告与记录;职业病防护用品配备、发放、维护与更换等记录;主要负责人、职业卫生管理人员和职业病危害严重工作岗位的劳动者等相关人员职业卫生培训资料;职业病危害事故报告与应急处置记录;劳动者职业健康检查结果汇总资料,存在职业禁忌证、职业健康损害或者职业病的劳动者处理和安置情况记录;建设项目职业卫生"三同时"有关技术资料,以及其备案、审核、审查或者验收等有关回执或者批复文件;职业卫生安全许可证申领、职业病危害项目申报等有关回执或者批复文件;其他有关职业卫生管理的资料或者文件。

职业健康监护档案应当包括劳动者的职业史、职业病危害接触史、职业健康检查结果、处理结果和职业病诊疗等有关个人健康资料。劳动者离开用人单位时,有权索取本人职业健康监护档案复印件,用人单位应当如实、无偿提供,并在所提供的复印件上签章。

(5) 建立健全工作场所职业病危害因素监测及评价制度。

存在职业病危害的用人单位,应当实施由专人负责的工作场所职业病危害因素日常监测,确保监测系统处于正常工作状态。

存在职业病危害的用人单位,应当委托具有相应资质的职业卫生技术服务机构,每年至少进行一次职业病危害因素检测。

职业病危害严重的用人单位,除遵守上述规定外,应当委托具有相应资质的职业卫生技术服务机构，每三年至少进行一次职业病危害现状评价。

检测、评价结果应当存入本单位职业卫生档案，并向安全生产监督管理部门报告和向劳动者公布。

（6）建立、健全职业病危害事故应急救援预案。

2. 用人单位应当保障职业病防治所需的资金投入。

3. 用人单位必须采用有效的职业病防护设施，并为劳动者提供个人使用的职业病防护用品。

4. 用人单位应当优先采用有利于防治职业病和保护劳动者健康的新技术、新工艺、新设备、新材料，逐步替代职业病危害严重的技术、工艺、设备、材料。

5. 产生职业病危害的用人单位，应当在醒目位置设置公告栏，公布有关职业病防治的规章制度、操作规程、职业病危害事故应急救援措施和工作场所职业病危害因素检测结果。

对产生严重职业病危害的作业岗位，应当在其醒目位置，设置警示标识和中文警示说明。警示说明应当载明产生职业病危害的种类、后果、预防以及应急救治措施等内容。

6. 对职业病防护设备、应急救援设施和个人使用的职业病防护用品，用人单位应当进行经常性的维护、检修，定期检测其性能和效果，确保其处于正常状态，不得擅自拆除或者停止使用。

7. 用人单位应当实施由专人负责的职业病危害因素日常监测，并确保监测系统处于正常运行状态。

用人单位应当按照国务院安全生产监督管理部门的规定，定期对工作场所进行职业病危害因素检测、评价。检测、评价结果存入用人单位职业卫生档案，定期向所在地安全生产监督管理部门报告并向劳动者公布。

发现工作场所职业病危害因素不符合国家职业卫生标准和卫生要求时，用人单位应当立即采取相应治理措施，仍然达不到国家职业卫生标准和卫生要求的，必须停止存在职业病危害因素的作业；职业病危害因素经治理后，符合国家职业卫生标准和卫生要求的，方可重新作业。

8. 向用人单位提供可能产生职业病危害的设备的，应当提供中文说明书，并在设备的醒目位置设置警示标识和中文警示说明。警示说明应当载明设备性能、可能产生的职业病危害、安全操作和维护注意事项、职业病防护以及应急救治措施等内容。

9. 向用人单位提供可能产生职业病危害的化学品、放射性同位素和含有放射性物质的材料的，应当提供中文说明书。说明书应当载明产品特性、主要成分、存在的有害因素、可能产生的危害后果、安全使用注意事项、职业病防护以及应急救治措施等内容。产品包装应当有醒目的警示标识和中文警示说明。储存上述材料的场所应当在规定的部位设置危险物品标识或者放射性警示标识。

国内首次使用或者首次进口与职业病危害有关的化学材料，使用单位或者进口单位按照国家规定经国务院有关部门批准后，应当向国务院卫生行政部门、安全生产监督管理部门报送该化学材料的毒性鉴定以及经有关部门登记注册或者批准进口的文件等资料。

10. 任何单位和个人不得将产生职业病危害的作业转移给不具备职业病防护条件的单位和个人。

11. 用人单位与劳动者订立劳动合同（含聘用合同）时，应当将工作过程中可能产生的职业病危害及其后果、职业病防护措施和待遇等如实告知劳动者，并在劳动合同中写明，不得隐瞒或者欺骗。

劳动者在已订立劳动合同期间因工作岗位或者工作内容变更，从事与所订立劳动合同中未告知的存在职业病危害的作业时，用人单位应当向劳动者履行如实告知的义务，并协商变更原劳动合同相关条款。

12. 用人单位的主要负责人和职业卫生管理人员应当接受职业卫生培训，遵守职业病防治法律、法规，依法组织本单位的职业病防治工作。

用人单位应当对劳动者进行上岗前的职业卫生培训和在岗期间的定期职业卫生培训，普及职业卫生知识，督促劳动者遵守职业病防治法律、法规、规章和操作规程，指导劳动者正确使用职业病防护设备和个人使用的职业病防护用品。

13. 对从事接触职业病危害的作业的劳动者，用人单位应当按照国务院安全生产监督管理部门、卫生行政部门的规定组织上岗前、在岗期间和离岗时的职业健康检查，并将检查结果书面告知劳动者。职业健康检查费用由用人单位承担。

用人单位不得安排未经上岗前职业健康检查的劳动者从事接触职业病危害的作业；不得安排有职业禁忌的劳动者从事其所禁忌的作业；对在职业健康检查中发现有与所从事的职业相关的健康损害的劳动者，应当调离原工作岗位，并妥善安置；对未进行离岗前职业健康检查的劳动者不得解除或者终止与其订立的劳动合同。

14. 用人单位应当为劳动者建立职业健康监护档案，并按照规定的期限妥善保存。

三、监督检查

县级以上人民政府职业卫生监督管理部门依照职业病防治法律、法规、国家职业卫生标准和卫生要求，依据职责划分，对职业病防治工作进行监督检查。

安全生产监督管理部门履行监督检查职责时，有权采取下列措施：进入被检查单位和职业病危害现场，了解情况，调查取证；查阅或者复制与违反职业病防治法律、法规的行为有关的资料和采集样品；责令违反职业病防治法律、法规的单位和个人停止违法行为。

四、法律责任

建设单位违反规定的由安全生产监督管理部门给予警告，责令限期改正；逾期不改正的，处相应的罚款；情节严重的，责令停止产生职业病危害的作业，或者提请有关人民政府按照国务院规定的权限责令停建、关闭。

参 考 文 献

[1] 夏艺，夏云风. 个体防护装备技术 [M]. 北京：化学工业出版社，2008.

［2］孙宝林，赵容，王淑苏.工业防毒技术［M］.北京：中国劳动社会保障出版社，2008.

［3］中华人民共和国国家标准 GB/T 18664—2002，呼吸防护用品的选择、使用与维护［S］.

［4］中华人民共和国国家职业卫生标准 GBZ/T 195—2007，有机溶剂作业场所个人职业病防护用品使用规范［S］.

［5］中华人民共和国国家标准 GB/T 11651—2008，个体防护装置选用规范［S］.

［6］中华人民共和国国家标准 GB 2890—2009，呼吸防护　自吸过滤式防毒面具［S］.

［7］中华人民共和国国家职业卫生标准 GBZ1—2010，工业企业设计卫生标准［S］.

［8］中华人民共和国国家职业卫生标准 GBZ/T 205—2007，密闭空间作业职业危害防护规范［S］.

［9］中华人民共和国国家职业卫生标准 GBZ/T223—2009，工作场所有毒气体检测报警装置设置规范［S］.

［10］中华人民共和国国家职业卫生标准 GBZ/T225—2010，用人单位职业病防治指南［S］.

［11］中华人民共和国国家标准 GB 6220—2009，呼吸防护　长管呼吸器［S］.

［12］中华人民共和国国家标准 GB/T 16556—2007，自给开路式压缩空气呼吸器［S］.

［13］中华人民共和国国家职业卫生标准 GBZ/T 224—2010，职业卫生名词术语［S］.

第三章 有害气体的燃烧净化

第一节 概 述

用燃烧方法来销毁有毒有害的气体、蒸气或烟尘，使之变成无毒无害物质的方法，叫作燃烧净化技术。燃烧净化的特点是：仅适用于可燃物质或在高温下能分解的物质，其分解的最终产物必须是无毒无害的物质，并且不能回收到原来的物质；其产物多为 CO_2、H_2O（气态）和其他简单无毒物质，在燃烧净化中可以回收燃烧氧化过程中的热量。

燃烧净化可以用于各种有机溶剂蒸气及碳氢化合物的净化处理，也经常用于消烟、除臭方面。

一、直接燃烧法

直接燃烧也称为直接火焰燃烧，就是将可燃有害废气当作燃料来燃烧的方法。因此可燃废气的浓度要求较高，与空气混合后的浓度必须高于燃烧下限，其燃烧热应能维持燃烧区域的最低温度要求，方能实现直接燃烧。一般来说，一个设计很好的燃烧器可以使热值约为 $3\,350\ kJ/m^3$ 的气体维持燃烧，如果废气的热值小于此值，往往无法使用直接燃烧法。直接火焰燃烧通常在 $1\,100℃$ 以上进行，燃烧完全的产物应为 CO_2、H_2O 和空气组分，而废气中的有机溶剂蒸气或碳氢化合物则作为燃料，并在燃烧过程中提供主要热量。直接燃烧主要用于石油化工等排放高浓度可燃废气的生产过程，国内垃圾填埋场的填埋气也有用直接燃烧处理的实例。

直接燃烧的设备有炉、窑和火炬，火炬多用于碳氧化合物的燃烧。碳氢化合物气体直接燃烧时，往往产生黑烟。碳氢化合物中 H、C 质量比越低，越容易产烟。$m_H/m_C \geq 0.33$ 时，较为易燃且无烟。

二、热力燃烧法

热力燃烧适用于可燃有机物质含量较低的废气净化处理，由于大多数废气往往只含有万分之几的有机物质，在氧化过程中所能提供的热值远远低于维持燃烧的最低热值，往往只有 $38 \sim 753\ kJ/m^3$，不能依靠本身提供的热量燃烧。热力燃烧需要提供辅助燃料，以维持一般炉内 $540 \sim 820℃$ 以上的温度需求。此时废气中可燃物所能提供的热量所占比例很小，仅仅作为燃烧的对象，此类燃烧净化称为热力燃烧法。

三、催化燃烧法

催化燃烧是利用催化剂使废气中可燃物质在较低温度下氧化分解的净化方法。由于催化剂改变了氧化分解的过程，大多数碳氢化合物在 300～450℃ 的温度时通过催化剂就可以氧化完全，因此催化燃烧法所需的辅助燃料较少，设备也比热力燃烧要小而轻。

所谓催化剂，是指能够改变某一化学反应的速度，而本身却无变化或消耗的物料。工业上应用的催化剂种类很多，而用于催化燃烧方面的催化剂多为贵金属（铂、钯）和稀土。曾有研究指出，对于碳氢化合物，催化氧化活性的顺序为：

$$Pd > Pt > Co_3O_4 > PdO > Cr_2O_3 > Mn_2O_3 > CuO > CeO_2 > Fe_2O_3 > V_2O_5 > NiO > Mo_2O_3 > TiO_2$$

为了工程上的需要，微粒状或溶胶状的催化剂需要"嵌着"在催化剂载体上。金属载体有网状、膨体球状（金属丝折绕成的弹性球体）、片状等形式，陶瓷载体有蜂窝状、密孔陶瓷块等形式。催化剂的使用年限不等，如不发生催化剂中毒或过热事故，可达 3～8 年。催化剂在高温作用下会发生衰变性老化，催化活性会逐年降低。使用得法，催化燃烧法比热力燃烧法更为经济有效。

第二节　热力燃烧的原理

一、有关燃烧的几个概念

（一）燃烧与热力燃烧

燃烧通常是指伴有光和热的强烈的氧化反应，或者说是伴有火焰的剧烈的氧化还原过程。燃烧以有光（指火焰）、有热、有氧化还原反应同时并存作为其特征，而有别于一般的氧化反应。燃烧的必要条件是可燃物、助燃物（氧或氧化剂）、着火能源（明火、电火花、炽热物体等）三者缺一不可，同时也只有具备了燃烧的充分条件才能形成燃烧，而燃烧的充分条件是：

1. 可燃物与助燃物达到一定的比例。
2. 助燃物达到一定的浓度（空气中氧气浓度低于 14%，在常压下不起燃）。
3. 超过最小点火能或超过一定强度的升温明火源。
4. 满足了燃烧所需要的燃烧诱导期。

热力燃烧是依靠辅助燃料所提供的热量提高废气的温度，使可燃的有害组分氧化而达到销毁的目的。当辅助燃料燃烧时，有光和热出现，而热力燃烧的氧化作用是依靠温度使有害的有机物质转化，并无火焰出现。

（二）混合气体的燃烧与爆炸

仅仅从气体的角度看，燃烧与爆炸在化学变化上没有本质的区别。爆炸与燃烧的区别在于产生的压力和传播速度不同，对大多数可燃气体而言，在某一点着火后，会迅速传播开来，在有控制的条件下就形成火焰，维持燃烧；在一个有限空间内，可燃气体迅速蔓延且无法控制的情况下，则形成气体爆炸；一般将燃烧的浓度范围视为爆炸的极限浓度。

（三）爆炸极限浓度范围

在空气中发生的燃烧爆炸现象比较多见，由于空气中氧气的体积分数约为 21%，所以只要规定混合气体中可燃组分的浓度即可。维持燃烧的最低可燃组分浓度称为爆炸下限浓度，形成燃烧的最高可燃组分浓度称为爆炸上限浓度。爆炸上限的出现，是由于氧气或氧化剂的不足而产生的上限制约，当混合气体中可燃物浓度处于上下限之间即是可燃可爆的了。一些蒸气与空气混合的爆炸极限浓度范围见表3—1。

表3—1　　　　　　　　　　　一些蒸气与空气混合的爆炸极限浓度范围

物质名称	爆炸下限（体积分数,%）	爆炸上限（体积分数,%）	物质名称	爆炸下限（体积分数,%）	爆炸上限（体积分数,%）
石油气（干气）	约3	约13	一氧化碳	12.5	74.2
汽油	1.0	6.0	硫化氢	4.3	45.5
航空煤油	1.4	7.5	氯甲烷	8.0	20.0
灯用煤油	1.4	7.5	甲烷	5.0	15.0
氢气	4.1	74.2	乙烷	3.22	12.45
氨气	15.5	27.0	丙烷	2.37	9.5
丁烷	1.86	8.41	甲苯	1.27	6.75
戊烷	1.4	7.8	乙苯	0.99	6.7
己烷	1.25	6.9	邻二甲苯	1.1	6.4
庚烷	1.0	6.0	间二甲苯	1.1	6.4
辛烷	0.84	3.2	对二甲苯	1.1	6.6
壬烷	0.74	2.9	苯乙烯	1.1	6.1
癸烷	0.67	2.60	乙烯	3.05	28.6
异丁烷	1.8	8.44	丙烯	2.0	11.1
异戊烷	1.32	8.3	1-丁烯	1.6	9.3
新戊烷	1.32	8.3	顺-2-丁烯	1.75	9.7
异己烷	1.2	7.7	反-2-丁烯	1.75	9.7
新己烷	1.2	7.7	异丁烯	1.75	9.7
异庚烷	1.0	7.0	1-戊烯	1.4	8.7
三甲基丁烷	1.0	7.0	1,2-丁二烯	2	12.0
环丙烷	2.4	10.4	1,3-丁二烯	2	11.5
环丁烷	1.8		1,2-戊二烯	1.5	
环戊烷	1.4		乙炔	2.5	80.0
甲基环戊烷	1.2	8.35	糠醛	2.1	
环己烷	1.3	7.8	丙酮	2.1	13
苯	1.41	6.75	甲乙酮	1.8	11.5
二硫化碳	1.0	50	环己酮	3.2	9.0
甲醇	5.5	36.5	乙醚	1.85	40
乙醇	3.1	20	甲酸甲酯	5.0	28.7
正丙醇	2.1	13.5	醋酸甲酯	1.0	

续表

物质名称	爆炸下限（体积分数,%）	爆炸上限（体积分数,%）	物质名称	爆炸下限（体积分数,%）	爆炸上限（体积分数,%）
异丙醇	2.0	12.0	吡啶	1.8	12.4
正丁醇	1.4	11.3	丙烯腈	3.0	17.0
异丁醇	1.7		氯乙烯	4.0	22.0
正戊醇	1.2	7.6	1,2－二氯乙烷	6.2	15.9
甲醛	4.0	73	环氧乙烷（气）	3	100
乙醛	4.0	57	氢氰酸	6	40
二氯乙烯	9.7	12.8	环氧丙烷	2.5	38.5

爆炸极限范围不是一个不变值，它因系统的温度、压力及含湿量等条件而改变。

当系统温度升高时，爆炸极限范围扩大，即下限下降而上限上升，使得原来不可燃的混合物成为可燃可爆的系统。产生这种现象的根本原因是由于系统温度升高而分子内能增加，从而加剧了反应能力使爆炸危险增大。

当系统压力升高时，爆炸极限范围扩大。这是因为受压力的影响，气体的分子间距更为接近，碰撞概率增高，使得燃烧的初始反应以及反应的进行更为容易，其结果是使爆炸的危险性增大。

在燃烧净化的工艺过程中，可燃物、明火和氧都具备，并且在高温条件下运行时，要特别注意防止燃爆事故的发生。表3—1所列数据适用于通常条件（20℃及101 kPa），遇有几种有机蒸气与空气混合时，其爆炸极限范围的近似值可按下式计算：

$$A_{混} = \frac{100}{\dfrac{a}{A_a} + \dfrac{b}{A_b} + \dfrac{c}{A_c} + \cdots} \tag{3—1}$$

式中　$A_{混}$——几种蒸气与空气混合后的爆炸极限；

　　　A_a、A_b、A_c——每个组分的爆炸极限；

　　　a、b、c——各组分在几种蒸气混合物中的体积分数。

（四）火焰传播理论

混合气体的燃烧或爆炸，是在某一点引燃后，经过火焰传播而形成的，关于火焰传播的理论可分为以下两类。

1. 热传播理论

热传播理论或称热损失理论，也就是说，火焰传播是因为燃烧放出的热量传播，使周围混合气体也达到燃烧温度而发生的。燃烧放出的热量不够，或者使周围混合气体达不到燃烧温度，都不能使火焰传播。以热损失理论来解释爆炸极限浓度范围的存在是比较直观的，因为燃烧放热的多少直接与混合气体中的含氧量及可燃物质的浓度相联系。根据实验可知，一般需超过燃气（燃烧产物）升温至燃烧温度所需的热量，再加至少41.86 kJ/mol 的燃气作为传热至未燃区域的推动力，才能继续维持燃烧。实际的火焰温度，最高的应当是按理论计算空气需要量进行燃烧的状态，这是因为没有过量的燃料气或空气来冲淡可燃物而吸去热量。大部分碳氢化合物在绝热条件下以理论计算空气量燃烧，其火焰温度可达 2 200℃。而燃烧上限与燃烧下限的范围，在室温时大约是理论计算浓度以摩尔百分数表示的 3 倍与 1/2。

表 3—2 列出了几种有代表性碳氢化合物的爆炸下限浓度、热值及其燃烧时的升温。从表中可见，虽然化合物不同，但其爆炸下限的热值及其燃烧时的升温却相差不多，这一点对废气的燃烧净化很有用。在燃烧净化中，常把废气中含有机蒸气的浓度用爆炸下限浓度的百分数来表示，简写为"% LEL"（lower explosive limit），这样可以把浓度与热值直接联系起来。大多数碳氢化合物每 1% LEL 所含热值放出来，大约可使废气本身温度升高 15.3℃。同时，还可把浓度与安全控制条件联系起来，一般将废气中可燃物质的浓度控制在 25% LEL 以下，以防止爆炸或起火。

表 3—2 　　　　　　　　　　　不同混合气体在爆炸下限时的热值

可燃物质	爆炸下限（体积分数，室温 15℃，%）	所提供的热值 /kJ·m^{-3}	燃烧时的升温 Δt /℃
甲烷	5.0	1 704	1 132
丙烷	2.37	1 817	1 218
己烷	1.25	1 972	1 322
甲苯	1.27	1 909	1 283
甲乙酮	1.80	1 842	1 238

2. 自由基连锁反应理论

这种理论认为，在火焰中之所以能进行很快的氧化作用，是因为在火焰中存在大量活性很大的自由基，如 $\dot{H}$、$O\dot{H}$、$C\dot{H}_3$、$H\dot{O}_2$ 等。自由基是在火焰中离解生成的具有不饱和价的自由原子或原子团。例如 $\dot{H}$ 自由基就是具有不饱和价的自由原子，整个 $\dot{H}$ 持有电荷中性，而外层只有一个电子，具有不饱和的化学价，因此极容易与别的分子或自由基发生化学反应。这些自由基在火焰中发生连锁反应：

$$\dot{H} + O_2 \longrightarrow O\dot{H} + \dot{O}$$

$$\dot{O} + H_2O \longrightarrow O\dot{H} + O\dot{H}$$

$$\dot{O} + H_2 \longrightarrow O\dot{H} + \dot{H}$$

$$\dot{H} + H_2O \longrightarrow H_2 + O\dot{H}$$

因而，在火焰中自由基的浓度大大高于没有火焰条件下的浓度，自由基的大量存在成为火焰燃烧的一个特性表现出来。例如，在 1 650℃的火焰中，自由基（以 OH 为代表）高峰摩尔分数可达 0.01 ~ 0.05，甚至可达 0.10；而在同样温度无火焰条件下，仅有摩尔分数为 0.001 ~ 0.002 的自由基。温度越高其自由基越多，当温度下降到 760℃时，自由基的摩尔分

数仅有 10^{-7}。在热力燃烧中提出"火焰接触"的概念，就是企图利用火焰中的自由基来加速废气中可燃组分的氧化销毁。火焰中自由基与燃料分子碰撞发生反应时，开始可能是先与 $O\dot{H}$ 作用，以甲烷为例：

$$CH_4 + O\dot{H} \longrightarrow H_2O + C\dot{H}_3$$

$$C\dot{H}_3 + O_2 \longrightarrow CH_2O + O\dot{H}$$

$$C\dot{H}_3 + \dot{O} \longrightarrow CH_2O + \dot{H}$$

$$CH_2O + O\dot{H} \longrightarrow H_2O + C\dot{H}O$$

$$C\dot{H}O + O\dot{H} \longrightarrow H_2O + CO$$

$$CO + O\dot{H} \longrightarrow CO_2 + \dot{H}$$

实验证明，干燥的 CO 与 O_2 在 700℃ 时几乎不发生反应，当加入微量水蒸气时，反应大大加速以至着火，这说明了 $O\dot{H}$、$\dot{H}$ 自由基的存在与作用。$CO + O\dot{H} \longrightarrow CO_2 + \dot{H}$ 反应的进行仅需要活化能 4.18 kJ/mol；若无 $O\dot{H}$ 自由基产生，只发生慢得多的反应 $CO + O_2 \longrightarrow CO_2 + \dot{O}$，这个反应需要的活化能约为 200 kJ/mol。另外，链式连锁反应也会中止，主要是由于自由基彼此的碰撞可形成稳定态的分子；其次是自由基的存在寿命极短，往往在十万分之一秒至千分之一秒之间；同时自由基活动的空间极小，往往离不开火焰区。

以上两类火焰传播理论，对于混合气体爆炸极限浓度范围的解释是一致的，因为自由基的浓度也是随火焰温度升高而增加的，所以在应用中，可以将火焰传播看作是热量与自由基（连锁载体）同时向外传播。显然，对于含有少量水蒸气的 CO 火焰，自由基的作用要比温度（热量传播的推动力）重要得多。但有的实验却与自由基连锁反应理论不符，而与热传播理论相符，很可能是两种理论都反映真理的一部分，但都不全面。

二、热力燃烧机理

热力燃烧一般用来处理含可燃质浓度较低的废气，多数以空气为本底的废气都含有足够的氧气（浓度大于 16%），可以用一部分废气来助燃辅助燃料（这部分废气叫作助燃废气），然后将高温燃气与其余部分废气（叫作旁通废气）混合，以达到废气氧化分解的温度。一般热力燃烧温度在 760℃ 左右，如果废气温度为常温，则助燃废气量可高达 50% 左右；随着废气本底温度的提高，旁通废气的比例会相应地增加。若废气的本底是惰性气体（如氮气等），由于废气缺氧，则需用外来空气助燃，全部废气都成为旁通废气，并需要使废气中至少含有 4% 的氧以保证废气中的可燃组分氧化完全。

（一）热力燃烧的机理

从热力燃烧过程来看，可以将整个过程分解开来研究，概括为以下三个步骤：

1. 辅助燃料燃烧——提供热量。

2. 废气与高温燃气的混合——达到反应温度。

3. 废气中可燃有害组分的氧化分解——保持废气于反应温度所需的驻留时间。

这三个作用步骤可用图 3—1 表示。

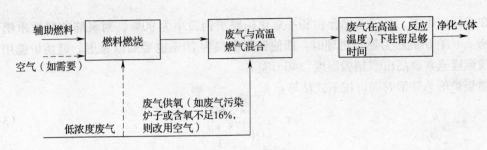

图 3—1　热力燃烧机理

为方便分析问题，将上述三个步骤分离开讲述，在实际应用的燃烧炉中，很难分清燃烧、混合以及驻留区域的界限。

（二）热力燃烧的条件

对于燃烧净化装置，很多文献提出了三个基本条件，即时间（time）、温度（temperature）和湍流（turbulence）。这三个参数被称为"三 T"条件，即燃烧过程的驻留时间、反应温度和湍流混合三要素。三个条件之间具有一定的互换性，但在实际应用中通常规定，在一定的温度下使废气停留一定的时间，而从湍流条件上着手使反应更完全。下面讨论三个条件在热力燃烧工艺上的具体应用情况。

1. 热力燃烧的反应温度与驻留时间

在燃烧净化效率相同时，反应温度和驻留时间两个因素具有一定的互换性。在实际应用中，由于氧化速率对温度有十分强烈的依赖性，互换性只能在很窄的温度范围内体现出来而不能无限制地外延（主要是指低温区）。图 3—2 表示了反应温度和驻留时间对氧化速率的影响。图中还显示了在一个很窄的温度范围内氧化速率从零增加到以 0.001 s 来衡量的显著程度。

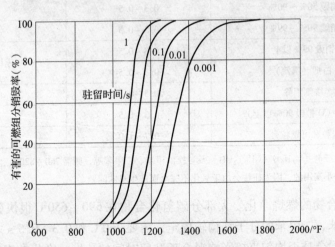

图 3—2　反应温度和驻留时间对可燃组分氧化速率的影响

图 3—2 中的销毁温度是指在一定条件下，有害组分氧化反应发生到某种显著程度的温度。这里的一定条件是指废气的组成，而某种显著程度是指氧化为二氧化碳和水的转化率。

例如在实际应用中，对碳氢化合物和一氧化碳要求销毁率为90%，对臭味往往要求销毁率为99%，而在研究热力燃烧机理时，即使销毁率仅为20%也要加以考虑。燃烧炉选用的实际反应温度通常要高出"销毁温度"40℃左右。

燃烧炉的总驻留时间可按下式估算：

$$\tau = \frac{V \times 3\,600}{Q\left(\frac{273 + t}{293}\right)} \qquad (3—2)$$

式中　τ——燃烧炉总驻留时间，s；

　　　V——燃烧室体积，m³；

　　　Q——废气与高温燃气在标准状态下（20℃，101 kPa）的体积流量，m³/h；

　　　t——燃烧室反应温度，即销毁温度，℃。

总驻留时间并不相当于废气升温至销毁温度后的驻留时间，其中有很大一部分驻留时间是用于冷废气升温的时间，也可以说是用于冷废气与高温燃气的均匀混合时间。总驻留时间可在0.1～5 s的范围内，而达到销毁温度后的驻留时间工程设计上一般取0.5 s。

表3—3为一些反应温度与驻留时间的应用记录。在大多数情况下，热力燃烧炉的工程设计中，取反应温度为760℃，驻留时间为0.5 s还是合适的。但是，销毁不同的化学组分所要求的反应温度和驻留时间是有差异的，一些特殊的情况下面分别叙述。

表3—3　　　　　　　　　　废气燃烧净化所需的反应温度、驻留时间

废气净化范围		燃烧炉驻留时间/s	反应温度/℃
碳氢化合物（HC 销毁90%以上）		0.3～0.5	590～680[①]
碳氢化合物＋CO（HC＋CO 销毁90%以上）		0.3～0.5	680～820
臭味	销毁50%～90%	0.3～0.5	540～650
	销毁90%～99%	0.3～0.5	590～700
	销毁99%以上	0.3～0.5	650～820
烟和缕烟	白烟（雾滴）	0.3～0.5	430～540
	缕烟消除	0.3～0.5	430～540[②]
	（HC＋CO 销毁90%以上）	0.3～0.5	680～820
黑烟（炭粒和可燃粒）		0.7～1.0	760～1 100

①若存在甲烷、溶纤剂［C₂H₅O（CH₂）₂OH］及置换的甲苯、二甲苯等，则需760～820℃。

②缕烟消除一般是不实用的，因为往往会由于氧化不完全而产生臭味问题。

（1）碳氢化合物的燃烧净化。大部分碳氢化合物在590～650℃很快就被销毁了，而甲烷、溶纤剂和甲苯、二甲苯的分子结构较稳定，需要760℃和0.3～0.5 s才能销毁。低温度废气和高温燃气混合是否均匀直接影响混合后驻留时间的长短、净化效率和辅助燃料的消耗量。废气浓度过低而热值小对氧化速率的提高不利。

（2）一氧化碳的燃烧净化。在有害组分的销毁中，由于CO比较稳定，要求的氧化反应温度较高。燃烧炉实测资料表明，在700℃、转化率为90%时，CO→CO_2的驻留时间10倍

于 HC→CO 的驻留时间。CO 需要 $760 \sim 790℃$ 的反应温度，及 $0.2 \sim 0.4$ s 的驻留时间才能销毁 90% 以上。废气中如含有微量水分，将有利于 CO 的销毁。

（3）臭味的燃烧净化。燃烧炉常用来净化低浓度（100×10^{-6} 左右）臭味物质的废气，臭气大多来自于醛类、有机酸和含硫化合物。为了除臭，一般燃烧炉的反应温度在 540℃ 即可，但必须注意废气与燃气要混合均匀，防止部分废气气流从燃烧炉中漏过。臭味物质的嗅觉阈很低，往往在 10^{-6} 或 10^{-9} 的数量级，故其净化水平用出口浓度而不是净化效率来衡量，因为即使漏过 1%，其除臭的感官效果仍然不好。

（4）液体烟雾的燃烧净化。烟气中组成烟雾的有机液体，其沸点常低于 $320 \sim 370℃$，因此只要加热至 430℃ 左右即可将液体汽化。要将其燃烧净化，一般多用 760℃ 的反应温度。实际的驻留时间由于雾滴的汽化而需要适当增加，一般要将 100 μm 的雾滴在 760℃ 时净化，需要增加 0.2 s 的驻留时间。

（5）炭粒、可燃物等黑烟的燃烧净化。对于颗粒的燃烧净化需要更高的反应温度和更长的驻留时间，因此粒径大于 $50 \sim 100$ μm 的炭粒应先用旋风除尘器等除去。一个粒径大于 5 μm 的炭粒，要在 $760 \sim 820℃$ 温度下驻留 0.5 s 才能净化，因混合、加热等过程的附加，总的平均驻留时间为 $0.7 \sim 1.0$ s，以及更高的反应温度。提供较长驻留时间的方法之一是使用切线进口的旋风燃烧炉，大颗粒可在炉底停留而被净化。黑烟中小粒径炭粒的另一个问题是，粒径小于 0.1 μm 的炭粒往往是几个或多个凝聚在一起的，其表面燃烧速度大大低于煤粉或焦炭的燃烧速度（低两个多数量级），往往需要高于 1100℃ 的反应温度和 1 s 以上的驻留时间。一些油烟或炭化的烟，则需要 930℃ 以上的反应温度和大于 0.5 s 的驻留时间。

在热力燃烧中对含有氯、硫、磷、氮或金属元素的废气，当 SO_2 含量大于 200×10^{-6}，HCl 含量大于 50×10^{-6}，以及金属元素（通常称为灰分）较高时，则应先用洗涤、除尘等方法进行预处理。因为卤族元素的化合物妨碍氧化过程，灰分则会要求提高反应温度，氯、硫、磷、氮化物还会带来严重的腐蚀和大气污染问题。

2. 湍流混合与火焰接触

用热力燃烧法时，除一部分助燃废气用于供氧助燃外，另一部分旁通废气必须在燃烧器气流下侧或前方与高温燃气混合并处于湍流状态，使混合能很快地达到分子混合水平，以便有害组分迅速升温和氧化。热力燃烧的这个条件称为湍流混合。

所谓火焰接触，就是希望旁通废气与火焰的高温氧化区接触混合，并且达到理想的湍流状态，同时充分利用火焰高温氧化区存在的大量活性极高的自由基。由于氧化速率正比于自由基的数量，而自由基的寿命为 $0.01 \sim 0.03$ s，其浓度在火焰表面最高，运动距离很小，因此合理的火焰接触会使有害物迅速销毁。

火焰温度越高，所产生的自由基越多，因此将全部废气通过火焰燃烧器的做法会带来实际操作上的不稳定（空气过剩系数太大会造成火嘴熄灭）和火焰温度降低，使自由基产生的数量减少，造成氧化速率降低或氧化连锁反应停留在醛、有机酸和一氧化碳等中间产物阶段。通常，把氧化过程的终止称为熄火，即虽然火焰仍在燃烧，但由于火焰温度低而局部熄火，以致产生许多醛、有机酸等中间产物，燃烧效果变坏或加重了污染。可能发生熄火的情况是：

（1）冷废气与火焰的还原区接触，使火焰本身温度降低或高温燃气遇到冷炉壁而被冷却。

（2）湍流混合不充分或不合理。

（3）燃烧室面积过大也可形成自由基重合的实体，因器壁效应降低了自由基的浓度和氧化速率。

三、热力燃烧法的燃料消耗

热力燃烧中所消耗的辅助燃料按照热量衡算，只要能将全部废气升温到反应温度（760～820℃）即可。废气中可燃组分的热值可以减少上述衡算中的辅助燃料用量。如果废气中的可燃组分浓度高或者废气的初始温度高，则辅助燃料的用量会减少。

为了计算燃料消耗，现将有关的空气、烟气的物理参数以及燃料燃烧的计算数据列于表3—4、表3—5，表3—6、表3—7中。为计算方便，本章所列数据是对应气体在20℃、101 kPa状态下的体积（以 m^3 算）。

表3—4　　　　　　　　　　在大气压力 $p = 101$ kPa 时干空气的物理参数

$t/℃$	ρ /kg·m^{-3}	C_p /kJ·(kg·K)$^{-1}$	$\lambda \times 10^2$ /W·(m·K)$^{-1}$	$a \times 10^2$ /m^2·h^{-1}	$\mu \times 10^6$ /kg·s·m^{-2}	$v \times 10^6$ /m^2·s^{-1}	P_r
−50	1.584	1.013	2.03	4.57	1.40	9.23	0.728
−40	1.515	1.013	2.11	4.96	1.55	10.04	0.728
−30	1.453	1.013	2.19	5.37	1.60	10.80	0.723
−20	1.395	1.009	2.27	5.83	1.65	11.29	0.716
−10	1.312	1.009	2.35	6.28	1.70	12.43	0.712
0	1.293	1.005	2.41	6.77	1.75	13.28	0.707
10	1.247	1.005	2.51	7.22	1.80	14.16	0.705
20	1.205	1.005	2.59	7.71	1.85	15.06	0.703
30	1.165	1.005	2.67	8.23	1.90	16.00	0.701
40	1.128	1.005	2.75	8.75	1.95	16.96	0.699
50	1.093	1.005	2.88	9.26	2.00	17.95	0.698
60	1.060	1.005	2.89	9.79	2.05	18.97	0.696
70	1.029	1.009	2.96	10.28	2.10	20.02	0.694
80	1.000	1.009	3.04	10.87	2.15	21.09	0.692
90	0.972	1.009	3.12	11.48	2.19	22.10	0.690
100	0.946	1.009	3.20	12.11	2.23	23.13	0.688
120	0.898	1.009	3.33	13.26	2.33	25.45	0.686
140	0.854	1.013	3.48	14.52	2.42	27.80	0.684
160	0.815	1.017	3.63	15.80	2.50	30.09	0.682
180	0.779	1.022	3.77	17.10	2.58	32.49	0.681

续表

$t/℃$	ρ /kg·m^{-3}	C_p /kJ·(kg·K)$^{-1}$	$\lambda \times 10^2$ /W·(m·K)$^{-1}$	$a \times 10^2$ /m^2·h^{-1}	$\mu \times 10^6$ /kg·s·m^{-2}	$v \times 10^6$ /m^2·s^{-1}	P_r
200	0.746	1.026	3.92	18.49	2.65	34.85	0.680
250	0.674	1.038	4.26	21.96	2.79	40.61	0.677
300	0.615	1.047	4.59	25.76	3.03	48.33	0.674
350	0.566	1.059	4.89	29.47	3.20	55.46	0.676
400	0.524	1.068	5.20	33.52	3.37	63.09	0.678
500	0.456	1.093	5.73	41.51	3.69	79.38	0.687
600	0.404	1.114	6.21	49.78	3.99	96.89	0.699
700	0.362	1.135	6.69	58.82	4.26	115.40	0.706
800	0.329	1.156	7.16	67.95	4.52	134.60	0.713
900	0.301	1.172	7.61	77.84	4.76	155.10	0.717
1 000	0.277	1.185	8.05	88.53	5.00	177.10	0.719
1 100	0.257	1.197	8.48	99.45	5.22	199.30	0.722
1 200	0.231	1.210	9.13	113.94	5.45	223.70	0.724

注：t——温度；ρ——密度；C_p——比定压热容；λ——导热系数；a——导温系数，$a = \dfrac{\lambda}{C_p \times \rho}$；$\mu$——动力黏度；$v$——运动黏度；$P_r = \dfrac{v}{a}$。

表 3—5　　　　　　　　　**在大气压力 $p = 101$ kPa 时烟气的物理参数**

$t/℃$	ρ /kg·m^{-3}	C_p /kJ·(kg·K)$^{-1}$	$\lambda \times 10^2$ /W·(m·K)$^{-1}$	$a \times 10^2$ /m^2·h^{-1}	$\mu \times 10^6$ /kg·s·m^{-2}	$v \times 10^6$ /m^2·s^{-1}	P_r
0	1.295	1.043	2.27	6.08	1.609	12.20	0.72
100	0.950	1.068	3.12	11.10	2.079	21.54	0.69
200	0.748	1.097	4.00	17.60	2.497	32.80	0.67
300	0.617	1.122	4.83	25.16	2.878	45.81	0.65
400	0.525	1.151	5.68	33.94	3.230	60.38	0.64
500	0.457	1.185	6.54	43.61	3.553	76.30	0.63
600	0.405	1.214	7.40	54.32	3.860	93.61	0.62
700	0.363	1.239	8.25	66.17	4.143	112.1	0.61
800	0.330	1.265	9.13	79.09	4.422	131.8	0.60
900	0.301	1.290	9.99	92.87	4.680	152.5	0.59
1 000	0.275	1.306	10.87	109.21	4.930	174.3	0.58
1 100	0.257	1.323	11.72	124.37	5.169	197.1	0.57
1 200	0.240	1.340	12.59	141.27	5.402	220.0	0.56

注：烟气组成气体的分压 $p_{CO_2} = 0.13$，$p_{H_2O} = 0.11$，$p_{N_2} = 0.76$。

表 3—6   气体燃料的燃烧计算数据

序号	燃料名称	煤气发热量 $Q/kJ \cdot m^{-3}$	当空气过剩系数 $n=1$ 时的燃料计算数据				
			需用空气量 $L_0/m^3 \cdot m^{-3}$	产生燃气量 $V_0/m^3 \cdot m^{-3}$	燃气密度 $\rho/kg \cdot m^{-3}$	CO_2（%）	H_2O（%）
1	炼铁煤气	3 726	0.72	1.57	1.42	25	3
2	发生炉煤气	4 773	0.95	1.76	1.34	18.5	11
3		5 694	1.20	2.01	1.29	18	12
4	炼铁炼焦混合煤气	5 024	1.05	1.89	1.36	20	19
5		5 862	1.26	2.08	1.34	19	11.5
6		6 700	1.45	2.27	1.32	17.5	13
7		7 537	1.68	2.48	1.30	16	14.5
8		8 374	1.88	2.68	1.28	14.5	16
9		9 211	2.09	2.88	1.27	14	17.5
10	炼焦煤气	17 083	4.06	4.76	1.20	7	24
11	天然气	35 309	9.52	10.50	1.24	9	18

注：空气过剩系数 n 为燃烧时所用空气量与理论计算空气量的比值，$n=1$ 时，即所用的空气量等于理论计算的空气量，没有过剩的空气。

表 3—7   固、液燃料的燃烧计算数据

序号	燃料名称	燃料发热量 $Q_{低}/kJ \cdot kg^{-1}$	当空气过剩系数 $n=1$ 时的燃料计算数据				
			需用空气量 $L_0/m^3 \cdot kg^{-1}$	产生燃气量 $V_0/m^3 \cdot kg^{-1}$	燃气密度 $\rho/kg \cdot m^{-3}$	CO_2（%）	H_2O（%）
1	扎赉诺尔褐煤	19 850	5.12	5.78	1.32	16	14
2	鹤岗烟煤	25 370	6.67	7.02	1.37	17	7.5
3	淮南烟煤	24 970	6.66	7.06	1.36	17	8
4	抚顺烟煤	27 810	7.21	7.55	1.36	17.5	7.2
5	大同烟煤	29 690	7.98	8.32	1.37	17	7
6	阳泉烟煤	27 790	7.32	7.66	1.39	18	6
7	重油	39 650	10.44	11.05	1.31	11	15

注：燃料发热量 Q 是指燃料质量按供用成分（包括燃料中 C、H、O、N、S、灰分、水的所有质量）计算；$Q_{低}$ 是指发热量按燃烧产物的温度冷却到参加燃烧物质的初始温度（其中水分冷却到 20℃水蒸气，101 kPa）时所放出的热量。

【例 3—1】设有废气以热力燃烧法净化，需从 20℃升温至 760℃，用天然气作为辅助燃料，以废气助燃。使用 80% 过量的助燃废气（即 $n=1.8$），废气所含可燃组分的热值忽略不计，含氧量与空气一样，有关的物理参数按表 3—4 计算。天然气燃烧所得燃气的物理参

数按表3—5计算。试估算每净化1 000 m³（20℃，101 kPa）废气需用天然气多少立方米？助燃废气与旁通废气各占的百分比是多少？

解：

（1）1 000 m³废气从20℃升温至760℃所需热量：

由表3—4，20℃时，$C_p = 1.005$ kJ/(kg·K)。通过计算，760℃时，$C_p = 1.147$ kJ/(kg·K)。取平均值，$C_p = \dfrac{1.005 + 1.147}{2} = 1.076$ kJ/(kg·K)。

20℃时空气密度为1.205 kg/m³。

升温所需热量为：

$$1\ 000 \times 1.205 \times (760 - 20) \times 1.076 = 959\ 500 \text{ kJ}$$

（2）天然气用废气助燃至760℃的净有效热：

查表3—6，天然气发热量为35 300 kJ/m³，计算空气量为每1 m³天然气9.52 m³，产生燃气（烟气）量为每1 m³天然气10.5 m³，燃气密度为1.24 kg/m³。据此，天然气用废气助燃至760℃的净有效热，应该是从发热量中扣除将燃气升温到760℃所耗热量，而补回已使用助燃废气（理论计算空气量部分）升温所提供的热量。

查表3—5，燃气平均比定压热容$C_p = 1.151$ kJ/(kg·K)。

天然气净有效热为：

$$35\ 300 - 10.5 \times 1.24 \times (760 - 20) \times 1.151 + 9.52 \times 1.205 \times (760 - 20) \times 1.076$$
$$= 35\ 300 - 11\ 090 + 9\ 130$$
$$= 33\ 340 \text{ kJ/m}^3$$

（3）每净化1 000 m³废气所需天然气：

$$\frac{959\ 500}{33\ 340} = 28.78 \text{ m}^3$$

（4）助燃废气量：

$$28.78 \times 9.52 \times 1.8 = 493 \text{ m}^3$$

占废气总量49.3%。

（5）旁通废气量：

$$1\ 000 - 493 = 507 \text{ m}^3$$

占废气总量50.7%。

【例3—2】 上例中设废气所含的可燃组分为酒精蒸气10 g/m³，而酒精热值为29 730 kJ/kg，试估算每净化1 000 m³废气所需的天然气，以及助燃废气与旁通废气所占的百分比。

解：

（1）废气中酒精所含热值：

$$29\ 730 \times \frac{10}{1\ 000} \times 1\ 000 = 297\ 300 \text{ kJ}/1\ 000 \text{ m}^3 \text{ 废气}$$

（2）每净化1 000 m³废气所需天然气：

$$\frac{959\ 500 - 297\ 300}{33\ 340} = 19.86 \text{ m}^3$$

（3）助燃废气量：

$$19.86 \times 9.52 \times 1.8 = 340 \ m^3$$

占废气总量34%。

（4）旁通废气量：

$$1\ 000 - 340 = 660 \ m^3$$

占废气总量66%。

通过上面例题可以看出，热力燃烧的工艺条件不同，净有效热和燃料消耗量也不相同。

第三节 热力燃烧炉

为了使废气完全燃烧，就必须使废气在足够高的温度下以湍流状态保持足够长的时间，所需的温度一般为375~825℃（温度越高，越有利于充分燃烧），合适的驻留时间为0.2~0.5 s。当废气的流速达到4.5~7.5 m/s时，通常就会达到适当的湍流度。另外，如果空气和燃料沿切线方向喷入燃烧室，也同样有利于湍流，使废气被均匀地加热升温而得到销毁。

热力燃烧炉的主体结构分成两部分：一是燃烧器，辅助燃料在其中燃烧，产生高温燃气；二是燃烧室，高温燃气与冷废气（旁通废气）在燃烧室中湍流混合，达到反应温度并保持所需的驻留时间。被净化的废气中含有的大量热量通过热回收设施（如热交换器）后，经烟囱排空。热力燃烧炉的结构按使用的燃烧器不同，可以分为配焰燃烧器系统和离焰燃烧器系统两大类，下面分别予以介绍。

一、配焰燃烧器系统

配焰燃烧器是将燃烧配布成许多小火焰，布点成线，使废气从许多小火焰的周围流过，以此来达到完全的湍流混合，这有利于火焰接触。如图3—3所示配焰燃烧器系统，冷废气与高温燃气的混合，是与辅助燃料的燃烧火焰一起从开始就分细分开的，这是在短距离内达到气体均匀混合的好方法。火焰间距一般为30 cm，燃烧室直径为60~300 cm。使用配焰燃烧器，气体混合所需时间缩短，因此可以留出较多的时间用于燃烧反应，故燃烧净化的效率较高。但这种配焰燃烧器不适用于下列情况：

1. 废气缺氧，需用外来空气助燃时，即废气含氧量低于16%。

2. 废气中含有焦油、颗粒物质等易沉积于燃烧器。

3. 只适用于烧燃料气，而不适用于烧燃料油。

4. 有增加熄火的趋势，要注意解决。

配焰燃烧器又有火焰成线的、多烧嘴的、格栅的三种类型。

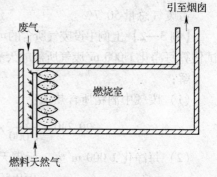

图3—3 配焰燃烧器系统

（一）结构类型

1. 火焰成线的燃烧器

火焰成线的燃烧器如图 3—4 所示，燃料气从下面的管子引进，靠两边成 V 字形板上许多小孔引进的含氧废气助燃，这样许多小火焰就在 V 形槽中列成线。V 形槽两边有侧挡板，用来隔开相邻的燃烧器，并使靠边的燃烧器与燃烧室的墙隔开。侧挡板与燃烧器之间的缝隙控制着通过燃烧器的压力降，并迫使一部分废气通过 V 形槽的小孔，起助燃火焰的作用。其余部分则作为旁通废气，在侧挡板的下风侧与高温燃气混合。燃烧器的压力降调到约 392 Pa 时，可以使燃料气在 V 形槽中与废气很好地混合，并形成短而稳定的火焰。

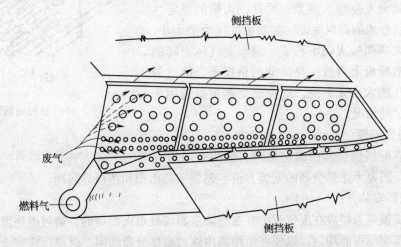

图 3—4　火焰成线的燃烧器（带侧挡板）

2. 多烧嘴的燃烧器

图 3—5a 所示是多烧嘴燃烧器的结构，图 3—5b 所示是燃烧器在燃烧炉中安装的情况。一部分废气从燃烧器的后面与烧嘴的燃料气混合助燃，其余废气作为旁通废气与燃料燃烧的高温燃气在下气流处混合。

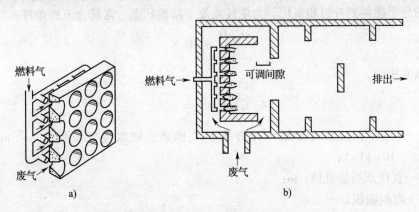

图 3—5　多烧嘴的燃烧器系统

a）多烧嘴的燃烧器　b）使用多烧嘴的燃烧器的燃烧炉

图 3—5b 所示的可调间隙是用以调节进入燃烧器的废气量的，这个可调间隙可以安装成从炉子外面操作。这种燃烧器可使旁通废气与整个高温燃气混合，因而湍流度较低，在燃烧室中所需的混合距离较长。但由于混合前废气助燃较好，因而可避免熄火。

3. 格栅的燃烧器

格栅的燃烧器如图 3—6 所示，燃料气通过排管的小孔放出，与通过排管上格栅的废气混合。这种燃烧器使得废气与高温燃气混合极快，混合距离也很短。缺点是废气与燃料气的混合较难控制，如果废气的压力降太大，就会发生熄火现象。另外，火焰的稳定性主要靠格栅后形成的旋涡保证，如果废气压力降太小，就会使旋涡太弱而使火焰不稳定。对于废气压力降的调节，可在格栅板上再放一块活动的格栅板，通过调节格栅板长孔的大小来解决，这种燃烧器主要适用于废气流量稳定的情况。

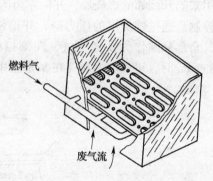

图 3—6　格栅的燃烧器

（二）设计问题

为了适应配焰燃烧器的结构原理，解决旁通废气混合的问题，需要考虑燃烧器的安装方位、燃烧室截面积和挡板等问题。

1. 燃烧器安装方位

配焰燃烧器是直接放在废气流中并在燃烧室始端处点火燃烧的，通过燃烧器横断面上废气的流速分布应尽可能均匀，以便在短距离内达到温度分布均匀、燃烧反应完全，为此最好保持燃烧器的压力降为 245 ~ 736 Pa，这时流速分布曲线平滑，变动适中。同时，废气进风道要保持直线，进风口距离弯管处须至少有 3 ~ 4 个风道直径。风道弯处特别是急弯处及其下流侧都有涡流区域，如果燃烧器放在有涡流区的地段，断面的气流分布情况就会很差。

2. 燃烧室截面积

燃烧室截面积应当保证气流是较强的湍流状态，使混合能很快达到分子混合水平，以便有害组分的分子能得到升温和氧化。为使气流处于湍流状态，需符合下列条件：

$$\frac{Q_{标} D}{A} > 10.8 \qquad (3—3)$$

或圆截面积时，

$$\frac{Q_{标}}{D} > 8.5 \qquad (3—4)$$

式中　$Q_{标}$——总体积流量（如果不用外来空气助燃，则取废气流量），m³/min（20℃，101 kPa）；

　　　D——直径或当量直径，m；

　　　A——内截面积，m²。

上述条件相当于直径为 60 cm 的燃烧室中的最小流速为 1.1 m/s（760℃），几倍于最小的流速，例如 3 ~ 5 m/s 的流速，对于保证较强的湍流状态以加强分子混合是必要的。为了得到充分的驻留时间，最好使用截面积小而长度大的燃烧室，即 L/D 比值大，这样可保证混合效果，使有害组分燃烧完全。在直风道中的横向混合是较慢的，混合段的长度相当于风道直径的 40 倍（即 $L/D=40$），所以，需要采取另外的措施来加强横向混合，以便在大小较合适的炉子中使废气均匀地升温销毁。使用配焰燃烧器使火焰与废气细分成小股混合就是措施之一。配焰燃烧器把火焰与废气充分细分后，混合距离可以缩短为气流宽度的 $10 \sim 20$ 倍，即小火焰间距为 30 cm 时，混合距离可缩短至 $3 \sim 6$ m。还可采取其他措施，如轴向烧嘴、挡板等。

3. 燃烧室内设置挡板的问题

流体沿着风道壁的一层，其流速总是较低的，而且很少与气体主体部分混合，这样，就有一定数量的废气流经燃烧器的外侧而到达燃烧室，并沿着燃烧室的墙壁通过而没有得到足够的升温和燃烧。这些沿墙流过未经燃烧的废气量的大小，取决于流速、燃烧器结构和燃烧室结构等，但通常比较小，只要稍许提高燃烧室的温度，总的燃烧净化效率仍可达到标准要求。控制这种墙流使之与主体流混合的方法，是沿墙设置环状挡板或称湍流器。

有些火焰成线的燃烧器，也用格栅状的花砖挡板。这种花砖挡板对于 30 cm 范围内的混合很有效，但若上流气速不匀的范围大于 30 cm，则几乎没有促进混合的作用。花砖挡板的自由面积大于 50% 较好。所有挡板都要设在火焰冲击范围以外，否则会导致严重的热应力，并发生局部熄火现象。

如图 3—5b 所示，多烧嘴的燃烧器一般都采用挡板来改进湍流混合情况。因为这种燃烧器没有将旁通废气有效地分散开来，所以它的湍流混合问题与离焰燃烧器相类似。图中废气从横向进入高温燃气流，然后在第一块挡板后膨胀，接着遇到靶形或碟形的挡板，又使其改变流向，这样使废气在较大的径向距离内得到混合。这些挡板必须能挡住较大的截面积（约1/2），并会增加 $245 \sim 490$ Pa 的压力降，表 3—8 列出了有挡板和无挡板时的情况。

表 3—8   挡板的效果

		无挡板	有挡板
进口废气含	HC（$\times 10^{-6}$）	$900 \sim 1\,200$	$1\,300 \sim 1\,400$
	CO（$\times 10^{-6}$）	10	30
出口净化气含	HC（$\times 10^{-6}$）	$250 \sim 700$	$100 \sim 110$
	CO（$\times 10^{-6}$）	$20 \sim 100$	约 10
燃烧室断面上最高最低的温度差		$49 \sim 60℃$	约 1℃

注：多烧嘴燃烧器，燃烧室温度为 760℃，驻留时间为 0.3 s。

二、离焰燃烧器系统

离焰燃烧器系统如图 3—7 所示。这种燃烧器是由分离的燃烧火焰产生高温燃气，然后与废气混合。在大的燃烧炉中，通常有 4 个以上这样的燃烧器。燃烧器有时可利用部分废气来供氧助燃，甚至也可放在废气流中。离焰燃烧器与配焰燃烧器的主要区别在于，离焰燃烧器火焰的产生及其控制是分离的。正因为没有像配焰炉那样把火焰与废气一起分成许多小股，所以在燃烧炉内以 $L/D = 2 \sim 6$ 的距离进行喷射混合和横向湍流混合效果不好。因此，在燃烧室设挡板和产生较高的阻力（>980 Pa）十分必要，而且要保证驻留时间为 0.5 s 左右。

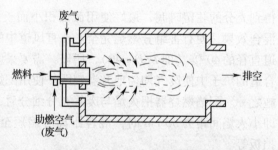

图 3—7　使用离焰燃烧器的燃烧炉

离焰燃烧器可以烧燃料气也可以烧燃料油，可以用废气助燃也可以用外来空气助燃，火焰可大可小，容易调节，而且制作比较简便。离焰燃烧器的结构各异，因为火焰控制是与混合过程分离的，燃烧器只作为供热来源，因而结构设计的变动范围较大。

（一）结构类型

1. 烧燃料气的燃烧器

这种燃烧器可以是简单的烧嘴式的，也可以是环状的。有时将一个燃气环安装在废气流里，主要是为了在烟囱中消除可见缕烟，此时要求火焰稳定，并有控制地与废气混合，否则往往会使废气流中的 CO 和未燃的燃料增多。如燃烧炉维持温度 760℃，则 CO 与醛类可随废气一同烧去，熄火问题也不大。图 3—8 所示是一种烧燃料气的燃烧器。

2. 烧燃料油的燃烧器及气油两用燃烧器

离焰燃烧炉的设计大多可以烧燃料油，特点是火焰亮度较大，以辐射传热为主，因此，燃烧室的墙及火焰照射范围内的固体吸热较多，其温度可以超过燃烧室平均温度（与考虑材料结构的耐火性有关），而废气除了包含的颗粒物质以外，是不吸收辐射热能的。另一个与烧燃料气不同的是，烧油的火焰长度要比烧气的长 50%，这是因为燃料油首先要汽化然后才燃烧。图 3—9 所示是一个油气两用的燃烧器。

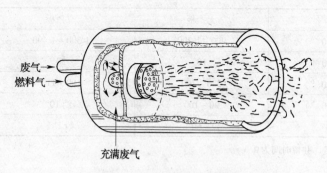

图 3—8　一种烧燃料气的燃烧器

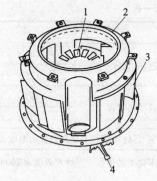

图 3—9　油气两用的燃烧器

1—喷油枪口四周的斜板　2—燃气杯
3—活页窗　4—喷油枪油管

（二）设计问题

1. 燃烧器中的旋涡或旋风

利用旋涡或旋风可以加快辅助燃料与空气混合燃烧，相应延长了燃烧室的驻留时间，因此在燃烧室前面加一个"预燃烧室"，使用旋风等办法并适当地控制助燃气，是可以保证在进入燃烧室以前辅助燃料燃烧完全的。如图3—10所示是一个旋风燃烧器。助燃空气或废气的压力为3 924～4 905 Pa，而大部分压力降耗用于涡流翼板，于是助燃空气或废气就围绕燃料喷嘴高速旋转并膨胀进入"预燃烧室"。这样，辅助燃料就与助燃气很快混合燃烧，并且在作为燃烧器一部分的"预燃烧室"后面只形成很短的火焰。这样的旋风燃烧器，只要控制燃料与空气的比例在燃烧浓度极限范围内，就没有发生熄火的危险。燃料与空气的比例最好控制在接近理论计算量，那样就可得到899℃的高温燃气。

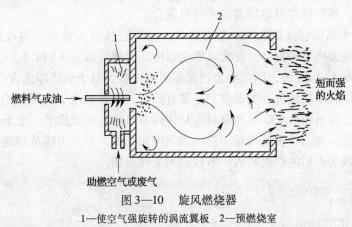

图3—10　旋风燃烧器
1—使空气强旋转的涡流翼板　2—预燃烧室

2. 旁通废气的混合问题

旁通废气的混合问题在离焰燃烧器系统更为突出。配焰炉在无挡板的燃烧室长度3～6 m内可以达到断面温度接近均匀，而对于离焰炉则在有实用意义的长度范围内根本做不到。根据Maxon实验比较，用一个轴向燃烧的燃烧炉，无挡板燃烧室直径为1.2 m而长度为直径的2～3倍，废气在热回收交换器中预热。结果表明，当使用配焰燃烧器且温度为680℃时，出口碳氢化合物浓度降至10×10^{-6}；而使用离焰燃烧器时，HC浓度大于200×10^{-6}，如果要达到与配焰燃烧器类似的HC销毁程度，则燃烧室温度须升至840℃。这个实验说明，离焰炉燃烧室中废气的横向混合情况是很差的。前面在讲述配焰炉时提到燃烧室截面积应当保证气流有较强的湍流状态，使混合达到分子混合水平，但这只是在小范围混合中显得重要，对于整个烟道的横向混合则需另外采取措施。在离焰燃烧器系统，燃烧器安装方位、挡板和燃烧室结构都要用来设法改进旁通废气与高温燃气的混合情况。下面叙述几种改进旁通废气混合情况的措施：

（1）轴向火焰的喷射混合。如图3—11所示，高温燃气与废气是平行气流，如果废气大大过量于燃烧需要，则一部分废气（约50%）仍从火焰周围通过而在下流侧混合。周围的废气可以缓慢地进入高温燃气，因而熄火危险较少，但是在L/D为10～15的无挡板燃烧室的出口处，温度分布不均匀度却很大。典型设计的燃烧炉，L/D只有2～6，很多废气可在高温燃气周围逸出而未升温到销毁温度，因此必须有促进混合的装置。方法是采用轴向火焰的喷射混合，轴向火焰产生高温燃气后，燃烧室直径缩小成一喉管，火焰喷射产生轴向引力将废气吸入，然后在喉管处与燃气充分混合。这样，只有被吸入的废气能够完全混合，如果把废气压送入内，则多余的冷废气仍可在高温燃气周围通过喉管而得不到完全混合。

（2）废气或火焰的径向进入。如果使混合的气流非平行进入，而是成直角（或至少成一角度）进入，则气流间的横向混合就会快得多。利用这一点，通常是使燃烧器从旁边进入（特别是对烟囱里的燃烧炉），但是，这样常会导致火焰冲刷而缩短耐火砖的使用寿命。在760℃的高温燃烧炉中，如果下流侧混合均匀，即使有熄火现象，问题也不大，因为中间产物及未燃物质都可在760℃氧化销毁。但在540℃低温的缕烟或臭气消除器中，这些中间产物则会进一步增加污染问题。在这样的低温炉中，辅助燃料应当在分离的燃烧室中燃烧，如设置预燃烧室，然后以高温燃气与旁通废气混合。

（3）废气或火焰的切线进入。对于燃烧炉，使用切线进入造成旋涡或旋风，同样可以加速旁通废气与高温燃气的混合。在旋风燃烧器中压力降可以是4 414.5 Pa，而在燃烧炉中总压力降只有490.5~981 Pa，因此混合速率相对低一些。对于燃烧净化含有重颗粒的废气，装成垂直向上而以火焰切线进入的燃烧炉是较有效的，重颗粒由于旋风作用可以留在底部直到燃尽。图3—12所示是一个废气与燃料均从切线方向进入的燃烧炉。至于熄火问题和耐火砖被火焰冲刷问题，与前述火焰从径向进入的情况相类似，只是火焰从切线方向进入实际上是螺旋上升的，因为火焰的切线喷入一般较轴向废气流弱。

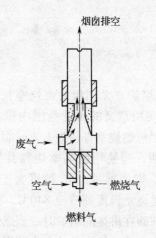

图3—11 轴向火焰的喷射混合

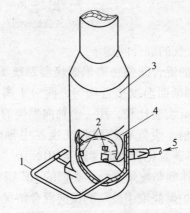

图3—12 废气与燃料均从切线方向进入的燃烧炉
1—煤气管 2—燃烧嘴 3—有耐火衬里的钢壳
4—环形挡板 5—废气入口

（4）挡板。显然离焰炉的挡板较配焰炉更为重要，挡板可以显著加速气流的横向混合，但要正确使用挡板，否则不仅不能改进混合情况，反而会有再循环的死角，减少燃烧室的有效体积，从而缩短驻留时间。挡板可以在相当大的横向距离间扭转气流方向，可以阻挡相当大的截面积而提高气速，并使下流侧的气体流速降低，这样就会大大提高湍流水平，并加速混合，但这些是以增加压力降为代价的。图3—13a所示是环形与碟形的挡板，图3—13b所示是桥墙式挡板。这些挡板应当成对地应用，其大小应当阻挡60%或更多的燃烧室截面积。这样，虽然压力降增加了，但混合情况却可以大为改进。在前面配焰炉中讨论的环形挡板对防止"墙流"所起的重要作用，对离焰炉也是一样的；而刚才讨论的碟形挡板与桥墙式挡板对改进总的横向混合则有更重要的作用；前面所述格栅状的花砖挡板，对离焰炉也是一样，只能在 30 cm 左右的横向小范围内对混合起促进作用。

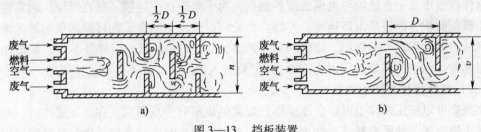

图 3—13　挡板装置

a）环形与碟形挡板　b）桥墙式挡板

三、有关的工程设计问题

虽然配焰燃烧炉与离焰燃烧炉有不同的结构原理，特别是湍流混合情况不同，但是在设计上却有许多相同的问题需要解决，现摘要介绍如下。

（一）燃烧室形状

当全部废气均匀地达到所需的燃烧反应温度后，应当有充分的时间使废气氧化。要达到此要求，最好是将燃烧室设计成直圆筒，形成所谓"塞子流"的条件，使所有废气在达到燃烧反应温度的情况下均匀流动，并有相等的驻留时间。"塞子流"是指一种理想状态，流体如同固体塞子那样流过去，在不同位置的气体没有相对的混合（既没有径向混合，也没有横向混合）。如果不是接近"塞子流"状态，就会存在大的速度差别和再循环现象，这就意味着有些废气会很快通过燃烧室，比计算所需的驻留时间少很多；而另外一些废气却要辗转很长时间以至残留在涡流死角里。接近"塞子流"的状态可以通过采用直的无挡板的圆筒形的燃烧室来达到，但是为了制作简便，通常将燃烧室做成方形的，特别是对大型燃烧室而言。方形燃烧室在角落里会有些涡流区，其结果只是稍稍影响驻留时间，使之比计算的驻留时间略少。

燃烧室不宜有 90°或 180°的拐弯，有时把燃烧室做成 180°拐弯是为了节省材料和空间，并且进出口在一起也便于热交换。但是，隔板因为两边受热，往往会因过热而变形、倒塌。也有的是为了改进湍流混合情况，但是横向混合的改进只存在于 180°拐弯的下流侧 6～8 个燃烧室直径处，而一般燃烧室 L/D 仅为 2～6，不仅不能改进混合，反而会造成许多涡流死角，以致 25% 的燃烧室体积等于无效。这些涡流死角影响燃烧室的有效体积，缩短了驻留时间，并会造成流速不均匀。

接近"塞子流"状态，应当在旁通废气与高温燃气已经混合均匀达到燃烧反应温度的阶段，即保持阶段。在此阶段内不应当再设挡板，如有必要，花砖或格栅也应该设在保持阶段的开始，而不能设在保持阶段后。

（二）垂直燃烧炉或烟囱燃烧炉

燃烧炉是垂直安装好，还是水平安装好，要看地点、占地面积、屋顶载重以及当地最大风速等条件。在水平装置中，重力可能使高温燃气与冷废气分层，以致增加混合的困难，但这种影响很小，因为一般来说气流速度较大而浮力的作用很小。垂直安装燃烧炉的优点是其本身就可以作为烟囱的一部分，但也会带来问题，如果垂直安装的是敞顶，而且 L/D 比较小，则燃烧室中大量的热会因辐射而损失掉，且气候会影响燃烧室内的气流状态而造成冷区，这样就很难找个合适的热电偶温度控制点。为了解决这些问题，垂直燃烧炉通常在出口处缩小横截面积，以提高出口速度，并将大部分辐射热反射回去，同样烟囱顶上的遮雨帽也可起到减少热辐射损失的作用。矮胖的垂直燃烧炉（$L/D = 2 \sim 3$）应尽量不用，而烟囱则应当尽量延伸。水平的燃烧炉，因为需要拐 $90°$ 角进入烟囱，所以不存在这些问题。

（三）负压操作与防止逸漏

燃烧室可以正压操作也可以负压操作。如果燃烧室有一点漏洞，在负压操作时，外面空气将进入燃烧室，导致燃料消耗的少量增加；在正压操作时，则高温气体将从漏洞逸出，并将使漏洞越来越大。从漏洞逸出的高温气体可能还含有未烧去的有害组分及其他有毒气体，且十分危险，这就需要合理设计，使用重规格材料和细致装配，以尽量减少漏洞。采用负压操作系统是比较安全的，但是却因为风机要耐受一定的高温而使费用增加。有的燃烧炉的设计采用正压操作，在耐火层外用两层钢板做成夹套，在夹套中用一个低风量风机吹入外面空气，使夹套中的压力大于燃烧室的压力，这样就可以避免燃烧室中高温气体向外逸漏。

四、热量回收利用

对于废气的燃烧净化，热量回收利用是一个重要的经济技术指标，在设计中应该充分考虑。热力燃烧更是如此，辅助燃料及废气中可燃物放出的热量要尽量加以回收利用。热量回收技术在燃烧净化技术的设计中是要同时解决的，主要途径有以下三种。

（一）热量回收

将热交换器与燃烧炉设计成为一体，通过气—气换热加热冷废气以节约燃料。通常采用列管式热交换器，用热净化气体加热冷废气，这样可以节省部分辅助燃料，典型的设计如图 3—14 所示。

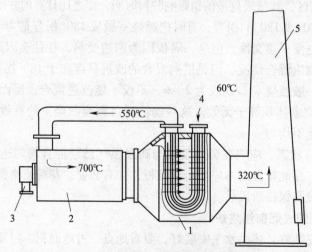

图 3—14　带有热量回收的热力燃烧炉

1—热量回收　2—废气燃烧室　3—辅助燃烧器　4—废气进口　5—烟囱排放

（二）热净化气回收利用

很多废气来自烘烤设备，将这些废气燃烧反应后的热净化气体用于加热及烘烤设备中，如烘箱、烤箱、烘干炉等作为加热气体，以节约蒸汽、电力等热能消耗。

（三）向废热利用设备供热

将热净化气体用于废热锅炉，以产生蒸汽、热水，也可以加热油、融盐等热载体，以节省工艺过程的能量消耗。

五、利用锅炉燃烧室进行热力燃烧

对于热力燃烧法的应用，还可以考虑利用锅炉燃烧室，或者现有生产用的加热炉来完成。锅炉燃烧室的条件非常接近于一个设计得很好的热力燃烧炉，它提供了合适的反应温度、驻留时间、湍流混合以及火焰接触的条件。大多数锅炉或加热炉的燃烧室温度都超过了 1 000℃，燃烧室驻留时间为 0.5 ~ 3 s，在这里有机蒸气、气体及烟雾都可显著地变成二氧化碳和水。特别是不像热力燃烧那样要消耗相当多的辅助燃料，锅炉与生产用炉的燃烧热量本身已有用处，也就不存在热量回收利用的问题，因此是一个十分经济有效的燃烧净化方法。

（一）优缺点

1. 优点

锅炉用作燃烧净化炉后与热力燃烧炉相比较，其优点是：

（1）不需要大量设备投资。

（2）锅炉起供气与净化废气双重作用。

（3）对于废气净化，不再需要辅以燃料或只需少量燃料。

（4）操作维护费用也只用一份，而不是两份。

（5）少数情况下如果废气有较大热值，还可节约燃料。

2. 缺点

（1）如果废气流量相对较大，则锅炉所耗燃料将增加。

（2）可能因锅炉的燃烧器、管子结垢而增加维护费用。

（3）为净化废气，无论蒸气需用情况如何，锅炉都需适当地烧着。

（4）一般应有几台锅炉，其中一台备用。

（5）废气流量大时，压力降增大。

（二）使用条件

采用以锅炉燃烧室来燃烧净化空气中的可燃组分，应当考虑下述条件：

1. 废气所含要净化的组分应当几乎全是可燃的。无机的尘烟如果在锅炉内的传热面上沉积或污染，将造成锅炉效率和蒸发量损失。

2. 废气的流量不能太大，否则将造成热效率降低，废气加入所增加的燃气流量也将使压力降增大。

3. 废气中含氧量应与燃烧所用空气相当，以保证充分燃烧，不完全燃烧将会形成焦油、树脂，以致弄脏锅炉传热表面。

4. 在锅炉燃烧室内必须维持合适的火焰。最好有火焰调节装置以便燃烧净化最大量的废气，但是这点不易达到。

（三）引进废气的方式

要燃烧净化的废气，可以通过以下两种不同的方式引进锅炉的燃烧室。

1. 作为一次进风

通过燃烧器，将废气作为助燃用的空气，即为一次进风。废气中的含氧量必须与空气相当，以保证燃烧良好。过量的不氧化气体，如 CO_2、H_2O 与 N_2 可产生不良后果，使火焰跳动以致燃烧中断。通过燃烧器引进废气，应当促进良好的"火焰接触"，并提供合适的反应温度、驻留时间和湍流混合。如果废气中含有高湿或腐蚀性气体或蒸气，则不应通过燃烧器引进废气，而应从锅炉燃气流的下流侧引进废气，即作为二次进风。

2. 作为二次进风

在锅炉燃气流的下流侧引进，将废气作为二次助燃空气，或称二次进风。废气应当小心地直接引进燃烧室，以保证良好的"火焰接触"。为输送废气进燃烧室，可用排风扇或蒸气喷射器，有时还需安装阻火器，以防止回火。当废气中含有高湿气体时，在引进锅炉前应有冷凝器，否则废气作为二次进风直接引进燃烧室可能会导致锅炉效率降低，燃烧也可能不完全，某些燃烧不完全的有机物质和颗粒沉积在锅炉管子表面会降低热传递。所以除非废气不能通过燃烧器引进，一般不采取二次进风的方法来引进废气。废气引进方法与废气性质也会影响锅炉燃烧器的选择。当废气作为过量空气（二次进风）引进燃烧室的旁边或下方时，一般的燃料气或燃料油的燃烧器可以使用，而废气应当在燃烧器的一端引进燃烧室，以保证燃烧净化良好。当废气作为助燃空气（一次进风）引进燃烧器时，多烧嘴燃烧器、压力燃烧器或空气—油雾燃烧器等比较适用，而采用自然通风或负压通风较为适宜。正压送风容易引起燃烧器和风机腐蚀、结垢，一般不宜采用。

安全问题与其他热力燃烧一样，需要特别注意的是要防止回火和燃烧室爆炸。如果风道中有可燃有机物质沉积，则有引起水灾的危险。这些安全问题在设计和使用过程中应加以注意和解决。

3. 利用锅炉来燃烧净化废气的设计步骤

（1）测定引进锅炉燃烧室的废气的最大体积流量、温度及其他理化特性。

（2）合理设计废气送往锅炉燃烧室的排气系统。

（3）决定废气引进锅炉燃烧室的方式。

（4）计算锅炉及燃烧室的大小是否满足要求，并设计计算废气的燃烧净化。

（5）计算锅炉为保证废气燃烧净化所必须维持的最小燃烧速率。

（6）为保证最小燃烧速率，确定有关的锅炉操作规程。

第四节　催化燃烧原理

一、概述

催化技术在化学工业、石化工业、食品工业等行业得到了广泛应用，在化学工业中催化过程占全部化学过程的 80% 以上。随着环境污染的加剧以及环境保护的要求，催化技术在废气净化工程中也得到了较多应用。

（一）环保催化剂的一般要求

由于环保工作任务的多样性和复杂性，要求催化剂有以下特性。

1. 极高的净化效率

有的废气有害组分含量为千分之几，净化后要达到 10^{-6} 级或 10^{-9} 级，这就要求催化剂具有很高的活性。所谓活性，是指使反应物转化的能力，活性越高对反应物的转化能力越强。有人从起燃温度着手研究催化剂，降低起燃温度意味着催化剂要有更高的活性。

2. 处理量大

如火力发电厂的大型锅炉，25 万千瓦的排气量为 7×10^5 m³/h，60 万千瓦的排气量为 1.6×10^6 m³/h。除要求催化剂活性高外，还要求其具有耐冲刷和压降低的特性。

3. 抗毒能力强、化学稳定性高、选择性好

废气中常含有粉尘、重金属、含氮含硫化合物、硫酸雾、碳氢化合物等，催化剂不仅要对污染物质的净化性能好，还要具有对催化剂毒物的抵抗能力。化学稳定性是指保持稳定的化学组成和化合状态，即催化剂中的活性组分的化合状态不能变。选择性是使反应物向特定方向转化的能力，要保证不生成其他产物。

4. 高强度、高稳定性

高强度是指能经受振动、摩擦、冲击，能承受流体流量、温度的变化，在很宽的操作条件下仍具有高活性；高稳定性是指对于高温和气流冲刷的承受能力，不因受热而改变其物理化学性能，也不会造成催化剂颗粒的变形或催化剂床层的塌陷。

5. 净化设备结构简单、投资低

设备结构简单可以方便用户安装、使用和维修，设备的造价低使用户的投资也会相应降低，这也是必须考虑的问题。

6. 要求不产生二次污染

要达到预期的深度净化，而不能产生有害的中间产物。

（二）成功应用的领域

环保催化剂在国内广泛应用已经有 30 余年的事，曾在 20 世纪 80 年代受到重视和研究。在环境保护领域，催化技术的应用主要集中在以下几个重要方面。

1. 排烟脱硫

火力发电厂、冶金工厂、化工厂以及燃油燃煤的设备都排放出含硫气体。净化技术可以采用吸收、吸附等多种方法，而催化技术应用如下。

催化脱硫工艺反应式为：

$$SO_2 + \frac{1}{2}O_2 \xrightarrow{\text{催化剂}} SO_3$$

生成的 SO_3 被水吸收生成硫酸：

$$SO_3 + H_2O \longrightarrow H_2SO_4$$

美国曾在 100 万千瓦的发电机组上安装催化氧化设备，使用钒催化剂把 SO_2 转化为

SO_3，然后在吸收器中生成硫酸。

活性炭除了能作为吸附剂外，在某些条件下还具有催化作用，用活性炭脱硫的过程如下：

$$SO_2 + \frac{1}{2}O_2 + H_2O \xrightarrow{\text{活性炭}} H_2SO_4$$

SO_2吸附时被催化成SO_3，与水接触后生成硫酸，浓度为$10\% \sim 20\%$，该方法在欧洲得到了广泛应用。

2. 固定发生源烃类净化催化剂

主要指各类工厂排放的气体含碳氢化合物，通常含有恶臭和刺激性，在一定条件下与氮氧化物在大气中发生光化学反应，严重时产生光化学烟雾，对人、农作物及动物危害很大。著名的美国洛杉矶烟雾事件就属于这类污染。光化学烟雾的危害见表3—9。

表3—9 光化学烟雾对人和其他生物的影响

臭氧浓度（$\times 10^{-6}$）	影响
0.02	在5 min内，10人中至少有9人会觉察到
0.03	在8 h内，敏感度高的农作物和树木受损害
$0.08 \sim 1.3$	在3 h内，老鼠对细菌感染抵抗能力降低
$0.2 \sim 0.3$	肺机能降低，胸部有紧缩感
$0.1 \sim 1.0$	1 h内，呼吸紧张
$0.2 \sim 0.5$	$3 \sim 6$ h内，视力降低
$1 \sim 2$	2 h内，头痛、胸痛、慢性中毒、肺活量减小
$5 \sim 10$	全身疼痛，开始出现麻痹症，并得肺水肿病
$15 \sim 20$	2 h内，小动物即死亡
50	1 h内，人可能死亡

本章讲述的催化燃烧技术主要是针对HC化合物的，所采用的催化剂对烃类分子应起到完全的破坏作用，只生成CO_2和H_2O，所谓的完全氧化催化剂应当具备这种功能。

对于具有不同分子结构的烃类完全氧化反应，其催化剂的反应活性也是不同的。在相同的条件下，各种烃类完全燃烧速度可排成下列顺序：烯烃 > 正烷烃 > 有支链的烷烃 > 芳烃。在同类烃中又可排成下列次序：$C_n > C_{n-1} > \cdots > C_3 > C_2 > C_1$。

同一种催化剂，对上述不同的烃类而言，完全燃烧的温度也是不一样的。铂是最活泼的催化剂，甚至可以在低于100℃时使烃类完全氧化。金属氧化物及其化合物（如尖晶石），在较高的温度下（$200 \sim 400$℃）也能使烃类氧化。在这些催化剂中加入添加剂，能大幅度提高催化剂的活性，降低烃类完全氧化为二氧化碳和水的温度。在环境保护中要求尽可能降低燃烧过程的温度，对于某些过程，温度要求不超过150℃。因此，必须在催化剂中加入能提高催化剂活性而降低燃烧温度的杂质，例如在氧化铜中加入氧化锂、氧化钡，在尖晶石中加入氧化钛和氧化铜等。

在制备烃类完全氧化催化剂时，要最大限度地使催化剂的比表面增大。因此，通常都把金属或金属氧化物载在具有大比表面的载体（硅胶、氧化铝等）上。还可以由尖晶石制成粒状或片状催化剂。

实际采用的催化活性组分是铂、钯、铑等贵金属和氧化铜、氧化铬、三氧化二锰、稀土类氧化物等多组分物质。催化剂载体通常是氧化铝。

3. 氮氧化物催化剂

大气中氮氧化物包括 NO_2、NO、N_2O（笑气）、N_2O_3、N_2O_4、N_2O_5 等多种形式，其中 NO_2 毒性最强。大气中的 NO 和 NO_2 通常以 NO_x 表示。NO_x 主要来源于煤、重油、汽油等的高温燃烧过程。空气中含有 N_2 和 O_2，在燃烧过程中生成氮的氧化物是化学平衡所不可避免的。由于燃烧条件不同，其含量可以有很大差别。一般在固定燃烧源的排气中含 NO_x 200×10^{-6} ~ 500×10^{-6}，含 SO_2 0.01% ~ 0.02%，含 CO 0 ~ 3%，含 O_2 1% ~ 5%，含 H_2O 10% ~ 13%，含 CO_2 8% ~ 10%，其余为 N_2。不少化工厂排放的废气中也含有 NO_x，例如硝酸厂的尾气中一般含 NO_x 2000×10^{-6} ~ 5000×10^{-6}，但在 NO_x 的排放总量中，主要还是来自燃烧。二氧化氮本身就是一种有害气体，它与烃类作用还可能发生光化学反应，生成醛类、臭氧和 PAN 类（氧化酰基硝酸酯）等有害物质，严重时形成光化学烟雾。

用于氧化氮净化的催化剂，在环境保护方面主要有还原催化剂、氧化催化剂、分解催化剂和与 SO_2 同时还原的催化剂。

（1）还原催化剂。选择适当的催化剂，用氢、一氧化碳、各种碳氢化合物、氨和硫化氢等做还原剂，可以将氧化氮还原为无害的氮。由于在各种来源的排气中常含有氧、二氧化硫和水蒸气，根据所用还原气体和温度的不同，可将催化剂分为两类：一类是能将氧化氮和氧、二氧化硫同时除去的非选择性还原的催化剂；另一类是可将氧化氮优先还原的选择性还原的催化剂。

（2）分解催化剂。如果能找到一种催化剂，直接将废气中的 NO 分解为 N_2 和 O_2，那将是最好的，分解反应方程式如下：

$$NO \longrightarrow \frac{1}{2}N_2 + \frac{1}{2}O_2 + 90.4 \text{ kJ}$$

在热力学上，该反应在低温下是可能发生的。曾有人试验过许多氧化物，其活性都很低，甚至在 1000℃ 时分解速度仍很慢，而且水蒸气的影响也很大。

（3）氧化催化剂。对于气相氧化的催化剂，从热力学上看，由 NO 氧化到 NO_2，温度越低越有利。但是在低温下曾试验过的催化剂，活性都很低，特别是对低浓度 NO 的氧化速度很慢。有人在研究 NO 的氧化，或 NO 与 SO_2 同时氧化的催化剂，如贵金属和 Co、Mn、Fe、Cr、Ni 等金属氧化物等。

（4）NO_x 与 SO_2 同时除去的催化剂。用煤或重油为燃料时，在燃烧排烟中常常同时含有 NO_x 与 SO_2，有必要同时除去这两种有害物质。用 CO 作为还原剂，$CuO - Al_2O_3$ 作为催化剂，在 538℃ 和空间速度为 10000 h^{-1} 的条件下，用气相催化还原法同时除去 NO_x 和 SO_2，反应方程式如下：

$$CO + NO \longrightarrow \frac{1}{2}N_2 + CO_2$$

$$2CO + SO_2 \longrightarrow S + 2CO_2$$

$$NO_2 + CO \longrightarrow NO + CO_2$$

4．恶臭物质净化催化剂

恶臭物质是各种各样的，在已知的有机化合物中，约有 40 万种是臭味物质，主要有含硫化合物、含氮化合物、烃类、有机溶剂、醛类和脂肪酸类等。这些有臭味的物质可以来自许多方面，如化工厂、石油加工厂、制药厂、鱼类加工厂、食品厂、各种涂料使用工厂以及下水处理厂等。这些有臭味的物质对人的嗅觉阈限值通常都是非常低的，如氨为 $(0.07 \sim 1.7) \times 10^{-6}$，苯为 $(0.04 \sim 1.5) \times 10^{-6}$，硫化氢为 $(0.005 \sim 1) \times 10^{-6}$，甲基硫醇为 $(0.000\ 1 \sim 1) \times 10^{-6}$，丙烯醛为 $(1 \sim 2) \times 10^{-6}$，胆汁二烯为 $0.000\ 32 \times 10^{-6}$。这就是说，要处理的恶臭物质的浓度一般为 10^{-6} 和 10^{-9} 级，用一般的处理方法难以达到所需要的净化程度。在众多处理方法中，催化燃烧法与热力燃烧法和吸附法相比，有许多优点。

处理臭气的催化剂和烃类完全氧化催化剂基本相同，有以氧化铝为载体的贵金属 Pt 和 Pd 催化剂，以及氧化铜和 Co_3O_4、MnO_2、NiO 和 V_2O_5 等为主的氧化物催化剂，催化剂的形状有球形、网状或蜂窝状等。曾报道，载有 0.2% Pt 的氧化铝催化剂，在空间速度为 $20\ 000 \sim 40\ 000\ h^{-1}$ 和 500℃ 以下，可将大多数有机化合物脱臭净化到 1×10^{-6} 以下。在没有催化毒物的情况下，这种催化剂的使用寿命为 $2 \sim 3$ 年。

二、催化燃烧原理

（一）催化燃烧原理

催化燃烧是用催化剂使废气中可燃物质在较低温度下氧化分解的净化方法。对于碳氢化合物，一般是被氧化成 CO_2 和 H_2O，而且放出与热力燃烧相同的热量。催化燃烧，也要先将废气预热混合均匀，以达到催化氧化反应所需的温度，然后通过催化剂床层，使废气中的可燃组分发生氧化放热反应。催化燃烧流程如图 3—15 所示。催化剂床层一般是将铂（Pt）或钯（Pd）涂布于金属或陶瓷载体上，外形可做成筛网状、棒状、球丸状或蜂窝状。使用金属载体的称为全金属型催化剂，使用陶瓷载体的称为铂—氧化铝型或钯—氧化铝型催化剂。催化剂的载体起承载催化剂的活性组分的作用，并提供了巨大的内表面积和微孔结构，以促进废气与催化剂的有效接触，对催化剂的性能有较大的影响。由于催化剂的作用，催化燃烧使可燃物质在较低的温度下就可氧化成 CO_2 和 H_2O，比热力燃烧法节省 40% ~ 60% 的燃料。但是催化剂床层的定期清理及更换催化剂则要投入一定的费用。

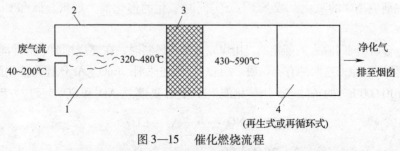

图 3—15　催化燃烧流程

1—预热混合室　2—预热器　3—催化剂床层　4—热量回收

(二) 催化氧化的转化率与驻留时间

1. 催化氧化的转化率

这里的转化率可以理解为净化效率。碳氢化合物的催化氧化受许多因素的影响，包括催化剂（类型、数量、活性）、操作温度、可燃组分化学组成及浓度、废气通过催化剂床层的速度等。催化燃烧炉所需催化剂数量的多少，主要取决于废气中有害组分要求的净化效率，而不是最后净化气中有害组分的浓度。具体地说，如果要求净化效率为 90% ~ 95%，可以用适当体积的催化剂来实现，但若达到更高的转化率，如 98%，则将需要体积大得多的催化剂，致使催化燃烧的操作费用显著增加。

实验表明，催化剂床层中任何一点的氧化反应均为一级反应，即该点的氧化速率与该点的浓度成正比。以微分式表示如下：

$$-\frac{\mathrm{d}c}{\mathrm{d}\tau} = K_{效}c \tag{3—5}$$

式中　c——可燃组分浓度；

　　　τ——废气在催化剂床层的驻留时间，s；

　　　$-\dfrac{\mathrm{d}c}{\mathrm{d}\tau}$——该点可燃组分浓度降低的速率，即氧化速度；

　　　$K_{效}$——氧化反应的有效速率常数，s^{-1}。

将式（3—5）变数分离，两边积分可得：

$$-\int \frac{\mathrm{d}c}{c} = K_{效}\int \mathrm{d}\tau$$

$$-\ln c = K_{效} \times \tau + 常数 \tag{3—6}$$

应用初始条件 $\tau = 0$ 时 $c = c_{初}$，可定出常数项为 $-\ln c_{初}$，即

$$-\ln c = K_{效} \times \tau - \ln c_{初}$$

设废气通过整个催化剂床层，即经历驻留时间 τ 后的终浓度为 $c_{终}$，催化氧化的转化率为 $f_{催}$，则有

$$-\ln c_{终} = K_{效} \times \tau - \ln c_{初}$$

$$c_{终} = (1 - f_{催})c_{初}$$

$$-\ln(1 - f_{催}) = K_{效} \times \tau \tag{3—7}$$

变成指数形式后

$$f_{催} = 1 - \mathrm{e}^{-K_{效} \times \tau} \tag{3—8}$$

如果经过预热后的废气中含氧量超过了可燃组分氧化所需的 2% 以上，则氧化速率不依赖于废气中氧的浓度。按式（3—8）推导，氧化转化率由以下两个因素的乘积决定：一是废气通过催化剂床层的驻留时间 τ，或是单位时间内通过单位体积废气所用的催化剂数量；二是氧化过程的有效速率常数 $K_{效}$。

按照式（3—8），在给定 $K_{效}$ 值的条件下，要使转化率从 68% 提高到 90%，需要增加 1 倍的催化剂体积；如果再将转化率从 90% 提高到 99%，则需要再增加 1 倍的催化剂的体积。因此，对于催化燃烧，要求过高的转化率是不经济的。

2. 驻留时间

在催化剂研究中，τ 称为驻留时间或接触时间，是指反应气体通过催化剂床层中自由空间所需要的时间。接触时间越短，表示同样体积的催化剂处理的废气越多，所以它是表示催化剂处理能力的参数之一。

$$\tau = \frac{V_{催}}{V_{气}} \times \varepsilon$$

式中　$V_{催}$——催化剂床层的体积，m^3；

　　　$V_{气}$——废气的体积流量，m^3/s；

　　　ε——催化剂床层的空隙率，m^3/m^3。

由此，式（3—7）和式（3—8）可以写成如下形式：

$$-\ln(1 - f_{催}) = K_{效} \times \frac{V_{催}}{V_{气}} \times \varepsilon \tag{3—9}$$

及

$$f_{催} = 1 - e^{-K_{效} \times \frac{V_{催}}{V_{气}} \times \varepsilon} \tag{3—10}$$

还有一个反映催化剂处理能力的参数，称为空间速度 SV（space velocity），通常以每单位体积催化剂每小时通过的气体体积（换算至标准状态）计算。

$$SV(h^{-1}) = \frac{废气的体积流量（m^3/h）}{催化剂体积（m^3）}$$

空间速度值越高，表示催化剂的处理能力越大。

还有一个概念是线速度，指反应气体在反应条件下通过催化剂床层自由截面积的速率。

$$线速度（m/s） = \frac{反应条件下气流的体积流速（m^3/s）}{床层截面积 \times 空隙率（m^2）}$$

以上几个参数中，以空间速度应用较方便，许多催化剂都给出了这样的数据，当处理量确定后可根据空间速度的数据决定催化剂的用量。如某催化剂对含苯废气的空间速度为 20 000 h^{-1}，进气量为 15 000 m^3/h，则催化剂体积：

$$V_{催} = \frac{15\,000}{20\,000} = 0.75\ m^3$$

要注意的是，有的厂家提供的空间速度数据是在操作条件下得出的，使用时要选择判断。

（三）有效速率常数 $K_{效}$ 的经验数据

1. 催化过程机理

工业上使用的固体催化剂，绝大多数是多孔的颗粒状，并具有较大的比表面积，从几平方米到几百平方米不等。很明显，催化剂颗粒的外表面积与颗粒内的表面积比起来是微不足道的。催化剂的全部表面积都具有同样的催化反应能力，这意味着反应几乎全部是在内表面上进行的，因此要充分发挥颗粒内部表面的作用，就必须了解反应气体分子进入颗粒内部，并在那里进行反应，以及最后扩散出来的机理。在催化剂上进行的物理和化学过程如图3—16所示。整个过程由七个阶段组成：

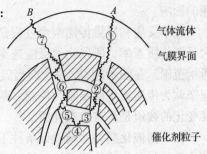

(1) 反应物自气流向固体界面内扩散。

(2) 反应物在催化剂孔内的扩散。

(3) 反应物在催化剂内表面上的吸附。

(4) 反应物在催化剂内表面上进行反应。

(5) 反应生成物在催化剂内表面上的脱附。

(6) 生成物在催化剂孔内扩散。

(7) 生成物从固体—气流界面向气流的扩散。

图3—16　在固体催化剂上进行的
化学和物理过程

在上述七个阶段中，第1和第7两个阶段是反应物和生成物在催化剂颗粒外进行的扩散过程，这个区域叫作外扩散区；第2和第6两个阶段是在催化剂颗粒内部进行的扩散过程，这个区域叫作内扩散区；第3、第4和第5三个阶段，是在催化剂内表面上进行的化学过程，这个过程仅仅与催化剂的本性和反应温度有关，这个区域叫作化学动力学区。

对某一化学反应来说，反应究竟在上述三个区域中的哪一个区域内进行，取决于许多因素，除反应温度、压力、反应物的浓度和空间速度外，还决定于催化剂的活性、颗粒大小、孔径和孔径分布。上述过程分析在催化剂研究中是很重要的，应找出控制因素并加以改善，以寻求更高的反应速率。

2. 催化转化的有效速率常数

有效速率常数直接取决于操作条件，图3—17所示是典型的操作温度通过有效速率常数而影响转化率的曲线。整个氧化过程包括许多复杂的连续步骤，但为了便于观察操作参数的影响，可以把它归结为两个不同因素占优势的过程：

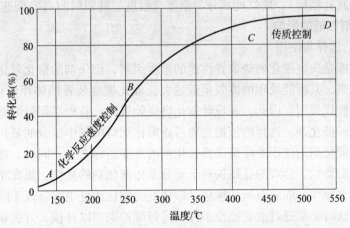

图3—17　操作温度对催化剂床层转化率的影响

(1) 在催化剂表面发生的化学反应过程中，温度对化学反应速率的影响十分显著。

(2) 质量传递过程，被氧化物质从废气中传质到催化剂表面上，同样，氧化后的生成物（CO_2和H_2O）要从催化剂表面传质回到废气流中去。这样的传质过程，其速率受温度影响相对较小，主要受催化剂床层结构和操作条件的影响，特别是受通过催化剂床层的废气流速的影响。

化学反应和质量传递两个过程是连续、交叉的。在温度较低的情况下，化学反应速率大大低于传质速率，所以化学反应速率为整个氧化速率的控制步骤，如图3—17中曲线 AB 段所示范围。在图示的 CD 段，即当温度较高时，化学反应速率高于传质速率，于是整个氧化速率就为传质速率所限制和控制。两个过程的速率常数及整个氧化过程的有效速率常数随温度变化的数值是具有代表性的。

在不同催化剂类型及设计条件下，转化的性质是一样的，只是数值不同，因而温度范围及化学控制向传质控制过渡的转移区也是不同的。通常设计所选用的操作条件应选在类似图3—17 所示曲线上 C 点的附近，这样的操作点（温度）可最大限度地利用预热升温对转化率的提高，而使用最小体积的催化剂。此时，由于已开始进入主要由传质速率控制的区域，所以温度的变化对整个氧化速率的影响不明显。由此可见，对于这样设计的催化燃烧系统，若要提高转化率就不能靠提高操作温度来实现，而要增加催化剂数量。

有效速率常数可以用下式表示：

$$\frac{1}{K_{效}} = \frac{1}{K_{化}} + \frac{1}{K_{质}} \tag{3—11}$$

式中　$K_{效}$——催化剂床层的有效速率常数；

　　　$K_{化}$——化学反应速率系数；

　　　$K_{质}$——传质速率系数。

三、催化燃烧的影响因素

影响催化燃烧装置效果的因素很多，主要有催化剂的性能（包括催化剂的活性、选择性、使用寿命及其孔结构），废气的成分、浓度及温度、驻留时间（空间速度）等。

（一）催化剂性能的影响

1. 催化剂的选择与使用

催化剂的性能是决定催化燃烧装置性能的重要因素，催化剂的催化氧化活性越高，废气的转化率也就越高，其所能处理的废气量就越大，催化燃烧装置的体积则可以相应地缩小，从而降低投资和操作费用。因此，在设计催化燃烧装置时，首先必须针对所要处理的废气成分，选择最有效的催化剂。选择的依据是要考查催化剂对废气中组分的氧化活性及其本身的使用寿命，因此催化剂的使用寿命是选择催化剂的重要指标之一。同样，催化剂的孔结构对其性能有着重要的影响，合理的孔结构对于充分发挥催化剂的活性，提高净化效率是十分重要的。即使是正常操作，随着时间的推移，催化剂的催化活性也将逐渐下降，催化燃烧炉的效能也将降低，这时必须通过改变操作条件或进行维护来加以补偿，方法如下：

（1）按燃烧炉效能要求，开始就过量设计所需的催化剂数量。

（2）提高预热温度，以加速氧化反应的进行，达到提高转化率的目的。

（3）清扫催化剂表面，或将催化剂进行活化处理，以提高其活性。

（4）更换新的催化剂。

具体采用什么方法，要根据催化剂钝化的原因和性质而定。

2. 催化剂的钝化

催化剂钝化主要有以下三种情况：

（1）因长期受热而钝化。即使没有其他因素的影响，催化剂的使用寿命也是有限的。随着热年龄的增长，活性金属微晶与细孔氧化铝载体的微孔结构发生变化——被烧结，床层中催化剂的活性外衣有些已被剥蚀、消耗和蒸发。若操作温度适当并控制得比较稳定，钝化过程一般是较缓的，催化剂的正常效能可维持 3~5 年；若操作温度较高或温度变化显著，就会加速钝化过程。例如对于 Pt/Al_2O_3 催化剂，当操作温度在 590℃ 左右时，其使用寿命可达 3~5 年；若温度升至 677~704℃，则有效使用寿命下降到 1 年左右；倘若在更高的温度（760~816℃）下操作，其活性将在很短的时间内急剧下降，并接近于完全失效。对于以金属为载体的催化剂，通常最高工作温度不应高于 800℃。所以，催化燃烧炉应设置有热电偶及控温装置，并且在生产过程中要防止可燃组分浓度突然增大。

图 3—18 所示是新鲜催化剂与损失 50% 化学活性的催化剂的效能比较，在化学反应速率控制的低温范围内，活性损失的影响是比较明显的；但在较高温度，氧化转化速率被气—固传质速率所控制时，活性损失的影响就减小了。从图中可以看出，当设计操作点为 90% 转化率及预热温度为 343℃ 时，如果催化剂活性损失一半，则在同样的预热温度下，转化率减少至 85%；要想使转化率达到 90%，预热温度应提高到 400℃。这将导致操作费用增加，同时燃料消耗量增大，故不经济。

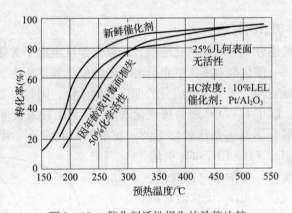

图 3—18 催化剂活性损失的效能比较

（2）催化剂表面被颗粒物质或积炭所遮盖。催化剂活性降低的第二大原因是表面遮盖或污塞。这种表面遮盖可以是凝结的有机物质（如稠环芳烃等），或未燃烧完全而产生的炭粒，或者一薄层无机物颗粒。表面遮盖妨碍了气相组分与催化剂表面的接触，增加了传质阻力。其催化效能的降低特性，在高温范围与图 3—18 所示部分几何表面无活性的催化剂效能曲线相似。对于这种类型的活性衰退，不能用提高预热温度的方法来补偿，定期清洁催化剂通常可使因表面遮盖而丧失的活性恢复 90%。

不同的催化剂类型，不同的应用及设备结构，其清洁的方法及时间间隔是不同的。对于日常维护来说，每 3~6 个月应清洁一次。对于有机的表面遮盖物质，可以将预热温度逐步提高至 540~590℃，保持 2~3 h，以便将这些物质烧去。但应注意，催化剂床层出口温度不应超过 677～704℃；也可以将催化剂床层拆下，用溶剂清洗，但须特别注意，因为催化剂对有机溶剂有氧化活性，在洗涤中可能引起溶剂的燃烧。

对于催化剂表面遮盖的无机物颗粒，应将催化剂床层拆下，用压缩空气反吹，或用水、有机酸（如草酸）或柔和的清洁剂漂洗。若有粘牢的沉积物用上述方法不能除去，或者催化剂表面遮盖物已与催化剂金属熔融成合金，则应当更换新的催化剂。有些全金属催化剂也可重新配装或修理。

（3）催化剂中毒。催化剂钝化的第三个原因是废气中含有的某些特殊毒物使催化剂中毒而失去部分（或全部）活性。这些毒物与催化剂的活性物质形成合金或化合物。对于大多数金属毒物，使催化剂中毒的主要形式是形成合金，这类毒物有磷、铋、砷、锑、汞、铅、锌、锡等，它们与催化剂活性组分形成合金的速率与温度成正比。上述前五种物质称为快速作用毒质，即使痕量存在也会使催化剂钝化；后三种物质称为慢速作用毒质，在某种程度上是可以容忍的。硫与卤素也被认为是催化剂的毒物，但是通常它们与催化剂的化学作用是可逆的，当将它们从气流中除去后，被它们钝化的催化剂可以通过再生而恢复活性。

这些特殊毒物对催化剂效能的影响，在性质上与图 3—18 所示的因年龄而损失活性的曲线相似。通常当废气中含有痕量毒物时，钝化是均匀地分布在催化剂表面上的，用提高预热温度的方法进行补偿可以维持一段时间，直至绝大部分活性丧失。若催化剂在短时间内接触高浓度的毒物，则可能导致局部区域或整个催化剂床层接近完全丧失活性的状态，这时就只能更换新的催化剂了。

（二）废气组分等因素的影响

因为废气中的不同组分有不同的活化能值，所以化学反应速率常数也不同，具体表现为催化转化率不同，即同一催化剂对不同的组分有不同的催化氧化活性。因此，在选择催化剂时，不仅要考虑它对欲处理废气中主要成分的催化氧化活性，同时也要兼顾它对其他组分的活性。大量实验表明，除了 H_2、CO 较易被催化氧化，而 CH_4 较难被催化氧化以外，大多数的碳氢化合物的催化氧化活性还是比较接近的。如图 3—19 所示，图中的曲线表示出了用 Pt/Al_2O_3 催化剂处理 H_2、CO、CH_4 和有机溶剂时转化率与温度的关系。从图中可以看出，H_2 最易被催化氧化，其次是 CO，大多数有机溶剂则在一个狭条范围内，CH_4 最不容易被催化氧化。另外还可以看出，各种物质的催化转化率在某一温度范围内有显著变化，说明在此温度范围内催化剂的化学特性起着决定性作用。此时，催化剂的活性也基本上得到了充分发挥，因此在设计催化燃烧装置时应尽量把反应温度控制在此范围内。

此外，组分浓度对转化率也有影响，这主要是由于氧化反应是放热反应，当废气浓度很低时，其热值可忽略不计；而在某些实

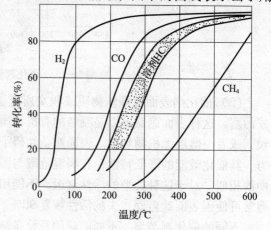

图 3—19　不同分子类型在 Pt/Al_2O_3 催化剂上的操作温度—转化率曲线

际应用中，如烤漆的废气中溶剂浓度可高至25%爆炸下限，因此燃烧所放出的热量不容忽视。这时在催化剂床层中，沿气流方向存在一个温度梯度，废气出口处的温度高于入口处的温度，最大可相差380℃左右。温度的升高有利于催化氧化反应的进行，从而使催化转化率提高，所以对于一定的转化率，可以降低对废气预热温度的要求。图3—20所示为溶剂浓度对所需预热温度的影响，即对于欲达到的既定催化转化率水平，不同溶剂浓度所需要的温度。对于一定的转化率，随着废气中溶剂浓度的升高，所需的预热温度逐渐降低。这是因为随着碳氢化合物浓度的增加，废气通过催化剂床层时的升温也增加，因此决定化学反应速度的催化剂表面温度也随之升高，使反应速度加快。

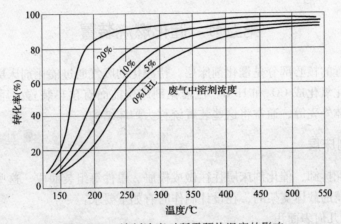

图3—20　溶剂浓度对所需预热温度的影响

溶剂浓度对催化剂床层出口温度的影响如图3—21所示，不同浓度的出口温度曲线是比较靠拢的。对于同一转化率，浓度越高则出口温度越高，其顺序与图3—20所示的相反。从图中可以看出，随着浓度的增加，出口温度增加幅度越来越大。浓度0%曲线与浓度10%曲线的最大出口温度差为33℃，而0%曲线与20%曲线的最大出口温度差可达90℃，因此在设计中必须考虑溶剂浓度对出口温度的影响。

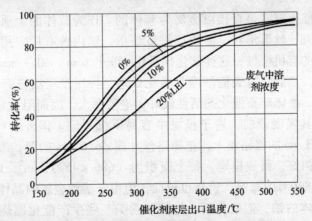

图3—21　溶剂浓度对催化剂床层出口温度的影响

（三）驻留时间（空间速度）的影响

由式（3—10）可以看出，驻留时间决定了转化率的大小。驻留时间代表废气在催化剂床层中停留的时间，或催化剂与废气的体积比，因此，若驻留时间太短，废气未被完全氧化就被排出，不仅达不到净化目的，而且还有可能造成更严重的二次污染，故驻留时间不宜太短。但驻留时间也并非越长越好。驻留时间延长虽然有利于废气组分的充分氧化，但催化剂床层及设备增大，操作费用增加，因此这种做法不经济。在催化燃烧装置的设计中，要根据催化剂的性能合理选取驻留时间（空间速度）。一般取驻留时间为 0.036 ~ 0.5 s，即空间速度为 7 200 ~ 100 000 h^{-1}。

第五节　催化燃烧装置

催化燃烧装置的核心部分是催化剂床层，待净化的废气通过催化剂床层后，其中可燃的有害组分即被催化氧化成 CO_2 和 H_2O。在催化剂床层前面有预热装置，后面有热量回收装置，另外还有炉体外壳等，通常将这些装置统称为炉体结构。

一、催化剂床层

为了便于装配拆卸，催化剂床层往往做成模屉、单件等组装而成。这些模屉、单件是作为催化剂活性金属的载体支架的，在设计制作时有如下要求：

1. 有较大的几何表面积。
2. 适当的压降。
3. 结构平直、坚固。
4. 气流分布均匀。
5. 制作简单，安装维修方便。

目前，国内外用于催化燃烧的催化活性物质主要是铂和钯。铂或钯的催化剂，因使用的载体不同，可分为两大类：

一类是全金属催化剂，是直接以金属为载体的。作为载体的金属一般是镍或镍铬合金，做成带、片、丸、丝等形状，装入网屉或筐里。国内曾有厂家用蓬体球型催化剂净化生产过程中放出的有机废气，这种催化剂是用一根长 6 m、φ0.1 mm 镍铬丝搓成直径为 25 mm 的蓬松球体，然后经过表面洁净与活化处理，再用浸渍法将钯（Pd）附着在镍铬丝表面。实践表明，蓬体球型催化剂活性较好，空隙率大，因而阻力较小（仅为 49 Pa），起燃温度较低；但其强度较弱，置于模屉中容易下沉塌陷。国外有些催化剂生产厂家，将铂或钯镀在 φ0.13 mm 的镍铬丝上，把镍铬丝并成 φ6.6 mm 的股，编成席垫装入不锈钢框架，前后用筛网挡好，做成模屉。每个面积为（606 × 457）mm^2，厚 63 ~ 126 mm。这种催化剂床层可耐 820℃ 的高温，价格也较低，但由于活性金属的晶体结构不同，其活性不如以氧化铝为载体的铂、钯催化剂。另外，欧美一些生产催化燃烧装置的厂家，习惯上采用 φ3 mm 金属小球或短圆柱体，装在筐里，做成厚 25 ~ 50 mm 的催化剂床层，这种方法虽制作简便，阻力低，但气流分布不均匀，会使一部分废气从空隙逸出而未通过催化剂，因此得不到净化。

另一类是以氧化铝为载体的催化剂。一般是以致密的无孔陶瓷结构作为支架，在陶瓷结构上涂一层仅 0.13 mm 厚的 γ–氧化铝薄层，而活性金属钯、铂就以微晶状态沉积或分散在多孔氧化铝薄层中。陶瓷载体可以做成蜂窝状，如图 3—22 所示，外形为 50 mm×50 mm×50 mm，每块有 φ3 mm 蜂窝状通孔 180 个，自由截面积约 50%，堆积密度为 1.28×10^3 kg/m³。其特点是强度大、阻力小、活性高，根据需要可以制作成形状、大小不同的产品。

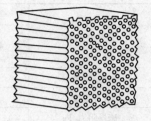

图 3—22 蜂窝状陶瓷载体

图 3—23 所示为四种不同的催化剂形状，一是由陶瓷棒嵌成砖状，用许多陶瓷棒嵌在两端的板间，如图 3—23a 所示，棒表面涂敷 Pt/Al_2O_3 催化剂，气流通过棒间空隙而被催化氧化；二是做成六角眼蜂窝陶瓷体，如图 3—23b 所示；三是将催化剂装入不锈钢框架，前后用筛网挡好，如图 3—23c 所示；四是做成波状眼蜂窝陶瓷体，如图 3—23d 所示。以上几种催化剂的性质及典型设计参数见表 3—10。

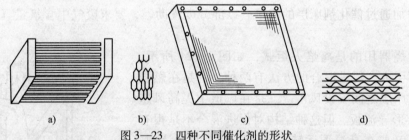

a) b) c) d)

图 3—23 四种不同催化剂的形状

a) 陶瓷棒嵌砖 Pt/Al_2O_3　b) 六角眼蜂窝陶瓷体　c) 镍铬丝网屉　d) 波状眼蜂窝陶瓷体

表 3—10 四种催化剂的性质及典型设计参数

催化剂类型	全金属催化剂		氧化铝本底催化剂 Pt/Al_2O_3	
	镍铬丝网屉	陶瓷棒嵌砖	3.175 mm (1/8 in)六角眼蜂窝陶瓷体	3.175 mm (1/8 in)波状眼蜂窝陶瓷体
每屉截面积/mm×mm	458×610	81×140	305×305	
深度/mm	64, 95, 127	每砖 76	100~330	
几何比表面积/m⁻¹	100	11	82	213
松密度/（t/m³）	4	5	4	4
设计条件	90% 转化率，典型溶剂浓度 10% 爆炸下限			
催化剂体积（每分钟处理 1 000 m³ 废气时）/m³	2	5~9	1~1.2	0.6~1
催化床深度/m	0.063 5~0.127	0.229~0.457	0.203~0.254	0.050~0.150
表面气流速度 m³/（m²·min）（20℃）	45.7~60.96	60.96~122	183~304.8	60.96~122
表面气流速度 在预热温度时（m·s⁻¹）	1.83~2.44	2.44~4.57	7.62~10.67	2.44~4.57

催化剂类型	全金属催化剂		氧化铝本底催化剂 Pt/Al$_2$O$_3$	
	镍铬丝网屉	陶瓷棒嵌砖	3.175 mm（1/8 in）六角眼蜂窝陶瓷体	3.175 mm（1/8 in）波状眼蜂窝陶瓷体
预热室温度/K	700	616～644	616～644	616～644
催化床温度/K	839	755～783	755～783	755～783
床层阻力/Pa	75～125	125～375	500～1 000	373～747

二、炉体结构

废气在通过催化剂床层前，首先要经过预热升温，以使废气达到反应温度。国内多采用电加热装置，而国外多采用辅助燃料加热装置，所用的预热器大多是烧燃料气的。燃料气燃烧器与前面所介绍的热力燃烧炉结构是一样的，不过一般以使用部分废气助燃的配焰燃烧器为好，这样既可使废气与高温燃气混合得快而均匀，又避免了因使用外来空气助燃而增加通过催化剂床层的流量。以部分废气助燃，要求废气中含氧量（体积分数）不低于16%。

老式燃烧器用的是离焰火炬式，如图3—24所示，废气从上面引入。促进混合的方法有两种，一是在燃烧器与催化剂床层之间安设风机，二是在风道中提高风速并安装U字形导流板。但这种结构对促进混合不是很有利，而风机又要在高温下运转，所以在后来的设计中，在离焰燃烧器和催化剂床层之间加一块多孔金属板，以促进混合。随着配焰燃烧器应用的发展，催化燃烧炉结构反而简单了。因为配焰燃烧器的结构可使废气与高温燃气充分混合，催化燃烧炉的炉体只要是一个截面积相同的直风道可引向催化剂床层即可。风道的截面可以是圆的，也可以是方的，尺寸大小应以适合催化剂床层所要求的风速为宜。为防止催化剂床层靠上风的一面因火焰冲刷或过量辐射热而发生过热现象，从预热器到催化

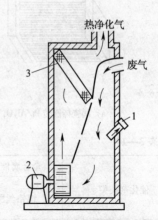

热净化气

废气

图3—24　使用火炬式预热器以风机混合的催化燃烧炉

1—预热器　2—风机　3—催化剂床层

剂床层一般需1.5～3 m。如图3—25所示，燃烧炉可垂直安装，也可水平安装。当燃烧炉水平安装时，催化剂床层后面应当直线延长一段距离，至少应有2～3个风道直径，再转入垂直的烟囱，这是为了避免风道拐弯而影响前面的气流分布。即使是垂直安装的燃烧炉也需要有一段烟囱，以引导热的净化气排出，并防止催化剂床层因辐射而冷却。整个燃烧炉包括预热器和催化剂床层预热器，催化剂床层的压力降一般为491～1 226 Pa，若包括热回收交换器，则压降为1 472～2 492 Pa。

催化燃烧炉的炉体结构材料没有热力燃烧炉那样严格的要求，因为操作温度较低，所以可以应用某些轻便材料和结构。炉壳结构有两种，一种是钢结构外壳，里面衬以耐火材料；另一种是双层夹墙结构，金属衬里为炉壳内墙。炉内催化剂床层的支架等，则应

当用不锈钢或能耐受760℃高温的其他合金制作。仪表控制，目前使用的有热电偶与温控仪表相连的控制装置，可按照出口温度来调节燃烧器的燃烧速率。另外，对预热温度及催化剂床层的温差也应加以监测，以观察催化剂的活性并防止发生过热现象。对催化剂床层的压力降和预热器的压力降也需进行监测，当床层压力降过大时，表明模屉已被颗粒物质阻塞，需要进行清理。采用电加热的装置结构更简单，还可以采用远红外线等节能技术。

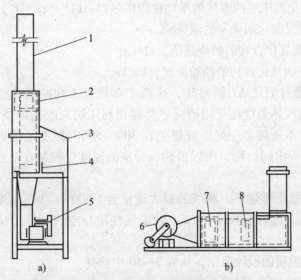

图3—25 按直线安排预热器与催化床层的燃烧炉

a）垂直安装 b）水平安装

1—烟囱 2—催化剂入口 3—雨搭 4、7—可移动燃烧器（燃料气）
5、6—风机 8—催化剂床层

三、有关床层的工艺计算

在一个催化燃烧炉内，并不是全部氧化反应都发生在催化剂床层，如图3—26所示，而有相当一部分（10%以至40% ~ 50%）发生在预热混合阶段，其所占的份额大小，取决于预热温度、废气中HC的化学性质和热力氧化特性、废气流速、预热燃烧器和预热混合室的设计等条件。故废气通过催化剂床层的升温，不能代表整个催化燃烧炉系统的全部氧化转化率，因此催化燃烧炉的全部氧化转化率 $X_全$ 可用下式表示：

$$X_全 = X_预 + f_催 (1 - X_预) \qquad (3—12)$$

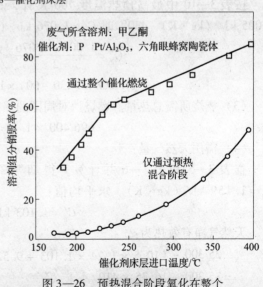

图3—26 预热混合阶段氧化在整个
催化燃烧中所占份额

式中　$X_全$——通过燃烧炉的全部氧化转化率；

　　　$X_预$——废气通过预热混合室时的部分氧化转化率；

　　　$f_催$——碳氢化合物在催化剂床层中的氧化转化率。

$f_催$与废气通过催化剂床层的温升的关系如下：

$$f_催(1 - X_预) = \frac{C'_p \times \Delta T}{Q \times C_初}\qquad(3\text{—}13)$$

式中　C'_p——通过催化剂床层的废气的平均比定压热容，kJ/（kg·℃）；

　　　ΔT——废气通过催化剂床层的温升，℃；

　　　Q——废气中碳氢化合物的燃烧热值，kJ/kg；

　　　$C_初$——废气中碳氢化合物的初始浓度，kg/kg。

$X_全$与$f_催$可以通过测定ΔT而得到，这两个参数对于判断催化燃烧是否能有效地进行，判明应当用提高预热温度还是用清理更换催化剂床层来改进燃烧净化都是很重要的。预热混合室的温度并不是越高越好，应避免在300~590℃温度范围内，因为此范围内氧化产物为CO和醛类等中间产物，所以预热混合室的温度应控制在适应于催化氧化反应的最低温度。

【例3—3】一个催化燃烧炉，废气的最大流量为1 500 m³/h，温度为60℃。预热使用天然气，以空气助燃，过剩系数$n = 1.2$。设废气性质与空气一样，试计算催化燃烧炉的尺寸。

解： 有关催化剂模屉的设计数据，从表3—10中选择。

（1）废气质量流量：

$$1\ 500 \times 1.205 \approx 1\ 808\ \text{kg/h}$$

（2）废气预热升温60℃→430℃所需热量：

按表3—10中最高预热温度700 K计，预热至430℃即可。查表3—4，60℃时$C_p = 1.005$ kJ/（kg·K），430℃时$C_p = 1.076$ kJ/（kg·K）。求平均值：

$$C'_p = \frac{1.005 + 1.076}{2} \approx 1.041\ \text{kJ/（kg·K）}$$

$$1\ 808 \times (430 - 60) \times 1.041 = 696\ 400\ \text{kJ/h}$$

（3）燃烧所需总热量。燃烧炉对周围的热损失估计为10%，则所需总热量为：

$$696\ 400 \times 1.1 = 766\ 000\ \text{kJ/h}$$

（4）需用天然气量：

查表3—5和表3—6并计算，得烟气20℃时$C_p = 1.047$ kJ/（kg·K），430℃时$C_p = 1.159$ kJ/（kg·K）。求平均值：

$$C'_p = 1.103\ \text{kJ/（kg·K）}$$

天然气净有效热为：

$$35\ 300 - (10.5 \times 1.24 \times 1.103 + 9.52 \times 1.205 \times 1.041 \times 0.2) \times (430 - 20)$$

$$= 35\ 300 - 16.75 \times 410$$

$$\approx 28\ 430\ \text{kJ/m}^3$$

需用天然气量为：

$$\frac{766\,000}{28\,430} \approx 27 \text{ m}^3/\text{h}$$

（5）燃烧器所需燃烧体积：

天然气放热最大值为 $35\,300 \times 27 = 953\,000$ kJ/h。

对于催化燃烧炉设备的放热强度，一般以 $1\,884\,000$ kJ/（h·m³）为宜，则炉子的燃料燃烧空间体积为 $\frac{953\,000}{1\,884\,000} \approx 0.506$ m³，预热混合室及催化剂床层的安装体积另加。

（6）天然气在430℃的体积流量：

$$27 \times (10.5 + 9.52 \times 0.2) \times \frac{273 + 430}{293} = 805 \text{ m}^3/\text{h}$$

（7）废气在430℃的体积流量：

$$1\,500 \times \frac{273 + 430}{293} = 3\,600 \text{ m}^3/\text{h}$$

（8）430℃时废气与燃气的总体积流量：

$$3\,600 + 805 = 4\,405 \text{ m}^3/\text{h} = 1.222 \text{ m}^3/\text{s}$$

（9）催化剂床屉截面积按表3—10中的表面气流速度折算：

第一种 $W = 1.83 \sim 2.44$ m/s，取 2.15 m/s，催化剂床屉面积为 $\frac{1.222}{2.15} = 0.568$ m²；

第二种 $W = 2.44 \sim 4.57$ m/s，取 3.50 m/s，催化剂床屉面积为 $\frac{1.222}{3.50} = 0.349$ m²；

第三种 $W = 7.62 \sim 10.67$ m/s，取 9.15 m/s，催化剂床屉面积为 $\frac{1.222}{9.15} = 0.134$ m²。

国内的催化燃烧设备可以根据厂家的资料选型使用。

【例3—4】某车间生产过程在室温（20℃）下操作，每小时散发有机溶剂苯9 kg，拟采用某厂生产的 UJ1 型催化燃烧设备净化有机废气，产品性能见表3—11。苯的爆炸下限为 45.5 g/m³，且通风系统已有设计，试确定所用设备型号。

解：根据苯的散发量和爆炸下限数据确定通风量，为保证操作安全必须使废气的浓度低于爆炸下限的 1/4，即 $\frac{45.5}{4} \approx 11.38$ g/m³。

为安全起见，将通风浓度定为 9 g/m³，则废气浓度为 $\frac{9}{45.5} = 19.8\%$ LEL。

安全风量为 $\frac{9\,000}{9} = 1\,000$ m³/h，折合到标准状态下的通风体积为 $1\,000 \times \frac{273}{293} = 932$ m³/h（0℃）。

根据产品性能表，可以选用 UJ1 - 100 型催化燃烧设备，其实际处理能力为 $1\,000$ m³/h（0℃）废气，适合应用。

表 3—11   **UJ1 型系列催化燃烧设备性能表**

型号		UJ1－5	UJ1－10	UJ1－30	UJ1－50	UJ1－100	UJ1－150	UJ1－200
处理风量/m³·h⁻¹		50	100	300	500	1 000	1 500	2 000
催化剂空速/h⁻¹		20 000						
废气预热温度/℃		200～280						
启动功率/kW·25min⁻¹		4.5	9	22.5	31.5	45	63	72
平均耗功率/kW		1～3	2～5	5～12	8～15	12～18	15～27	20～30
引风机①	风量/m³·h⁻¹	160	235	350	600	1 200	1 800	2 600
	风压/Pa	589	785	1 472	1 472	1 962	1 962	2 453
	功率/kW	0.09	0.09	1.2	1.2	2.2	3	3
有机废气类型		苯、酯、酮、醇、醚、醛、酚、有机恶臭等						
有机废气浓度范围/mg·m⁻³		≤8 000						
净化效率（%）		95～99.5						
除尘阻火器形式		网格						
防爆装置形式		防爆膜式防爆网						
管路直径/mm		50	75	125	160	200	270	310
主体外形尺寸：长×宽×高/mm		660×520×120	900×800×1 700	1 160×700×1 600	1 160×710×1 800	2 230×780×2 140	2 300×810×2 480	2 680×890×2 480
主体质量/t		0.35	0.5	0.85	1.2	1.6	2	2.6

①引风机采用 Y6－12－30 型。

第六节　安　全　措　施

用燃烧净化方法来处理废气的首要条件是废气中所含的有害组分是可燃物质。因此，如何防止废气在风道、炉子等设备中燃烧爆炸是十分关键的问题。废气是要在燃烧净化炉中参加燃烧反应或予以销毁的，但是在此之前却不允许其燃烧、爆炸或回火。爆炸和燃烧会毁坏设备，甚至引起火灾。回火也是一种燃烧，它是在前面点火时，把火焰传播回后面风道、设备中，同样会引起爆炸。所以，使用燃烧净化方法也必须采取必要的安全措施防火防爆。混合气体的燃烧爆炸一般要具备两个条件：第一个条件是存在可燃的混合气体，即混合气体中含有的氧和可燃组分在爆炸极限浓度范围内，某一点被点燃时产生的热量可以继续引燃周围的混合气体，从而维持燃烧或发生爆炸；第二个条件是明火或点火，这个条件也是相对的，可燃物或可燃的混合气体，如果温度提高到了其自燃温度，没有明火或点火也可以发生燃烧爆炸。对于通常条件下不自燃的物质或混合气体，要发生燃烧或爆炸，必须有明火或热源，可燃物被局部引燃，然后蔓延到周围，从而引起燃烧爆炸。废气的燃烧净化，本身就是点火燃烧（或催化燃烧），明火（或催化活性金属发红热）不可避免，因此防火防爆的安全措施，主要是控制可燃混合气体的浓度，以及阻火、泄压等。

一、控制废气中可燃组分的浓度

废气中可燃组分的浓度要控制在爆炸下限的25%（25% LEL）以下。含有几种可燃组分时，可以按比例计算爆炸下限，使可燃物质的总和不超过爆炸下限的25%。在工程设计中，如果有超出此限的可能，应当设计旁通管道，用空气冲淡到此限以下。最好是采用自动调节装置，把废气中可燃组分的浓度与升温联系起来，例如，在燃烧炉出口温度或催化床层升温过高时，即自动加大风量或打开旁路进风道，把浓度调节到最适宜的范围。国外一些资料表明，如果混合气体的浓度及流量稳定，并有自动控制和指示、警报装置，则可燃气体含量可以控制在50%爆炸下限，但是一有超过，即需报警并关闭燃烧净化炉，可见控制在50% LEL水平是比较危险的。究其原因，一是混合气体可能混合不均匀，这样局部地点可能超过；二是高温条件下不到爆炸下限也能燃烧爆炸；三是某些死角积聚危险的可燃气体，特别是某些地方有油垢或冷凝油，在局部燃烧扰动中汽化混合，还可能形成爆炸气体。因此应以25%爆炸下限为准，这也是国外大多数资料推荐的数据。

二、安设阻火器

安设阻火器以防止回火，防止火焰从燃烧炉蔓延传播至其他相连的设备。通常采用干式阻火器，即采用玻璃球、砾石、多孔金属板、金属折带、金属丝网等热容量较大的物料作为灭火材料。不论阻火层采用什么结构和材料，干式阻火器的灭火阻火，都是基于火焰在物料间足够狭窄的通道中会熄灭的原理。这种使火焰熄灭的作用原理主要是传热和器壁效应。

（一）传热

火焰通过固体冷表面时，燃烧热经过燃烧产物及未燃烧气体向固体表面散出，从而降低了火焰的温度，燃烧反应速度减慢。通道尺寸（直径或间隙）越小，每单位火焰体积的固体冷却表面积越大。当通道尺寸减小到某一数值时，火焰即会熄灭（有文献报道，当散出的热量等于火焰放出热量的23%时，火焰即会熄灭），这时的通道尺寸称为临界直径，即最大灭火直径或最大灭火间距。

（二）器壁效应

根据燃烧与爆炸的连锁反应理论，燃烧爆炸现象并不是分子间直接作用的结果，而是在外来能源的激发下使分子中的键受到破坏并产生自由基，然后产生一系列的连锁反应的结果。因此，可燃混合物能够自行继续燃烧的条件是：新产生的自由基数量要等于或大于消失的自由基数量。这样，随着通道尺寸的减小，自由基与反应分子之间的碰撞概率也不断减小，而自由基与通道壁的碰撞概率反而不断增大。当通道尺寸减小到某一数值时，这种器壁效应造成了火焰不能自动维持的条件。

上述传热与器壁效应的阻火灭火原理，可用图3—27来综合说明：火焰在具有冷表面的通道中是以波的形式传播的，由于冷表面的冷却和器壁效应，形成了一定厚度（y_0）的非燃烧区，y_0称为熄灭深度。当通道尺寸减小到等于或小于熄灭深度的2倍时，即$d_0 \leq 2y_0$，火焰便不能通过。

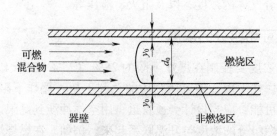

图3—27　阻火灭火原理示意图

由此可见，干式阻火器的灭火能力主要取决于灭火通道的直径或间距，而与灭火通道的材质关系不大，所以阻火材质改变引起导热系数的差异不起主要作用。有实验表明，当阻火网的导热性能提高到460倍时，临界直径（即最大灭火间距）仅改变2.6%。阻火通道除临界直径外还有临界长度的问题，如果阻火通道的长度不够，即使通道直径小于临界直径，也会产生"火焰回生"现象。即火焰通过小于临界直径的通道时熄灭了，但由于通道长度（阻火层厚度）不够，没有进行足够的冷却，反应系统还有足够的能量，当遇到可燃混合物时又会重新燃烧起来。能够阻止火焰回生的最小长度，称为临界长度，临界长度主要取决于火焰的传播速度。

（三）阻火器的类型

1. 金属丝网阻火器

金属丝网阻火器使用较广泛，一般由许多金属丝或带编制，组成圆筒状或薄片重叠起来。就多层丝网对丙烷—空气火焰的阻火性能，有人做了实验，发现层数增多可改进阻火性能，但五层以上不会有更多的改进。对于一般有机溶剂，采用四层金属网，已可阻止火焰扩展，但对二硫化碳的火焰，即使用12层网都不能使其熄灭。对二硫化碳火焰的阻火最困难，采用砾石阻火较合适。阻火网常用铜或钢制作，网孔一般为210～250孔/cm²（37～40目/in）。孔的大小根据气体及蒸气着火危险程度而定。金属丝网阻火器的缺点，一是多层金属丝网叠在一起，所留孔道取决于组装方式，但多层金属丝叠放时难以保证一致的操作效果；二是发生火灾时易烧坏，有试验表明，带火焰的气流流经15 s，网就会被烧坏，因此，在必要时应与混合气体的断路开关联用。

2. 砾石（或玻璃球）阻火器

用于二硫化碳火焰的阻火时，阻火器外壳直径为150 mm，砾石直径为3～4 mm，砾石填充高度为200 mm，是有效的。也可用于乙炔—空气火焰的阻火。用于其他溶剂时，砾石填充高度为100 mm即可。砾石阻火器的缺点，一是阻力大，某些条件下达3～5 kPa；二是爆炸波进入砾石罐时压力升高，可引起砾石腾涌，造成对阻火来说太大的通道，因此，应在砾石罐的进出口管道上安装防爆膜（爆破片）及时泄压。

3. 多微孔圆板阻火器（金属或陶瓷）

有文献报道，用于氢—氧火焰的阻火时，多微孔圆板的孔径可以比任何爆炸混合物的临界直径小很多。其缺点是压力损失比较高，微孔陶瓷板的机械强度差。

4. 波纹板或波纹折带式阻火器

波纹板由沿两个方向皱折的波纹薄板组成，用以分隔各层而留有间隙；波纹折带式阻火器是由平的和波纹的带材交替置放组成，成为有三角形孔道的长方形一叠。后者做成圆形阻火器时，可把一条波纹带和一条平带连续绕在一个芯子上，如图3—28所示。带的材料一般为铝，也可采用其他金属，或聚氯乙烯。

曾有人针对上述类型阻火器做过实验，发现当火焰速度超过106.7 m/s时，除波纹折带式阻火器以外，都失效了；而波纹折带式阻火器在火焰速度为1 703 m/s时成功地阻止了爆炸。

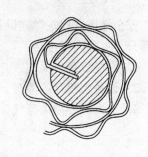

图3—28　波纹折带式阻火器

三、在可能爆炸处设置防爆膜泄压

在启动或其他特殊情况下可能爆炸的容器设备上需要安设防爆膜，以便万一发生爆炸时可以及时泄压，防止或减轻设备破坏和事故。根据燃烧爆炸的热传播和自由基连锁反应理论，爆炸并不是在达到着火的临界条件下立即发生的，而是经过连锁反应发展所必需的一定时间以后才发生的。实验证明，任何爆炸都有时间上的延滞。延滞时间的长短，受外界条件和可燃气体混合组成的影响。在延滞时间内，混合气体压力由初始压力升高到最高爆炸压力。如果混合气体在刚点燃时，装有防爆膜的爆破口就立即打开进行泄压，并认为爆炸引起的升压速度与爆破口的泄压速度是大致相等的，那么只要使爆破口能在爆炸延滞时间内将物料泄完，就能保护设备不因爆炸而遭破坏，这就是防爆膜的作用原理。据此，设计要点主要是确定爆破口面积和防爆膜（爆破片）的材质、厚度。可燃的混合气体与火源一接触，便有活性原子或称自由基生成，发生连锁反应。爆炸性混合气体点着火后，热和连锁载体都向外传播，促使邻近的一层混合气体起燃烧反应，火焰就以一层层同心圆球面的形状往外蔓延，而且越来越快。与此同时，产生大量反应热而使压力急剧增加，造成极大的破坏作用。这一过程的快慢主要取决于混合气体的组成，当混合气体中可燃组分稍多于化学计算量时，燃烧最快最激烈，这样的浓度称为最适宜混合比，通常以体积百分数表示。爆炸时产生的高压，并不是由于体积增加造成的，而是爆炸瞬间产生大量的反应热，使温度骤增而造成的。通常，最高爆炸压力为初始压力的7～10倍。而可燃尘粒与空气构成的爆炸混合气，由于所含可燃物质较多，放出的热量大，加以爆炸产物体积大增，故爆炸压力更高，但进行的速度较可燃气体混合得慢。除了混合气体的组成以外，温度与压力对爆炸特性也有影响。一般来说，最高爆炸压力随起爆温度的提高而降低，由起爆压力变到爆炸压力的升温时间（即爆炸延滞时间）则随起爆温度的升高略有缩短（一般不显著），但单位时间的升压速度大致不变，同时混合气体的爆炸极限浓度的范围有所扩大。随着初始压力（起爆压力）的增加，最高爆炸压力和升温速度大致与其成正比地增加，爆炸延滞时间大致不变，爆炸极限浓度的上限会相应地增大。而随着初始压力的降低，爆炸极限浓度的范围缩小，至某一临界值时，混合气体即成为不爆炸的。

四、安全操作规程

安全操作规程在燃烧设备的安全管理工作中是重要的内容之一，也是安全管理制度的组成部分，主要内容包括：

1. 燃烧设备点火前，必须用空气吹扫风道、燃烧室等处，清除可燃气体。
2. 设备中积存的油污、凝液等可燃物质要及时清除。
3. 点火时要以火等气，而不能以气等火。

参 考 文 献

[1] 孙宝林，赵容，王淑苏. 工业防毒技术 [M]. 北京：中国劳动社会保障出版社，2008.

第四章　有害气体的吸收净化

第一节　概　述

用液体吸收剂吸收气体的过程称为吸收。有害气体的液体吸收，是根据混合气体中各组分在液体中溶解度的不同，有选择地清除某种气体组分的过程。被溶解的气体从溶液中释放出来的过程称为解吸。吸收作为一种单元操作过程，应用于分离混合气体，尤其是近年来广泛应用于气体的净化。

吸收是质量传递的一种形式，这种质量传递是指物质通过相界面的扩散，将混合气体中有害组分从其浓度较高的气相，传递到浓度较低的液相中的过程。反之，有害组分从液相向气相传递的过程为解吸过程。

吸收操作如图4—1所示。含有毒气体A和其他气体B的混合气体自吸收设备底部进入，选择一种吸收剂C从设备顶部喷淋。通过气、液相的接触，吸收剂C选择性地吸收易溶气体A，二者组成的溶液由底部排除，而难以被吸收的气体B则从设备顶部排出。在吸收操作中，混合气体中易被吸收组分A称为溶质，或吸收质，难以被吸收的气体B称为惰性气体。吸收剂C又称为溶剂，与被吸收组分A组成溶液。惰性气体B及吸收剂C分别为组分A在气相及液相中的载体。

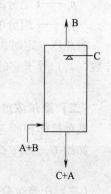

图4—1　吸收示意图

吸收操作可分为物理吸收和化学吸收。物理吸收指气体的溶解不伴随有化学反应，所以又称为简单吸收。当吸收过程伴有化学反应时则为化学吸收。在物理吸收时，惰性气体和吸收剂是不消耗的，并且不参与组分从一相到另一相的传递过程。但在化学吸收时，吸收剂和被吸收组分能够发生化学作用。在气体净化中，通常使用化学吸收多于物理吸收。

在吸收操作中，如果气相中只有一种组分能明显地被已给定的吸收剂吸收，为单组分吸收；若气相中多种组分同时被吸收，则为多组分吸收。

吸收过程是个放热的过程，若有化学反应存在，还要放出反应热，使得操作温度升高，这类吸收有明显的温度变化，称为非等温吸收。在净化气体方面，通常被吸收组分浓度较低，且吸收剂用量较大，温升并不显著，所以一般可认为是等温吸收。

第二节　吸收的基本理论

一、液相组成的表示方法

气相和液相的组成，常用的表示方法如下。

（一）摩尔分数

如用 n 表示一相含有的摩尔总数，用 n_A，n_B，n_C，…分别表示该相所含组分 A，B，C，…的摩尔数，则各组分的摩尔分数为

$$y_A = n_A/n, y_B = n_B/n, y_C = n_C/n, \cdots \qquad (4—1)$$

y_A，y_B，y_C，…分别表示组分 A，B，C，…的摩尔分数，并且

$$y_A + y_B + y_C + \cdots = 1$$

习惯上，液相的摩尔分数用 x 表示，气相的摩尔分数用 y 表示。对理想气体而言，气相中组分的摩尔分数的数值就等于它的体积分数值。气体组分的浓度有时又可用组分的分压表示，根据道尔顿分压定律

$$p_i = p_t y_i \qquad (4—2)$$

式中　p_t——总压，Pa；

p_i——i 组分的分压，Pa；

y_i——i 组分的摩尔分数。

当总压一定时，分压与摩尔分数数值相等。所以对于气体中 i 组分来说，其浓度的体积分数（V_i）等于它的分压分数，亦等于它的摩尔分数。即

$$V_i = p_i = y_i$$

（二）摩尔浓度

某单位体积所含组分的摩尔分数，即为摩尔浓度。

如用 C_A，C_B，C_C，…分别表示组分 A，B，C，…的摩尔浓度，则

$$C_A = n_A/V, C_B = n_B/V, C_C = n_C/V, \cdots \qquad (4—3)$$

（三）比摩尔分数

某组分的摩尔数与此相中除此组分之外的摩尔数之比，即为比摩尔分数。

如某相总摩尔数为 n，i 组分的摩尔数为 n_i，则比摩尔分数 Y_i 为

$$Y_i = \frac{n_i}{n - n_i} \qquad (4—4)$$

如果吸收操作为单组分吸收，则摩尔分数与比摩尔分数之间的关系为

$$Y_i = \frac{y_i}{1 - y_i} \qquad (4—5)$$

如前所示，对于理想气体，摩尔分数等于体积分数，则 i 组分的摩尔分数 y_i 与它的摩尔浓度 C_i 之间的关系可用下式表达

$$y_i = \frac{C_i RT}{p_t}$$

式中　R——气体常数；

T——温度，K；

p_t——总压，Pa。

二、吸收过程的相平衡关系

（一）气体在液体中的溶解度

吸收的相平衡关系，是指气、液两相达到平衡时被吸收组分在两相中的浓度关系，即气体吸收质在吸收剂中的平衡溶解度。故可以说气体在液体中的溶解度是气、液两相平衡关系的一种定量表示方法。

在一定的温度与压强下，当吸收剂与混合气体接触时，气体中的吸收质就向液体吸收剂传递，与液体吸收剂形成溶液。但同时溶液中被吸收的组分也会由液相向气相传递而解吸。随着接触时间的延长，吸收质在溶液中的浓度不断增加，同时溶液中被吸收的吸收质也不断由液相向气相传递。经过相当长时间的接触后，吸收速度和解吸速度相等，即吸收质在气、液相中的组成不再发生变化，此时气、液两相达到相际动平衡，简称相平衡或平衡。平衡时，溶液上方吸收质的分压称为平衡分压。在一定量吸收剂中溶解的吸收质的量，称为平衡溶解度，平衡溶解度是吸收过程的极限。

平衡溶解度的大小随物系、温度、压强的变化而变化。通常，温度上升，气体的溶解度显著下降；而压力上升，气体的溶解度则有所增加。表4—1 ~ 表4—3 分别为氨、二氧化硫、氯化氢在水中的溶解度数值。

表4—1　　　　　　　　　　　　　氨在水中的溶解度数值

每100 份 H_2O 中 NH_3 的份数（以质量计）	NH_3 的分压/ $\times 10^3$ Pa							
	0℃	10℃	20℃	25℃	30℃	40℃	50℃	60℃
100	126.26							
90	104.66							
80	84.79	131.59						
70	66.67	103.99						
60	50.66	79.99	125.99					
50	36.66	58.53	91.46					
40	25.33	40.13	62.66	—	95.86			
30	15.87	25.33	39.73	—	60.53	92.26		
25	11.93	19.20	30.26	—	46.93	71.19	109.99	
20	8.53	13.80	22.13	—	34.66	52.66	74.46	111.19
15	5.69	9.35	15.20	—	23.87	36.40	54.00	77.73
10	3.35	5.57	9.28	—	14.67	22.27	32.93	48.13
7.5	2.36	3.99	6.67	—	10.63	16.00	23.87	34.80
5	1.49	2.55	4.23	—	6.80	10.20	15.33	22.00
4	—	2.15	3.32	—	5.35	8.11	12.15	17.23
3	—	1.51	2.43	3.13	3.95	6.00	8.95	12.57
2.5	—	2.00	2.59	3.25	(5.01)	(7.43)	10.27	
2		1.60	2.04	2.57	(4.00)	(5.93)	8.13	

每100份H_2O中 NH$_3$的份数（以质量计）	NH$_3$的分压/$\times 10^3$ Pa							
	0℃	10℃	20℃	25℃	30℃	40℃	50℃	60℃
1.6	—	—	—	1.60	2.04	(3.21)	(4.73)	6.49
1.2	—	—	—	1.21	1.53	(2.44)	(3.56)	4.84
1.0	—	—	—	0.99	—	(2.05)	(2.96)	4.00
0.5	—	—	—	0.45				

注：带括号者是由插入法算得的数据。

表4—2　　　　　　　　　　二氧化硫在水中的溶解度数值

每100份H_2O中 SO$_2$的份数（以质量计）	SO$_2$的分压/$\times 10^3$ Pa							
	0℃	7℃	10℃	15℃	20℃	30℃	40℃	50℃
20	86.13	87.60						
15	63.20	84.93	96.79					
10	41.03	55.60	63.20	75.59	93.06			
7.5	30.40	40.93	46.53	55.86	68.93	91.73		
5	19.73	—	30.13	36.00	44.80	60.26	88.66	
2.5	9.20	12.27	14.00	16.93	21.47	28.80	42.93	61.06
1.5	5.07	6.80	7.87	9.47	12.27	16.67	24.80	35.46
1.0	3.11	4.13	4.93	5.87	7.87	10.53	16.13	22.93
0.7	2.03	2.75	3.15	3.73	5.20	6.93	11.60	15.47
0.5	1.32	1.80	2.08	2.57	3.47	4.80	7.60	10.93
0.3	0.68	0.92	1.05	1.33	1.88	2.63	—	—
0.2	0.37	0.49	0.61	0.76	1.13	1.57	—	4.13
0.15	0.25	0.35	0.41	0.51	0.77	1.08	1.72	2.67
0.10	0.16	0.20	0.23	0.29	0.43	0.63	1.00	1.60
0.05	0.08	0.09	0.10	0.11	0.16	0.23	0.37	0.63
0.02	0.03	0.04	0.04	0.04	0.07	0.08	0.11	0.17

表4—3　　　　　　　　　　氯化氢在水中的溶解度数值

每100份H_2O中 HCl的份数（以质量计）	HCl的分压/Pa						
	0℃	10℃	20℃	30℃	50℃	80℃	110℃
78.6	6.80×10^4	1.12×10^5					
66.7	1.73×10^4	3.11×10^4	5.32×10^4	8.36×10^4			
56.3	3.87×10^3	7.52×10^3	1.42×10^4	2.51×10^4	7.13×10^4		
47.0	7.60×10^2	1.57×10^3	3.13×10^3	$5.9^3 \times 10^3$	1.88×10^4	8.31×10^4	
38.9	1.33×10^2	3.03×10^2	6.53×10^2	1.32×10^3	4.76×10^3	2.51×10^4	1.01×10^5

每100份 H_2O 中 HCl 的份数（以质量计）	HCl 的分压/Pa						
	0℃	10℃	20℃	30℃	50℃	80℃	110℃
31.6	2.33×10^1	5.73×10^1	1.33×10^2	2.89×10^2	1.19×10^3	7.25×10^3	3.37×10^4
25.0	4.21	1.12×10^1	2.73×10^1	6.40×10^1	2.95×10^2	2.08×10^3	1.11×10^4
19.05	7.47×10^{-1}	2.13	5.71	1.41×10^1	7.33×10^1	6.21×10^2	3.73×10^3
13.64	1.32×10^{-1}	4.07×10^{-1}	1.17	3.12	1.81×10^1	1.79×10^2	1.24×10^3
8.70	1.57×10^{-2}	7.77×10^{-2}	2.37×10^{-1}	6.87×10^{-1}	4.59	5.20×10^1	4.13×10^2
4.17	2.40×10^{-3}	9.20×10^{-3}	3.20×10^{-2}	1.03×10^{-1}	8.53×10^{-1}	1.27×10^1	1.24×10^2
2.04	—	1.56×10^{-3}	5.87×10^{-3}	2.01×10^{-2}	1.87×10^{-1}	3.27	3.73×10^1

吸收质组分在气相中具有一定的分压，当此分压超过液相中该组分的平衡分压时，吸收质组分就不断从气相传递到液相中，直至平衡为止。平衡时，吸收质在气相中的分压等于液相中该组分的平衡分压。反之，如果吸收质在气相中的分压低于液相中该组分的平衡分压，则液相中的吸收质将被释出，直至平衡。这种平衡关系，可以用来判别吸收是否可以进行，吸收的难易程度如何等。

（二）亨利定律

当气相总压不太高时，在一定温度下，气、液两相达到平衡时，溶质在液相中的浓度 c 和它在气相中的平衡分压 p^* 成正比，这就是亨利定律。

$$p^* = f(c) \tag{4—6}$$

亨利定律仅适用于理想溶液，任何极稀的溶液都近似于理想溶液，因此，亨利定律也适用于稀溶液，而且溶液越稀越准确。

当气、液两相达到平衡时，c 与 p^* 的关系为一曲线，此线称为溶解度曲线或平衡曲线。在气相总压不高时，对于大多数气体的稀溶液，其平衡曲线为一直线。对于溶解度较高的气体，则平衡曲线为一曲线。

亨利定律表示了气、液两相达到平衡时，溶质在气、液两相中浓度分配的情况。由于气、液相组成或浓度的表示方法不同，所以亨利定律有多种表达式。

1. 液相浓度以单位体积含溶质的摩尔数表示

$$p^* = \frac{C}{H} \tag{4—7}$$

式中 p^*——溶质气体在溶液表面的平衡分压，Pa；

C——溶质气体在溶液中的摩尔浓度，$kmol/m^3$；

H——溶解度系数，$kmol/(m^3 \cdot Pa)$。

H 可视为溶质气体分压为 101 kPa 时溶液的浓度，它可作为判断气体溶解难易的量度。对于易溶气体，H 值很大；难溶气体的 H 值则很小。对于稀溶液，H 值为一常数。H 值由溶质、溶剂和温度决定，当溶质、溶剂确定后，H 值随温度的上升而减小。

2. 液相浓度用溶质气体的摩尔分数表示

$$p^* = Ex \tag{4—8}$$

式中　E——亨利系数，Pa；

　　　x——溶质气体在液相中的摩尔分数。

亨利系数是式（4—8）直线方程的斜率。对于易溶气体，E 值很小；难溶气体的 E 值很大。一般 E 值随温度的升高而增大。常见气体溶于水中的亨利系数值列于表4—4 中。

表4—4　　　　　　　　　一些气体在不同温度时的亨利系数

气体＼温度/℃	0	5	10	15	20	25	30	35	40	45	50	60	70	80	90	100
E（$\times 1.013 \times 10$ Pa）																
H_2	5.79	6.08	6.36	6.61	6.83	7.07	7.29	7.42	7.51	7.60	7.65	7.65	7.61	7.55	7.51	7.45
N_2	5.29	5.97	6.68	7.38	8.04	8.65	9.24	9.85	10.4	10.9	11.3	12	12.5	12.6	12.6	12.6
空气	4.32	4.88	5.49	6.07	6.64	7.2	7.71	8.23	8.7	9.11	9.46	10.1	10.5	10.7	10.8	10.7
CO	3.52	3.96	4.42	4.89	5.36	5.8	6.2	6.59	6.96	7.29	7.61	8.21	8.45	8.45	8.46	8.46
O_2	2.55	2.91	3.27	3.64	4.01	4.38	4.75	5.07	5.35	5.63	5.88	6.29	6.67	6.87	6.99	7.01
CH_4	2.24	2.59	2.97	3.37	3.76	4.13	4.49	4.86	5.2	5.51	5.77	6.26	6.66	6.82	6.92	7.01
NO	1.69	1.93	2.18	2.42	2.64	2.87	3.1	3.31	3.52	3.72	3.9	4.18	4.28	4.48	4.52	4.54
C_2H_6	1.26	1.55	1.89	2.26	2.63	3.02	3.42	3.83	4.23	4.36	5	5.65	6.23	6.61	6.87	6.92
E（$\times 1.013 \times 10^2$ Pa）																
C_2H_4	5.52	6.53	7.68	8.95	10.2	11.4	12.7	—								
N_2O	—	1.17	1.41	1.66	1.98	2.25	2.59	3.02								
CO_2	0.728	0.876	1.04	1.22	1.42	1.64	1.86	2.09	2.33	2.57	2.83	3.41	—	—	—	—
C_2H_2	0.72	0.84	0.96	1.08	1.21	1.33	1.46									
CS_2	0.268	0.33	0.394	0.455	0.53	0.596	0.66	0.73	0.79	0.85	0.89	0.96	0.98	0.96	0.95	—
H_2S		0.312	0.364		0.478		0.604		0.735		0.865	0.981	1.19	1.15	1.44	1.084
E（$\times 1.013 \times 10^3$ Pa）																
Br_2	0.213	0.275	0.366	0.466	0.593	0.737	0.905	1.09	1.33	1.58	1.91	2.51	3.21	4.04	—	—
SO_2	0.165	0.2	0.242	0.29	0.35	0.408	0.479	0.56	0.652	0.753	0.86	1.1	1.37	1.68	1.98	—

3. 气相浓度用摩尔分数表示

$$y^* = mx \tag{4—9}$$

式中　y^*——溶质气体在溶液表面的平衡浓度，用摩尔分数表示；

　　　x——溶质气体在液相中的摩尔分数；

　　　m——相平衡常数。

式（4—9）说明当吸收达到平衡时，气相中以摩尔分数表示的平衡浓度与溶质气体在液相中的摩尔分数成正比。

在 y - x 坐标上，将 $y^* = mx$ 绘成曲线，此曲线称为平衡线。对于难溶气体，m 是一个常数，即 $y^* = mx$ 为一直线方程。对于浓溶液，m 不是常数，则平衡线为一曲线，如图4—2所示。

根据相平衡常数 m 的数值同样可以判断气体组分溶解度的大小。m 值越大，则表明该气体的溶解度越小。m 值不仅与温度、总压有关，也与溶液的组成有关。一般对某种溶液，m 值随温度的升高而增大，随总压的升高而减小。

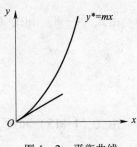

图4—2 平衡曲线

4. 用比摩尔分数表示

在吸收过程中，由于惰性气体和吸收剂均为溶质气体在气、液相中的载体，它们在吸收过程中常视为不消耗，因此在计算中常用比摩尔分数表示相的组成，则亨利定律可以表示为

$$Y^* = \frac{mX}{1 + (1 - m)X} \qquad (4—10)$$

式中　Y^*——溶质气体在溶液表面的平衡浓度，以比摩尔分数表示；

　　　X——溶质气体在液相中的比摩尔分数。

由式（4—10）绘出的平衡线为一曲线。当溶液浓度很小，即 X 值很小时，式（4—10）可简化为

$$Y^* = mX \qquad (4—11)$$

式（4—11）适用于稀溶液，而净化有毒气体的吸收过程均形成稀溶液，因此使用式（4—11）更为方便。

（三）亨利定律中几个平衡系数的关系

式（4—7）中溶质气体在溶液中的摩尔浓度 C 为单位体积溶液中溶质气体的摩尔数，即

$$C = \frac{n_A}{V} = \frac{n_A}{n_A + n_C} \times \frac{n_A + n_C}{V} \qquad (4—12)$$

如令 ρ' 为溶液中溶质组分 A 和溶剂 C 的总摩尔浓度，即 $\rho' = \frac{n_A + n_C}{V}$，则式（4—12）可写成

$$C = x\rho' \qquad (4—13)$$

将式（4—13）代入式（4—7），得

$$p^* = \frac{C}{H} = \frac{x\rho'}{H}$$

由式（4—8）可以得出

$$Ex = \frac{x\rho'}{H}$$

则

$$E = \frac{\rho'}{H} \qquad (4—14)$$

在稀溶液中，溶质组分的摩尔数可忽略不计，如溶液密度为 ρ_L（或用溶剂密度 ρ_C 代替

亦可），单位为 kg/m³，溶剂 C 的分子量为 M_C，则

$$E = \frac{\rho_L}{M_C} \times \frac{1}{H} \tag{4-15}$$

如总压为 p_t，则溶质气体的分压 p 为

$$p = p_t y$$

由式（4—8）和式（4—9）得

$$x = \frac{y^*}{m} = \frac{p^*/p_t}{m} = \frac{p^*}{E}$$

则

$$E = mp_t \tag{4-16}$$

由式（4—15）和式（4—16）得

$$m = \frac{E}{p_t} = \frac{\rho_L}{M_C H p_t} \tag{4-17}$$

【例4—1】 已知在 1.013×10^5 Pa，20℃时氨在水中的溶解度数据为：

氨（g）/1 000 g水	13	55	70	100
氨的分压（Pa）	2 400	4 666	6 133	9 333

试将平衡数据换算为 x - y（摩尔分数）与 X - Y（比摩尔分数）的形式。

解： 以第一个数据为例

$$x = \frac{13/17}{13/17 + 1\,000/18} = 0.013\,6$$

$$y = \frac{2\,400}{1.013 \times 10^5} = 0.023\,7$$

$$X = \frac{x}{1-x} = \frac{0.013\,6}{1-0.013\,6} = 0.013\,8$$

$$Y = \frac{y}{1-y} = \frac{0.023\,7}{1-0.023\,7} = 0.024\,3$$

计算结果如下：

x	0.013 6	0.055 2	0.069 1	0.095 7
y	0.023 7	0.046 0	0.060 5	0.092 1
X	0.013 8	0.058 5	0.074 3	0.106
Y	0.024 3	0.048 3	0.080 3	0.101

三、吸收过程的机理——双膜理论

吸收是吸收质从气相传递到液相的扩散过程。这种物质传递是在气、液两相界面完成的。有关这方面的理论已提出很多，如双膜理论、溶质渗透论、表面更新论等，而迄今为止应用最广泛的还是提出较早的双膜理论。双膜模型如图4—3所示，其基本理论如下。

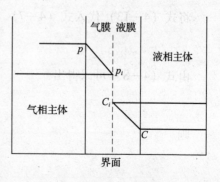

图4—3　双膜模型

1. 气、液两相做相对运动时，两相之间有一个相界面，界面两侧分别存在着做滞流流动的气膜和液膜，被吸收组分只能以分子扩散方式从气相主体连续通过两膜进入液相主体，不存在对流扩散。膜的厚度与流体流动有关。

2. 两膜以外的气、液相主体中，由于流体的充分湍动，组分的浓度基本是均匀的，没有浓度差，所以传质的阻力完全集中在气、液两层滞流膜中。

3. 无论气、液两相主体中的浓度是否达到平衡，气、液两相的浓度在相界面上总是平衡的。

通过双膜理论的假设，把整个吸收过程简化成为通过气、液两层滞流膜的分子扩散，因此两层膜分子扩散的阻力就成为吸收的总阻力。由于双膜理论把相间物质传递的复杂现象过于简化，因而在某些情况下使用会出现失真现象。但这个简化模型为求取吸收速率提供了基础，所以双膜理论至今仍是吸收设计的主要依据。

四、传质过程的机理——物质扩散

在吸收操作中，吸收质从气相转移到液相的传质过程是借助扩散作用实现的，所以说传质过程的基础是物质的扩散，故传质过程又称为扩散过程。

双膜理论指出吸收质经过气膜和液膜时是分子扩散。分子扩散常发生在静止的或垂直于浓度梯度方向做滞流的流体中。

只有物质在相间的分配处于不平衡状态时，才能使物质由一相传递到另一相，传质的方向或扩散的方向总是从高浓度向低浓度转移。

（一）吸收质 A 通过气膜的稳定扩散

假定吸收质 A 组分通过惰性气体 B 的扩散是不随时间变化的稳定扩散，其扩散速率即单位时间经过单位传质面积的物质量，与组分 A 在扩散方向上的浓度梯度成正比。其数学表达式为

$$N_A = -D_{AB} \frac{dC_A}{dZ} \tag{4—18}$$

式中　N_A——组分 A 的扩散速率，$kmol/(m^2 \cdot h)$；

$\dfrac{dC_A}{dZ}$——组分 A 的浓度梯度，是扩散的推动力，表示组分 A 的浓度沿单位扩散距离 Z 的变化率；

D_{AB}——组分 A 在惰性气体 B 中的扩散系数，m^2/h。

式中的负号表示组分 A 向浓度降低的方向扩散。扩散系数 D 表示物质在介质中的扩散能力，为物质的物理特性之一，其值主要与扩散物质和介质的种类、温度、压力有关，而与气体的浓度关系不大。扩散系数 D 随温度的升高和压力的降低而增大。

整理可得组分 A 在相对静止的惰性气体中的扩散速率方程式

$$N_A = \frac{D_{AB} p_t}{RTZ_G p_{Bm}} (p_A - p_{Ai}) \tag{4—19}$$

式中　N_A——扩散速率，$kmol/(m^2 \cdot h)$；

D_{AB}——组分 A 在气膜中的扩散系数，m^2/h；

p_t——总压，101 kPa；

R——气体常数，8 314.7 $m^3 \cdot Pa/$（$kmol \cdot K$）；

T——开尔文温度，K；

Z_G——气膜厚度，即扩散距离，m；

p_A——A 组分在气相主体中的分压，Pa；

p_{Ai}——A 组分在相界面的分压，即平衡分压，Pa；

p_{Bm}——组分 B 在界面处的分压与在气相中分压的对数平均值，Pa。

$$p_{Bm} = \frac{p_{Bi} - p_B}{\ln \dfrac{p_{Bi}}{p_B}} = \frac{(p_t - p_{Ai}) - (p_t - p_A)}{\ln \dfrac{p_t - p_{Ai}}{p_t - p_A}}$$

式（4—19）中，p_t/p_{Bm} 称为漂流因数，它反映总体流动的相对大小，即在扩散方向上因有总体流动而使组分 A 扩散速率提高的程度。当吸收质浓度很低时，$p_{Bm} \approx p_t$，式（4—19）可简化为

$$N_A = \frac{D_{AB}}{RTZ_G}(p_A - p_{Ai}) \tag{4—20}$$

（二）吸收质 A 通过液膜的稳定扩散

液体中分子扩散的速率，是按吸收质 A 通过相对静止溶剂的扩散速率计算的，同式（4—19）类比可得

$$N_A = -D_{AC}\frac{dC_A}{dZ} \tag{4—21}$$

式中　D_{AC}——吸收质 A 在液体中的扩散系数，m^2/h。

整理后可得出

$$N_A = \frac{D_{AC}(C_A + C_C)}{Z_L C_{Cm}}(C_{Ai} - C_A) \tag{4—22}$$

式中　Z_L——液膜厚度，即扩散距离，m；

C_{Ai}，C_A——组分 A 在相界面和液相主体中的摩尔浓度，$kmol/m^3$；

C_C——吸收剂 C 在液相中的摩尔浓度，$kmol/m^3$；

C_{Cm}——吸收剂 C 在相界面和液相主体中两处浓度的对数平均值，$kmol/m^3$。

若为稀溶液，则 $C_C \gg C_A$，此时式（4—22）中的（$C_A + C_C$）/C_{Cm} 值近似为 1，式（4—22）化简为

$$N_A = \frac{D_{AC}}{Z_L}(C_{Ai} - C_A) \tag{4—23}$$

（三）扩散系数的求取

气体组分在气体中扩散时，扩散系数 D 比气体组分在液相中的扩散系数 D' 大得多，一般 D_{AC} 为 D_{AB} 的 1/（$10^4 \sim 10^5$）。某些气体的扩散系数见表 4—5。

表4—5　　　　　　　　　　　　　某些气体的扩散系数　　　　　　　　　　　　cm²/s

气体	D_{AB} 在 101 kPa 和 0℃时的扩散系数			D_{AC} (×10⁵) 在水中的扩散系数 (20℃)	气体	D_{AB} 在 101 kPa 和 0℃时的扩散系数			D_{AC} (×10⁵) 在水中的扩散系数 (20℃)
	在空气中	在CO₂中	在H₂中			在空气中	在CO₂中	在H₂中	
氮	0.132	0.146	0.674	1.64	二氧化硫	0.122	—	0.480	1.47
一氧化氮	0.145			1.54	三氧化硫	0.094			
二氧化氮	0.119				甲苯	0.071			
氧	0.198		0.745	1.76	二氧化碳	0.138		0.550	1.77
丙酮	0.082			1.03	一氧化碳	0.202	0.137	0.651	1.9
苯	0.077	0.053	0.295	—	醋酸（乙酸）	0.106	0.72	0.416	0.88
水（蒸汽）	0.220	0.139	0.752	—					
氢	0.611	0.550		5.13	氯	0.124	—		1.22
氧	0.178	—	0.697	1.8	氯化氢	0.130	—	0.712	2.64
甲烷	0.223	0.153	0.625	2.06	乙醇	0.102	0.068	0.375	1.0
甲醇	0.132	0.088	0.506	1.28	乙酸乙酯	0.072	0.049	0.273	—
硫化氢	0.127	—		1.41	乙烯	0.152		0.486	1.59
二硫化碳	0.089	0.063	0.369		乙醚	0.078	0.055	0.296	—

　　表4—5 给出了某些气体在压强 $p_0 = 101$ kPa、温度 $T_0 = 273$ K 时的扩散系数值。如果已知在标准状态下的扩散系数为 D_0，则可按下式计算出温度为 T、压强为 p 时的扩散系数 D 值

$$D = D_0 \frac{p_0}{p} \left(\frac{T}{T_0} \right)^{\frac{3}{2}} \tag{4—24}$$

第三节　吸收速率方程式

一、吸收速率方程式

　　吸收过程中，单位时间通过单位相际传质面积所传递的物质量即为吸收速率，它反映了吸收过程快慢的程度。表达吸收速率及其影响因素的数学表达式即吸收速率方程式，它具有"速率 = 推动力/阻力"的形式。

（一）组分 A 通过气膜的吸收速率方程式

　　根据前述双膜理论，吸收过程即为吸收质通过两层膜的分子扩散过程，所以组分 A 通过气膜的分子扩散速率即为其吸收速率。

在式（4—19）或式（4—20）中，令

$$\frac{D_{AB}p_t}{RTZ_G p_{Bm}} = k_G \quad \text{或} \quad \frac{D_{AB}}{RTZ_G} = k_G$$

则

$$N_A = k_G (p_A - p_{Ai}) \tag{4—25}$$

式中　k_G——气相吸收分系数，$kmol/(m^2 \cdot h \cdot Pa)$。

式（4—25）称为气相吸收速率方程式。气相吸收分系数 k_G 的倒数 $1/k_G$ 即为吸收质 A 通过气膜的阻力。

（二）组分 A 通过液膜的吸收速率方程式

同前所述，组分 A 通过液膜的分子扩散速率即为其吸收速率。

在式（4—22）或式（4—23）中，令

$$\frac{D_{AC}(C_A + C_C)}{Z_L C_{Cm}} = k_L \quad \text{或} \quad \frac{D_{AC}}{Z_L} = k_L$$

则

$$N_A = k_L(C_{Ai} - C_A) \tag{4—26}$$

式中　k_L——液相吸收分系数，m/h。

式（4—26）称为液相吸收速率方程式。液相吸收分系数 k_L 的倒数 $1/k_L$ 即为吸收质 A 通过液膜的阻力。

二、吸收总系数和分系数的关系

吸收分系数是以相界面的组成 p_{Ai}、C_{Ai} 为依据的，实际应用时，往往避开不易测得的相界面浓度，以及不易由试验确定的分系数，采用跨过双膜的推动力和阻力所表达的吸收速率方程式。

从整个吸收过程看，只要过程是稳定的，在两相界面上无积累或消耗，则单位时间、单位相界面上通过气膜所传递的物质量，必与通过液膜传递的物质量相等，即吸收速率相等。则

$$N_A = k_G (p_A - p_{Ai}) = k_L (C_{Ai} - C_A) \tag{4—27}$$

在吸收操作中，已知气、液两相的平衡关系服从亨利定律，即在两相主体

$$C_A = Hp_A^*$$

在两相界面

$$C_{Ai} = Hp_{Ai}$$

代入式（4—27），可得

$$N_A = k_G(p_A - p_{Ai}) = k_L(C_{Ai} - C_A) = k_L H(p_{Ai} - p_A^*)$$

将上式改写为

$$N_A = \frac{p_A - p_A^*}{\dfrac{1}{k_G} + \dfrac{1}{Hk_L}} = K_G(p_A - p_A^*) \tag{4—28}$$

$$\frac{1}{K_G} = \frac{1}{k_G} + \frac{1}{Hk_L} \tag{4—29}$$

式中　K_G——以气相组成（$p_A - p_A^*$）表示吸收过程总推动力的气相传质总系数，kmol/（$m^2 \cdot h \cdot Pa$）。

同理可得

$$N_A = \frac{C_A^* - C_A}{\dfrac{H}{k_G} + \dfrac{1}{k_L}} = K_L(C_A^* - C_A) \tag{4—30}$$

$$\frac{1}{K_L} = \frac{H}{k_G} + \frac{1}{k_L} \tag{4—31}$$

式中　K_L——以液相组成（$C_A^* - C_A$）表示吸收过程总推动力的液相传质总系数，m/h。

式（4—28）、式（4—30）分别为以不同推动力表示的吸收速率方程式。推动力以（$p_A - p_A^*$）表示的为气相传质速率方程，而推动力以（$C_A^* - C_A$）表示的为液相传质速率方程。两式中的分母分别表示过程的总阻力，过程的总阻力等于每相阻力之和。这种相阻力的加合性的假定，是吸收机理的重要概念。式（4—29）说明过程的总阻力 $1/K_G$ 为气膜阻力 $1/k_G$ 和液膜阻力 $1/（Hk_L）$ 之和。式（4—31）也说明同样的道理。

【例4—2】已知某填料塔中气相吸收分系数 $k_G = 2.67 \times 10^{-6}$ kmol/（$m^2 \cdot h \cdot Pa$），液相吸收分系数 $k_L = 0.42$ m/h。试计算气相和液相传质总系数。已知平衡关系 $y^* = 102x$，吸收剂是水，塔内总压为 104 800 Pa。

解：

$$E = mp_t = 102 \times 104\ 800 = 1.069 \times 10^7\ Pa$$

对于水，$M_0 = 18$，$\rho_0 \approx 1\ 000$ kg/m³。

对于稀溶液

$$H = \frac{\rho_0}{M_0 E} = \frac{1\ 000}{18 \times 1.069 \times 10^7} = 5.197 \times 10^{-6}\ kmol/(m^3 \cdot Pa)$$

由式 $\dfrac{1}{K_G} = \dfrac{1}{k_G} + \dfrac{1}{Hk_L}$，得

$$K_G = \frac{1}{\dfrac{1}{2.67 \times 10^{-6}} + \dfrac{1}{5.197 \times 10^{-6} \times 0.42}}$$

$$= \frac{1}{374\ 500 + 458\ 100} = 1.201 \times 10^{-6}\ kmol/(m^2 \cdot h \cdot Pa)$$

$$K_L = \frac{K_G}{H} = \frac{1.201 \times 10^{-6}}{5.197 \times 10^{-6}} = 0.231\ m/h$$

若气、液两相的组分分别用比摩尔分数 Y、X 表示，则吸收速率方程式可写成

$$N_A = k_Y(Y_A - Y_{Ai}) = K_Y(Y_A - Y_A^*) \tag{4—32}$$

$$N_A = k_X(X_{Ai} - X_A) = K_X(X_A^* - X_A) \tag{4—33}$$

式中　k_Y——以气相推动力 $(Y_A - Y_{Ai})$ 表示的气相吸收分系数，kmol/（$m^2 \cdot h$）；

$\quad\quad K_Y$——以气相推动力 $(Y_A - Y_A^*)$ 表示的气相吸收总系数，kmol/（$m^2 \cdot h$）；

$\quad\quad k_X$——以液相推动力 $(X_{Ai} - X_A)$ 表示的液相吸收分系数，kmol/（$m^2 \cdot h$）；

$\quad\quad K_X$——以液相推动力 $(X_A^* - X_A)$ 表示的液相吸收总系数，kmol/（$m^2 \cdot h$）。

若吸收过程的平衡关系符合亨利定律，气、液相组成以比摩尔分数表示，应有

$$Y^* = mX$$

由此可以得出以比摩尔分数之差为推动力的各吸收系数之间的关系为

$$\frac{1}{K_Y} = \frac{1}{k_Y} + \frac{m}{k_X} \tag{4—34}$$

$$\frac{1}{K_X} = \frac{1}{mk_Y} + \frac{1}{k_X} \tag{4—35}$$

由式（4—29）和式（4—31）可得

$$K_G = HK_L \tag{4—36}$$

由式（4—34）和式（4—35）可得

$$K_Y = \frac{1}{m}K_X \tag{4—37}$$

当吸收质在气、液两相浓度很低时，有如下关系：

$$k_Y = p_t k_G$$

$$k_X = \rho' k_L$$

$$K_Y = p_t K_G$$

$$K_X = \rho' K_L$$

上式中的 ρ' 为溶液的总摩尔浓度（kmol/m^3），式中的 p_t 为总压。

三、影响吸收的因素

有害组分的吸收量，即单位时间的传质量 G，可用数学式表示为

$$G = KF\Delta C \tag{4—38}$$

式中　G——单位时间的传质量，kmol/h；

$\quad\quad K$——吸收总系数，kmol/（$m^2 \cdot h$）；

$\quad\quad F$——垂直于吸收方向的面积，或气、液相接触表面积，m^2；

$\quad\quad \Delta C$——传质推动力，浓度差，无因次。

（一）浓度差 ΔC 的影响

气相与液相的浓度沿着其运动的接触表面而变化，因此，传质的推动力沿接触表面通常也是变化的，所以一般在计算时应用推动力的平均值。

在吸收净化操作中，根据净化要求，操作条件是规定好的，因此推动力也就决定了。如果要增大吸收的推动力，可采用以下几种方法：降低系统温度，使平衡线接近横坐标；增加系统的压力；选择对吸收质溶解度更大的吸收剂；适当地增加吸收剂的用量等。采用化学吸收也可以增加吸收速率。

（二）传质面积 *F* 的影响

吸收设备中气、液两相在相互运动时的接触面积为传质面积。因其运动的接触面通常是变化的，所以，无论在设计或操作过程中，都力求在较小的吸收空间内得到比较大的传质面积。

（三）吸收总系数 *K* 的影响

影响吸收总系数的因素十分复杂，如物料的性质、设备的形状和尺寸、物料的流动速度等对其影响都很大。物料和设备决定后，流速的影响十分重要。在一定的范围内，随着流速的增加，吸收总系数也增大。

吸收系数的求取，一般通过中间试验或生产设备实测而得，亦可以相似理论整理实验数据，由准数方程式算出。

四、气膜控制与液膜控制

从式（4—29）和式（4—31）可以看出气体溶解度对传质的影响。

（一）气膜控制

当气体的溶解度很大时，即对易溶气体 *H* 值很大，式（4—29）中的 $\frac{1}{Hk_L}\to 0$，即 $1/k_G \gg \frac{1}{Hk_L}$，则式（4—29）可变为

$$K_G \approx k_G$$

此时说明吸收过程的总阻力 $1/K_G$ 主要由气膜阻力构成，液膜阻力可以忽略不计，故此吸收过程为气膜控制。此时吸收速率方程按下式计算较为方便。

$$N_A = K_G(p_A - p_A^*) = K_Y(Y_A - Y_A^*)$$

（二）液膜控制

当气体的溶解度很小时，即难溶时，由于 *H* 值很小，则式（4—31）中的 $H/k_G \to 0$，即 $\frac{1}{k_L} \gg \frac{H}{k_G}$，此时式（4—31）可变为

$$K_L \approx k_L$$

此时说明吸收过程的总阻力 $1/K_L$ 主要由液膜阻力构成，气膜阻力可以忽略不计，故此吸收过程为液膜控制。此时吸收速率方程式按下式计算较为方便。

$$N_A = K_L(C_A^* - C_A) = K_X(X_A^* - X_A)$$

（三）气、液膜控制

当气体溶解度适中时，式（4—29）和式（4—31）无法简化，即气、液膜的吸收阻力均很显著。此时的吸收总系数只能按式（4—29）和式（4—31）求取。

第四节　吸收流程与操作

一、吸收与解吸

简单的吸收过程，是吸收剂与混合气体只接触一次，其流程如图4—1所示。这种装置可将

被吸收组分吸收得比较完全，以达到国家排放标准，此时塔底吸收液浓度很低。若减少吸收剂用量，则塔底吸收液浓度增大，但会使吸收推动力减小，因此图4—1所示装置只适用于工业吸收中不解吸的情况，此时吸收的结果是得到成品、半成品，或者吸收的目的是为了气体的净化。

为了得到浓度较高的吸收液以便于加工利用，或吸收剂的价格昂贵，或要取出吸收过程中放出的热量，就需将塔底流出的吸收液部分再循环使用，如图4—4所示。如处理气量较大，所需吸收塔的塔径过大或塔过高时，可以考虑将几个小塔并联或串联使用。图4—5所示为串联的逆流吸收流程图。

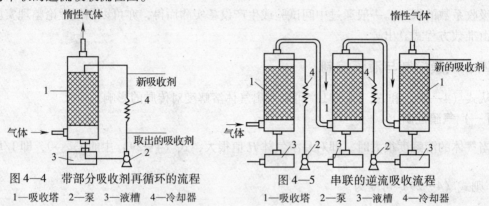

图4—4　带部分吸收剂再循环的流程
1—吸收塔　2—泵　3—液槽　4—冷却器

图4—5　串联的逆流吸收流程
1—吸收塔　2—泵　3—液槽　4—冷却器

与吸收过程相反，将已溶解的气体自溶液中释放出来的操作称为解吸或提馏。吸收后的溶液通常送去解吸。有解吸的吸收，吸收剂能够多次使用，并可将被吸收组分释出。在这样的流程中，如不考虑某些损失，吸收剂是不消耗的。

液体减压解吸是解吸中最简单的方法之一。尤其是在加压吸收的情况下，解吸在减到常压时即可实现。若为常压吸收，解吸则在真空条件下进行。

加热解吸是最普通的解吸方法。解吸过程是直接用蒸气作为解吸剂或者通过器壁加热的方法提高温度，增加组分在液面的平衡分压，从而使组分解吸出来。在此情况下，解吸温度高于吸收温度。

在惰性气流（空气）中，解吸法是通入大量的惰性气体，相应地降低了组分在气相中的分压，使其小于液面的平衡分压，促使组分从溶剂中释出。

当吸收过程中伴有不可逆的化学吸收时，吸收剂不能采用解吸方法再生，可采用化学方法再生。

二、吸收操作与操作线方程

现在以填料塔为基础讨论这个问题。在塔中气、液两相逆向流动，而操作是稳定的连续过程，即通过塔体的吸收剂和惰性气体的量基本上都无变化，所以在做物料衡算时，用比摩尔分数来表示气相和液相的组成最为方便。

如图4—6所示，如令：

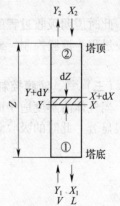

图4—6　逆流吸收塔
操作示意图

V——单位时间通过塔的惰性气体量，kmol/h；

L——单位时间通过塔的吸收剂量，kmol/h；

Y_1、Y_2、Y——塔底气体入口和塔顶气体出口及截面上的气相组成，kmol 吸收质/kmol 惰性气体；

X_2、X_1、X——塔顶液体入口和塔底液体出口及截面上的液相组成，kmol 吸收质/kmol 吸收剂。

设图示塔中的任一截面，在此截面上的组成为 X 及 Y。因气相和液相的组成在吸收塔中逐点不同，故其数值应随截面位置而不同。再考虑与此截面相距一微分距离 dZ 的一截面，其对应组成为 $X + dX$ 及 $Y + dY$。故在稳定操作条件下，在这个微分截段上从气相中扩散传出的吸收质必为同截段的液相所吸收，由此得出在任意截段的物料衡算式如下

$$dG = V(-dY) = (-L)dX \qquad (4—39)$$

式中　dG——扩散传质量，kmol 吸收质/h。

$-dY$ 的负号表示吸收质扩散传出；$-L$ 的负号表示液流与气流流向相反。

整理式（4—39），得

$$VdY = LdX$$

又因在稳定连续操作的条件下，L、V 都是定值，上式可直接就任意截面与塔底进行积分，得

$$V(Y_1 - Y) = L(X_1 - X) \quad 或 \quad Y = \frac{L}{V}X + \left(Y_1 - \frac{L}{V}X_1\right)$$

上述方程为通过 (X_1, Y_1) 点的直线方程式，其斜率为 $\frac{L}{V}$。

若就全塔进行衡算，则得

$$V(Y_1 - Y_2) = L(X_1 - X_2) \qquad (4—40)$$

式（4—40）为通过 (X_1, Y_1) 和 (X_2, Y_2) 点的一条直线，这条直线叫作操作线，表示操作线的数学式叫作操作线方程式。操作线上的任意一点，代表吸收塔任意截面上的气、液两相组成（X 及 Y）之间的关系。

图 4—7 所示是根据某物料的性质及吸收操作条件绘制的。图中 OC 曲线是由气、液相的平衡关系 $Y = f(X)$ 得到的气、液相平衡线；直线 AB 为吸收塔的操作线；$A(X_2, Y_2)$ 代表塔顶的气、液相组成，$B(X_1, Y_1)$ 代表塔底的气、液相组成。

三、吸收剂的用量

吸收剂在单位时间的消耗量对吸收操作是很重要的工艺数据。当处理气体量一定时，往往要根据净化任务的要求确定合理的吸收剂用量。下面讨论如何计算吸收剂的用量。

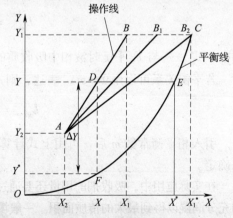

图 4—7　填料吸收塔的操作线

吸收剂的比用量也称吸收剂的单位消耗量或液、气比，它是指每处理 1 kmol 惰性气体所需要的吸收剂的 kmol 数。在吸收塔的计算中，需要处理的惰性气体量 V、气相的初始和终止的浓度 Y_1 和 Y_2 以及吸收剂进塔的组成 X_2，都为过程本身和生产分离要求所决定，而所需的吸收剂的用量则有待于选择，它直接影响着设备的尺寸和操作费用。

根据操作线方程式（4—40）可得单位惰性气体所需吸收剂的量

$$\frac{L}{V} = \frac{Y_1 - Y_2}{X_1 - X_2}$$

而 $\frac{L}{V}$ 就是操作线的斜率，它影响操作线的位置。若吸收剂的用量减少，操作线的斜率就变小，操作线向平衡线靠近，而推动力变小；当操作线与平衡线相交时，吸收的推动力为零，液相的浓度已与气相的浓度平衡，吸收过程停止进行，此时吸收剂的用量最小而吸收液的浓度最高。若吸收剂的用量增加，操作线的斜率就变大，操作线向远离平衡线方向偏离，此时操作线与平衡线距离加大，吸收的推动力加大，完成同样的生产任务，设备尺寸可以减小，但操作费用却增加。

根据以上的分析可知，若 $\frac{L}{V}$ 过大，则吸收剂的比用量太大，吸收液的浓度很小，无论是用来输送吸收剂的费用或用于解吸的费用都要增加；而 $\frac{L}{V}$ 过小，则所需的吸收塔必将过高，用于建造吸收塔的投资将增大。一般设计吸收塔时，应在这两者（吸收剂用量和塔高）之间加以权衡，选择最佳的吸收剂比用量，使两者的和为最小。吸收剂的用量既不能过高也不能过低。确定的出发点还在于最小吸收剂用量，根据最小用量扩大一定的倍数后作为操作的实际用量。在实际操作中，为保证合理的吸收塔的生产能力，多取

$$L_{实际} = (1.1 \sim 2) L_{最小}$$

$L_{最小}$ 可以按下式计算

$$\frac{L_{最小}}{V} = \frac{Y_1 - Y_2}{X_1^* - X_2}$$

$$L_{最小} = V \left(\frac{Y_1 - Y_2}{X_1^* - X_2} \right) \tag{4—41}$$

式中　X_1^*——与 Y_1 平衡时液相中吸收质的平衡浓度。

若平衡关系可以用 $Y = mX^*$ 表达，则式（4—41）变为

$$L_{最小} = V \left(\frac{Y_1 - Y_2}{Y_1/m - X_2} \right)$$

引入相平衡常数 m 后，可用上式计算最小吸收剂用量。此外，X_1^* 也可根据 Y_1 的数值来确定。

在实际应用中，吸收剂的用量还要通过校核喷淋密度的方式最终确定，目的在于保证填料的充分润湿以得到最大的传质面积。一般填料塔的喷淋密度为 $5 \sim 12 \ m^3/(m^2 \cdot h)$，但实际值比这个数值要大得多。目前，填料塔设计中应用的另一个方法是基于润湿率的概念。所谓润湿

率是单位填料周边长度的液体体积流量。填料层的周边长度在数值上等于单位体积填料层的表面积。为了保证比较充分地润湿填料表面，一般规定的最小润湿率数值如下：一般填料为 0.08 m^3／（$m^2 \cdot h$），ϕ76 mm 以上的环形填料和板距 50 mm 以上的栅板填料为 0.12 m^3／（$m^2 \cdot h$）。

【例 4—3】 有一填料塔，用 20℃的水从空气和氨气混合气中吸收氨，氨浓度为 6%（体积），气体入口流量为 1 400 m^3/h（0℃），经吸收后，98% 的氨被吸收。设进塔水中不含氨，平衡关系服从亨利定律 $Y = 1.68X$。求：

（1）最小用水量；

（2）实际用水量（$L = 1.38 L_{最小}$）；

（3）氨水的最大浓度。

解： 气体进口浓度 $Y_1 = \dfrac{0.06}{1 - 0.06} = 0.063\ 8$ kmol（NH_3）/kmol（空气），气体出口浓度 $Y_2 = Y_1(1 - 0.98) = 0.001\ 28$ kmol（NH_3）/kmol（空气），吸收剂进口浓度 $X_2 = 0$，混合气体中空气量 $V = \dfrac{1\ 400}{22.4} \times (1 - 0.06) = 58.75$ kmol（空气）/h。

（1）$L_{min} = V \times \dfrac{Y_1 - Y_2}{Y_1/m - X_2} = 58.75 \times \dfrac{0.063\ 8 - 0.001\ 28}{\dfrac{0.063\ 8}{1.68} - 0} = 96.7$ kmol/h

（2）$L = 1.38 L_{min} = 1.38 \times 96.7 = 133.4$ kmol/h

（3）$X_{1max} = X_1^* = \dfrac{Y_1}{m} = \dfrac{0.063\ 8}{1.68} = 0.038$ kmol（NH_3）/kmol（H_2O）

【例 4—4】 某厂含 5%（体积）SO_2 的废气用清水吸收，需处理的混合气量为 1 000 m^3/h，吸收率为 90%，吸收水温为 20℃，操作压力为 1.013 × 10^5 Pa。试计算其用水量（$L = 1.5 L_{min}$）。

已知SO_2 在 20℃时的溶解度数据如下：

SO_2 [kg（SO_2）/100 kg（H_2O）]	1	0.7	0.5	0.3	0.2
液面上 SO_2 分压（Pa）	7.87 × 10^3	5.16 × 10^3	3.47 × 10^3	1.88 × 10^3	1.12 × 10^3

解：

$$Y_1 = \frac{0.05}{1 - 0.05} = 0.052\ 6 \text{ kmol（}SO_2\text{）/kmol（空气）}$$

$$Y_2 = Y_1(1 - 0.9) = 0.005\ 26 \text{ kmol（}SO_2\text{）/kmol（空气）}$$

$$X_2 = 0$$

吸收剂出口最大浓度 X_1^* 取与进口气相分压对应的平衡浓度。

进口气体分压

$$p_{SO_2} = 1.013 \times 10^5 \times 0.05 \doteq 5.07 \times 10^3 \text{ Pa}$$

由已知数据，用内插法计算的 p_{SO_2} 为 5.07 × 10^3 Pa 时，SO_2 的溶解度为 0.69 kg（SO_2）/100 kg（H_2O），即

$$X_1^* = \frac{0.69/64}{100/18} = 0.001\ 94 \text{ kmol}(SO_2)/\text{kmol}/(H_2O)$$

混合气体中的空气量为

$$V = \frac{1\ 000}{22.4} \times \frac{273}{273 + 20} \times (1 - 0.05) = 39.5\ \text{kmol/h}$$

则

$$L_{min} = V \times \frac{Y_1 - Y_2}{X_1^* - X_2} = 39.5 \times \frac{0.052\ 6 - 0.005\ 26}{0.001\ 94 - 0} = 964\ \text{kmol}(\text{H}_2\text{O})/\text{h}$$

$$L = 1.5 L_{min} = 1.5 \times 964 \times 18/1\ 000 = 26.03\ \text{t/h}$$

第五节　化学吸收和非等温吸收

一、化学吸收

（一）概述

伴有显著化学反应的吸收过程为化学吸收。化学吸收可以是被溶解的气体与吸收剂或溶于吸收剂中的其他物质进行化学反应，也可以是两种同时溶进去的气体发生化学反应。如用各种酸溶液吸收 NH_3，用碱溶液吸收 SO_2、CO_2、H_2S 等过程，均属化学吸收。

由于发生了化学反应，使得化学吸收与物理吸收相比具有以下优点：

1. 溶质进入溶剂后，因化学反应而消耗掉的单位体积溶剂能够容纳的溶质量增多。表现在平衡关系上是溶液的平衡分压降低，甚至可以降到零，从而使吸收推动力大大增加。

2. 如果化学反应进行得很快，相界面附近溶入的气体将会很快被消耗掉，则液膜吸收阻力大大降低，甚至降为零，致使吸收系数增大，吸收速率增加。

3. 化学吸收使得填料表面有效面积变大。因为物理吸收中部分液体在填料表面会停滞不动或缓慢流动，使其表面液体饱和，不能成为传质表面。

净化工程中应用的吸收操作一般多为化学吸收。若进行的化学反应是可逆的，吸收剂用后仍可解吸回收。

（二）化学吸收机理

有关化学吸收机理，目前仍以双膜理论为依据。如前所述，物理吸收速率为吸收组分从气相主体通过气膜到界面和从界面通过液膜到液相主体的扩散速率。扩散阻力主要在气膜或液膜，或在二者均很显著。对于化学吸收，除考虑扩散速率外，还有化学反应动力学问题。

吸收操作中的化学反应有许多种。对于比较简单而有代表性的两分子反应即 $A + B \longrightarrow C$，若反应产物仍然保留在液相中，其吸收过程要经历以下五步：

1. 组分 A 从气相主体通过气膜向气、液相界面扩散。

2. 组分 A 在液膜向反应带扩散。

3. 溶剂中的反应组分 B 从液相主体向反应带扩散。

4. 组分 A 和组分 B 在反应带中进行化学反应。

5. 反应产物 C 自反应带向液相主体扩散。

被吸收的气体组分和吸收剂（或它的活性组分）之间在液相进行反应，组分的一部分转变成化合态，致使液体中游离的组分浓度降低，由此导致了浓度梯度的增大，造成液相中的吸收速率大于物理吸收时的速率。化学反应速度越快，组分转变成化合态的速度也越快，液相中的吸收速率也就越大于物理吸收时的速率。

当反应速度很大时，组分到达气、液相界面就参与反应，这时液膜阻力为零。反之，反应速度很慢时，化学吸收速率比物理吸收速率快得不多，甚至可以忽略不计，这时就如同物理吸收。

（三）化学反应对吸收的影响

图 4—8 所示是物理吸收与化学吸收的比较，从图中可以看出，被吸收组分 A 从气相主体扩散到气、液相界面，其扩散机理与物理吸收是没有区别的。组分 A 到达气、液相界面后与溶剂中的反应组分 B 进行化学反应，而组分 B 必须从液相主体扩散到气、液相界面或在界面附近才能与 A 相遇。A 与 B 在什么位置进行反应取决于反应速率与扩散速率的相对大小。反应进行得越快，A 消耗得越快，则 A 抵达气、液相界面后不用再扩散很远便会消耗干净；反之，A 可能扩散到液相主体中仍有大部分未能参加反应。因此，化学吸收的液相吸收系数不仅取决于液相的物理性质与流动状态，而且取决于化学反应速度。由于化学反应速度不同，对液相吸收系数的影响也不同，即对吸收速率影响不同。

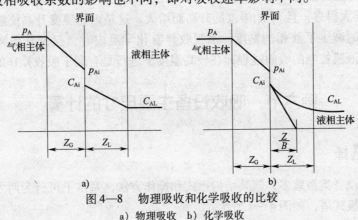

图 4—8　物理吸收和化学吸收的比较
a）物理吸收　b）化学吸收

二、非等温吸收

吸收过程多为放热过程，因此一般的吸收均为非等温吸收过程。

（一）吸收过程的热效应

吸收过程的热效应的主要来源有以下三方面。

1. 溶解热效应

被吸收组分溶入吸收剂后产生的溶解热效应，又称混合热。它与温度、压强及溶液浓度有关。微分溶解热是指 1 kmol 溶质溶解于浓度为 X 的无限多量的溶液中时所放出的热量。

在气体净化吸收中，一般所用吸收剂量足够大，可以认为符合这种情况，故放出的热量可以通过微分溶解热求取。

2. 反应热

吸收组分与吸收剂中活泼组分发生化学反应产生的反应热，多数为放热反应，具体数值可查阅有关资料。

3. 潜热效应

气相的被吸收组分溶于吸收剂中放出的汽化潜热效应。同时，吸收剂中有挥发组分自液相逸至气相，带走蒸发潜热。

（二）温度对吸收的影响

在非等温吸收中，由于温度的变化而产生的影响主要有两个方面。

1. 改变平衡线的位置

已知气、液平衡关系是温度的函数，温度升高时，平衡线往上移动。假如操作线位置已定，则吸收推动力会因温度上升而减小。也可能由于平衡线上移使平衡线与操作线相交，使塔内吸收无法进行，或变成解吸过程。因此在非等温吸收中，应根据液相浓度和温度变化的情况定出实际平衡曲线，再由实际平衡曲线定出吸收剂的用量和操作线位置。这样，吸收塔的计算便和等温吸收完全相同。

2. 改变吸收速率

温度对于气相吸收分系数 k_G 和液相吸收分系数 k_L 的影响各不相同。一般来说，温度上升，k_G 下降，而使吸收速率下降，故对气膜控制系统，宜在低温下操作。温度对 k_L 的影响比对 k_G 的影响要大得多，且 k_L 随温度的升高而增大，这是因为温度升高使液相中组分的扩散系数增大，同时减少了液相的黏度；当吸收伴有化学反应时，温度升高又增加了反应速率，所以对某些液膜控制的吸收过程，在较高温度下进行是有利于吸收操作的。

第六节　吸收设备主要尺寸的计算

一、塔型选择

现有的吸收设备类型繁多，就其结构形式和操作方法，基本上可分为两大类：一类为填料塔，另一类为板式塔，如图4—9所示。

填料塔广泛用于气体吸收或其他传质过程，以及气流和液流之间的反应过程。填料塔在塔内装有一定高度的填料层，液体从塔顶沿填料表面呈膜状向下流动，气体则呈连续相由下向上与液膜逆流接触，或由上而下与液膜顺流接触，以发生传质过程。塔内气相与液相的组成是沿塔高连续变化的。

板式塔也广泛用于吸收、降尘、降温、干燥等操作。板式塔内装有若干层塔板，液体靠重力自塔顶流向塔底，并在塔板上保持一定液层厚度，气体以鼓泡或喷射形式穿过板上的液层，在塔板上气、液相进行传质及传热。根据板式塔的结构特点，可将其分为有溢流装置和无溢流装置两类。有溢流装置的板式塔又可分为鼓泡型板塔（如泡罩塔、筛板塔、浮阀塔等）和喷射型板塔（如舌形塔、浮动舌形塔等）。无溢流装置的板式塔在塔板上开有筛板或栅缝，气、液两相逆流通过时，形成了气、液的上下穿流，因此又称为穿流板塔。在板式塔内，气相和液相的组成是呈阶梯式变化的。

表4—6为填料塔与板式塔的对比，两种塔使用的场合亦可参见此表。选择塔型的一般原则如下：

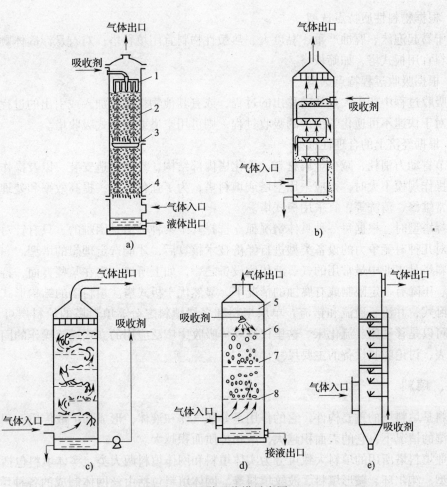

图 4—9　几种吸收塔示意图

a) 填料塔　b) 泡罩塔　c) 筛板塔　d) 湍球塔　e) 喷淋塔

1—液体分布器　2—填料　3—洗涤液再分布器　4—填料支撑板　5—挡雾器
6—上栅板　7—球形填料　8—下栅板

表 4—6　　　　　　　　　　　　　填料塔与板式塔的对比

序号	填料塔	板式塔
1	φ800 mm 以下，造价一般比板式塔便宜，直径大则造价昂贵	φ600 mm 以下时安装较为困难
2	用小填料时小塔效率高，塔的高度低，但直径增大，效率下降，所需填料高度急增	效率稳定，大塔板效率比小塔板有所提高
3	空塔速度（生产能力）低	空塔速度高
4	大塔检修清理费用高	检修清理比填料塔容易
5	压降小，对阻力要求小的场合较为适用（如真空操作）	压降比填料塔大
6	对液相喷淋量有一定要求	液气比的适用范围较大
7	内部结构简单，便于非金属操作，可用于腐蚀较严重的场合	多数不使用非金属材料制作
8	持液量小	持液量大

1. 根据物料性质特点选型

对于易起泡沫、腐蚀严重、黏度大、热敏性物料宜用填料塔；对有悬浮固体颗粒或有淤渣的物料宜用板式塔，如筛板塔。

2. 根据吸收过程特点选型

对吸收过程中产生大量热需移出的过程，或有其他物料需要加入或引出的过程，宜用板式塔；对于快速不可逆化学反应的吸收过程，则可用空塔或喷射式吸收塔。

3. 根据经济上的合理性选型

为节省动力消耗，减少金属材料，简化塔内部结构，易于制造安装，以及操作时要求压降小，操作规模不大时，则应采用空塔或填料塔；为了强化吸收，提高效率和处理量，以及便于日常维修、清洗等，宜采用板式塔。

选择塔型时，根据每一种具体情况孤立选择其中某种类型是困难的，只有针对每一具体情况，对几种有竞争力的设备类型进行经济技术核算后，才能选定理想的塔型。

填料塔是工业中最常用的气、液传质设备之一，如上所述，它在某些方面，特别是在小直径塔、压降有一定限制或有腐蚀的情况下，显然优于板式塔。填料塔的结构形式很多，有立式和卧式，并流、逆流和错流，单层填料和多层填料之分。填料塔的填料层可以是固定床，也可以是移动床、流化床。这里仅以气体吸收中广泛应用的立式逆流操作的固定床填料塔为代表，讨论吸收设备的主要尺寸计算。

二、填料

填料是填料塔的重要构件，它的作用是分散气体和液体，形成和扩散传质面积。在填料完全润湿的情况下，它的表面积越大，两相传质面积越大。

工业填料塔所用的填料大致可分为实体填料和网体填料两大类。实体填料包括拉西环及其衍生型、鲍尔环、鞍形填料、波纹填料等。网体填料包括由丝网体制成的各种填料，如 θ 网环填料、鞍形网填料等。工业填料也可以按填料的堆砌方法分为乱堆填料和整砌填料。各种颗粒型填料，如拉西环、鲍尔环、θ 网环、鞍形填料等属于乱堆型；而各种组合填料，如实体波纹板、波纹网、平行板等均属于整砌填料。乱堆和整砌均有各自的流体力学（压降、气液分布情况等）及传质规律。特别应指出，环形填料规则排列时为整砌填料，而散装时为乱堆填料。图4—10所示为几种填料的外形。

此外，还有一些结构特殊的塔，如多管塔、湍球塔、乳化塔，也属于填料塔的范围。填料的基本特性数据有以下几项。

1. 比表面积 a（m^2/m^3）

单位体积填料中的填料表面积称为比表面积。

2. 空隙率 ε（m^3/m^3）

单位体积填料所具有的自由空间，叫空隙率，又可称为自由体积。显然，空隙率越大，其压降越小。在操作时，由于填料壁上附有液层，故实际空隙率将小于上述干塔状态时的空隙率。

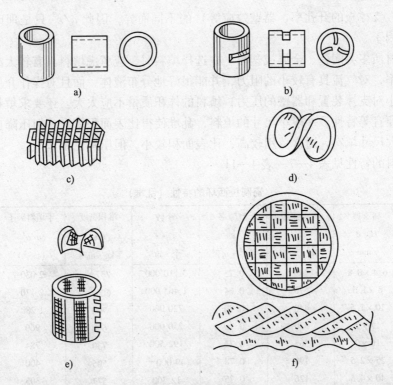

图4—10　常用填料

a）拉西环　b）鲍尔环　c）栅形填料　d）鞍形填料　e）金属网状填料　f）波纹填料

3. 填料个数 n（个/m³）

每立方米体积中填料的个数，用 n 来表示。对于乱堆填料来说，n 是一个统计数字，它与塔径、装填方法（干装填、充水装填等）、使用时间等因素有关。因此各种资料上的填料个数往往有出入，一般相差 10% ~ 15% 。

若一个拉西环填料的表面积为 a_0（m²/个），环体体积为 V_0，则

$$a = n a_0$$

$$\varepsilon = 1 - n V_0$$

若拉西环的外径为 d（m），对缺乏数据的填料，n 可用下式求取近似值（适用于塔径 $D > 10d$ 时）。

对乱堆拉西环

$$n = 0.77/d^3$$

对整砌拉西环

$$n = 0.98/d^3$$

4. 干填料因子 a/ε^3（m⁻¹）

干填料因子 a/ε^3 为表示填料流体力学特性的数群。

5. 填料因子 ϕ（m⁻¹）

填料因子 ϕ 为实测值。由于填料的有效面积随液体的持液情况和填料特性（如表面屏

蔽、可湿性、支撑板的开孔率、器壁效应等）的不同而异，因此 a/ε^3 只是理论值，而不是真正的填料因子。

填料的材质多为陶瓷、金属或塑料。在选择填料时，应考虑填料具有较大的比表面积和较大的空隙率，对气流具有较小的阻力，并能很好地分布液体，而且对操作介质应具有耐腐蚀性。为减小对支撑装置和器壁的压力，填料的体积质量不应太大。还要求填料具有足够的强度和造价便宜等特性。一般小尺寸的填料，乱堆使得比表面积较大，但压降也大；各种组合型填料或大尺寸填料，通常费用较高，比表面积较小，但压降也小。

一些填料的特性见表4—7~表4—11。

表4—7   瓷制拉西环的特性（乱堆）

外径 d /mm	高×厚 $H \cdot \delta$ /mm	比表面积 a /$m^2 \cdot m^{-3}$	空隙率 ε /$m^3 \cdot m^{-3}$	个数 n /个·m^{-3}	堆积密度 $\rho_堆$ /$kg \cdot m^{-3}$	干填料因子 a/ε^3 （m^{-1}）	填料因子[3] ϕ /m^{-1}
6.4	6.4×0.8	789	0.73	3 110 000	737[1]	2 030	3 200
8	8×1.5	570	0.64	1 465 000	600[1]	2 170	2 500
10	10×1.5	440	0.70	720 000	700	1 280	1 500
15	15×2	330	0.70	250 000	690	960	1 020
16	16×2	305	0.73	192 500	730	784	1 020
25	25×2.5	190	0.78	49 000[2]	505	400	450
40	40×4.5	126	0.75	12 700	577	305	350
50	50×4.5	93	0.81	6 000	457	177	205
80[4]	80×9.5	76	0.68	1 910	714	243	280

①此值偏小，疑应为750~800。
②表中的数字为43 000，似偏小，暂改为49 000，以使所推算的其他数据比较合理。
③根据国产瓷环推测。
④此规格不常用。

表4—8   瓷制拉西环的特性（整砌）[1]

外径 d /mm	高×厚 $H \cdot \delta$ /mm	比表面积 a /$m^2 \cdot m^{-3}$	空隙率 ε /$m^3 \cdot m^{-3}$	个数 n /个·m^{-3}	堆积密度 $\rho_堆$ /$kg \cdot m^{-3}$	干填料因子 a/ε^3 （m^{-1}）
25[2]	25×2.5	241	0.73	62 000	720	629
40[3]	40×4.5	197	0.60	19 800	898	891
50	50×4.5	124	0.72	8 830	673	339
80	80×9.5	102	0.57	2 580[4]	962	564
100	100×13	65	0.72	1 060	930	172
125	125×14	51	0.68	530	825	165
150	150×16	44	0.68	318	802	142

①本表的填料尺寸、n 及堆积密度 $\rho_堆$ 均为宜兴某厂规格，其他厂稍有不同。
②此规格不常用。
③此规格不常用。
④表中所给数字似偏大，因而推算出来的 a 可能偏大，ε 可能偏小，应为2 000。

表4—9　　　　　　　　　　　钢拉西环的特性（乱堆）

外径 d /mm	高×厚 H·δ /mm	比表面积 a /m²·m⁻³	空隙率 ε /m³·m⁻³	个数 n /个·m⁻³	堆积密度 ρ堆 /kg·m⁻³	干填料因子 a/ε³ (m⁻¹)	填料因子 φ /m⁻¹
6.4	6.4×0.8	789	0.73	3 110 000	2 100	2 030	2500
8	8×0.3	630	0.91	1 500 000	750	1 140	1 580
10	10×0.5	500	0.88	800 000	960	740	1 200
15	15×0.5	350	0.92	248 000	660	460	600
25	25×0.8	220	0.93	55 000	640	290	390
35	35×1	150	0.93	19 000	570	190	260
50	50×1	110	0.95	7 000	430	130	175
76	76×1.6	68	0.95	1 870	400	80	105

注：钢拉西环国内目前尚无统一的规格，本表是参照常用薄钢板的规格而编制的。

表4—10　　　　　　　　　　　鲍尔环的特性数据（乱堆）

材料	外径 d /mm	高×厚 H·δ /mm	比表面积 a /m²·m⁻³	空隙率 ε /m³·m⁻³	个数 n /个·m⁻³	堆积密度 ρ堆 /kg·m⁻³	填料因子 φ /m⁻¹
陶瓷	25	25×2.5	200	0.76	48 000	565	300
	40	40×4.5	140	0.76	12 700	577	190
	50	50×4.5	110	0.81	6 000	457	130
	76	76×9.5	66	0.74	1 740	654	100
	100	100×10	56	0.81	740	450	65
碳钢	16	16×0.4	364	0.94	235 000	467	230
	25	25×0.6	209	0.94	51 100	480	160
	38	38×0.8	130	0.95	13 400	379	92
	50	50×0.9	103	0.95	6 200	355	66
聚丙烯	16		364	0.88	235 000	72.6	320
	25		209	0.90	51 100	72.6	170
	38		130	0.91	13 400	67.7	105
	50		103	0.91	6 380	67.7	82
	76		67		1 600		53

表4—11　　　　　　　　　鞍形填料的特性数据

类别	尺寸 d /mm	厚度 δ /mm	比表面积 a /m²·m⁻³	空隙率 ε /m³·m⁻³	个数 n /个·m⁻³	堆积密度 $\rho_{堆}$ /kg·m⁻³	填料因子 ϕ /m⁻¹
瓷制矩鞍形	6		993	0.75	4 170 000	677	2 400
	13	1.8	630	0.78	735 000	548	870
	20	2.5	338	0.77	231 000	563	480
	25	3.3	258	0.775	84 600	548	320
	38	5	197	0.81	25 200	483	170
	50	7	120	0.79	9 400	532	130
瓷制弧鞍形	6		907	0.60	4 020 000	902	2 950
	13		470	0.63	575 000	870	790
	20		271	0.66	177 500	774	560
	25		252	0.69	48 100	725	360
	38		146	0.75	20 600	612	213
	50		106	0.72	8 870	645	148
钢制弧鞍形	25		280	0.83	88 500	1 400	
	38		190	0.88	29 200	960	
塑料矩鞍形	25						110
	50						69
	76						53

三、填料塔的液泛速度和直径

（一）填料塔的液泛速度

在气、液两相逆流流动的填料塔内，正常操作情况下，气相是连续相，液相是分散相，并分散在填料表面上，气体在填料表面的液层上通过，与液相发生传质过程。由此要求填料有较大的比表面积，并能充分发挥填料的作用，增大气、液两相间的接触面。在气、液两相速度均较低的填料塔内，气、液两相的接触面积总是小于填料的几何表面积。当两相速度增加后，大部分填料的表面变为两相接触面。随着塔负荷的增加，气、液两相的接触发展到填料的空隙间。在空隙处，气体分散在液体中，并以细小的旋涡与液体形成泡沫，这种状态称为乳化状态。此时液体由原来的分散相变为连续相，而气体则由原来的连续相变为分散相。

当沿填料层的全部高度都达到乳化状态后，再增加塔的负荷，填料层的上方就会出现液体的积累，液层很快增高，充满填料层后，被气体带出塔外，这种现象称为液泛现象。开始出现液泛现象的点称为泛点。泛点的气体速度称为液泛速度。填料塔出现液泛现象后就不能正常操作了。因此，泛点是填料塔操作的最大极限。

一般乳化状态时传质速率最高（此时的气速也称为转化点速度），但操作稳定性最差。所以一般填料塔的设计是以液泛速度为依据的，通常是先计算出液泛速度 w_f，然后乘以系数 $0.6 \sim 0.8$ 作为实际操作气速。

（二）填料塔直径的确定

填料塔的直径是由塔内实际操作气速确定的，计算公式如下：

$$D = \left(\frac{4V}{\pi w}\right)^{\frac{1}{2}} \tag{4—42}$$

式中　D——塔直径，m；

$\quad\quad V$——气体的体积流量（应以全塔的最大体积流量为准），m^3/s；

$\quad\quad w$——实际操作气速，m/s，$w = (0.6 \sim 0.8) w_f$。

求出的塔直径需要按我国压力容器公称直径标准加以圆整。

从式（4—42）可以看出，求塔直径的关键是求取实际操作气速 w，而实际操作气速又是由液泛速度 w_f 确定的，所以必须先求出 w_f。

填料塔的液泛速度与物系的物性（如密度、黏度）、填料的特性（如比表面积、空隙率）、排列方式（整砌、乱堆）、气液负荷的大小等因素有关。图 4—11 所示为填料塔液泛速度与压降的通用关联图，此图是以数群 $\frac{L}{V}\left(\frac{\rho_G}{\rho_L}\right)^{\frac{1}{2}}$ 为横坐标，以 $\frac{w_f^2 \phi \psi}{g} \cdot \frac{\rho_G}{\rho_L} \cdot \mu_L^{0.2}$ 为纵坐标绘制而成的。液泛速度可根据图中最上面的一条曲线（整砌填料）和第二条曲线（乱堆填料）求取。图中：

$\dfrac{L}{V}$——液体和气体的质量流速之比，$\dfrac{kg/h}{kg/h}$；

$\dfrac{\rho_G}{\rho_L}$——气体和液体的密度之比，$\dfrac{kg/m^3}{kg/m^3}$；

w_f——液泛速度，m/s；

ϕ——由实验测得的有效填料因子，m^{-1}；

ψ——水的密度与液体密度之比，$\dfrac{kg/m^3}{kg/m^3}$；

g——重力加速度，$9.81\ m/s^2$；

μ_L——液体黏度，$10^{-3}\ Pa \cdot s$，可以看成是液体黏度与20℃水黏度（$\mu_{H_2O} = 1 \times 10^{-3}\ Pa \cdot s$）

$\quad\quad$之比。

由图 4—11 可知，填料的生产能力和填料因子 ϕ 的平方根成反比，这样可以从表4—7 ～ 表4—11 中查得不同的填料因子，然后比较它们的生产能力。一般较低的填料因子才有较高的生产能力，这也是推荐用鲍尔环等填料代替拉西环的依据之一。

图 4—11 所示关联图不仅用于拉西环，也可用于其他填料，但用于整砌拉西环泛点线时，纵坐标中有效填料因子 ϕ 应改用干填料因子 a/ε^3，这一点必须加以注意。

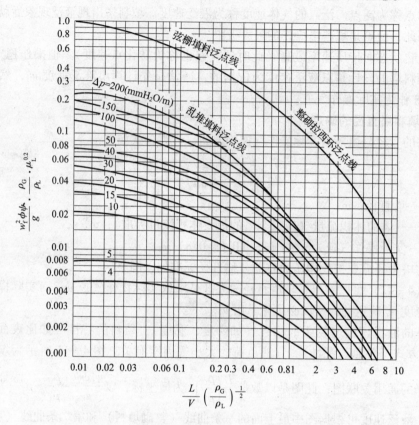

图 4—11　填料塔液泛速度及压降的通用关联图

注：图中 1 mmH$_2$O = 9.8 Pa

如前所述，为使液体喷淋均匀和填料表面润湿，应保证喷淋密度大于 5 m^3／（m^2·h），因此，计算塔径后要根据吸收剂的用量校核喷淋密度，若不足，应加以调整。

【例 4—5】某厂用水吸收含 SO$_2$ 的混合气体，每小时需处理混合气 1 000 m^3，实际用水量为 24 600 kg/h，塔内用 50 mm × 50 mm × 4.5 mm 的瓷制拉西环乱堆，在 20℃、101 kPa 下进行操作，试计算其液泛速度及塔径。若以同规格的瓷制鲍尔环代替，试求其塔径。已知操作条件下 $\rho_G = 1.335$ kg/m^3，$\rho_L = 1 000$ kg/m^3。

解：

$$\frac{L}{V}\left(\frac{\rho_G}{\rho_L}\right)^{\frac{1}{2}} = \left(\frac{24\ 600}{1\ 000 \times 1.335}\right)\left(\frac{1.335}{1\ 000}\right)^{\frac{1}{2}} = 0.67$$

由图 4—11 所示横坐标 0.67 及乱堆填料泛点线，可读出纵坐标值为 0.032，即

$$\frac{w_f^2 \phi \psi}{g} \cdot \frac{\rho_G}{\rho_L} \cdot \mu_L^{0.2} = 0.032$$

由表 4—7 中查得 50 mm × 50 mm × 4.5 mm 的拉西环 $\phi = 205\ \text{m}^{-1}$，用水吸收 $\psi = 1$，$\mu_{\text{L}} = 1$，则

$$w_{\text{f}} = \left(\frac{0.032}{\phi\psi\mu_{\text{L}}^{0.2}}g\frac{\rho_{\text{L}}}{\rho_{\text{G}}}\right)^{\frac{1}{2}} = \left(\frac{0.032 \times 9.81 \times 1\,000}{205 \times 1 \times 1^{0.2} \times 1.335}\right)^{\frac{1}{2}} = 1.07\ \text{m/s}$$

实际气速

$$w = 0.6w_{\text{f}} = 0.6 \times 1.07 = 0.64\ \text{m/s}$$

塔直径

$$D = \left(\frac{4V}{\pi w}\right)^{\frac{1}{2}} = \left(\frac{4 \times 1\,000/3\,600}{\pi \times 0.64}\right)^{\frac{1}{2}} = 0.74\ \text{m,圆整为}\ 800\ \text{mm}$$

若以鲍尔环代替，查表 4—10 可知 $\phi = 130\ \text{m}^{-1}$，则

$$w_{\text{f}} = \left(\frac{0.032 \times 9.81 \times 1\,000}{130 \times 1 \times 1^{0.2} \times 1.335}\right)^{\frac{1}{2}} = 1.34\ \text{m/s}$$

$$w = 0.6 \times 1.34 = 0.8\ \text{m/s}$$

$$D = \left(\frac{4 \times 1\,000/3\,600}{\pi \times 0.8}\right)^{\frac{1}{2}} = 0.66\ \text{m,圆整为}\ 700\ \text{mm}$$

由以上计算可知在同样条件下，用鲍尔环代替拉西环可以减小塔直径。

校核喷淋密度：

拉西环

$$U = \frac{液体体积流量}{塔截面积} = \frac{24\,600/1\,000}{\dfrac{\pi}{4} \times 0.8^2} = 48.94\ \text{m}^3/(\text{m}^2 \cdot \text{h})$$

鲍尔环

$$U = \frac{24\,600/1\,000}{\dfrac{\pi}{4} \times 0.7^2} = 63.92\ \text{m}^3/(\text{m}^2 \cdot \text{h})$$

四、填料层压降的计算

填料层的压降可分干填料和湿填料两种情况考虑。干填料实际属于流体通过多孔层的阻力问题，在湍流时，压降基本上与气流速度的平方成正比。当有液体喷淋时，由于填料表面覆盖了液膜层，所以其比表面积及空隙率均发生了变化，情况比较复杂。常用的计算方法是采用通用关联图。

在图 4—11 中，泛点线下面绘有多条等压降线，气体通过填料层的压降可用此图计算。应用时，先将横、纵坐标数群算出，然后在图中找到一点，即可读出压降数值。

用图 4—11 求取填料层压降时，必须注意的是，纵坐标中的 w_{f} 应取塔内实际操作气速 w，而不应是液泛速度。

【例 4—6】在直径为 800 mm 的填料塔中充满了乱堆的 25 mm × 25 mm × 2.5 mm 瓷制拉

西环，填料层高为 5 m，处理气体量为 1 200 m³/h，吸收剂流量为 4 m³/h，操作时的物性数据 $\rho_G = 1.3$ kg/m³，$\rho_L = 850$ kg/m³，$\mu_L = 8.0 \times 10^{-4}$ Pa·s，试计算其通过填料层的压力降为多少？

解： 查表 4—7 得 $\phi = 450$ m^{-1}。

$$\psi = \frac{1\,000}{850} = 1.18$$

$$w = \frac{4V}{\pi D^2} = \frac{4 \times 1\,200/3\,600}{3.14 \times 0.8^2} = 0.663 \text{ m/s}$$

则横坐标为

$$\frac{L}{V}\left(\frac{\rho_G}{\rho_L}\right)^{\frac{1}{2}} = \frac{4 \times 850}{1\,200 \times 1.3}\left(\frac{1.3}{850}\right)^{\frac{1}{2}} = 0.085$$

纵坐标为

$$\frac{w_f^2 \phi \psi}{g} \cdot \frac{\rho_G}{\rho_L} \cdot \mu_L^{0.2} = \frac{(0.663)^2 \times 450 \times 1.18}{9.81} \times \frac{1.3}{850} \times (0.8)^{0.2} = 0.035$$

由两坐标数值在图 4—11 中定出的点所在的等压线（用内插值）为 26.5 mmH$_2$O/m 填料层，即 260 Pa/m 填料层。

填料层总压降

$$\Delta p = 5 \times 26.5 \approx 133 \text{ mmH}_2\text{O} = 1\,304.7 \text{ Pa}$$

五、填料层高度的计算

填料层高度确定后，将最后决定塔的高度。整个塔的高度包括填料层高度、填料段之间的空间高度（800 mm）、塔顶空间高度（1 000 mm）、塔底空间高度（1 500 mm）。以上尺寸的总和就构成了塔的总高度。这里关键是计算填料层高度，下面介绍计算的步骤和方法。

从单位时间的传质速率分析

$$G_A = K_Y F \Delta C = K_Y F(Y - Y^*) \tag{4—43}$$

设取填料层微分高度，其传质面积为 dF，则

$$\mathrm{d}G_A = K_Y (Y - Y^*) \, \mathrm{d}F$$

吸收过程中吸收质由气相传入液相，气相中组分浓度下降，其减少量为

$$\mathrm{d}G_A = V\mathrm{d}Y$$

所以

$$V\mathrm{d}Y = \mathrm{d}G_A = K_Y(Y - Y^*)\mathrm{d}F$$

变形后

$$\frac{\mathrm{d}Y}{(Y - Y^*)} = \frac{K_Y}{V}\mathrm{d}F$$

在塔内，气体入塔前 $F = 0$，$Y = Y_1$；气体离塔后 $F = F_{全}$（全塔传质面积），$Y = Y_2$。

将上式积分，有

$$F = \frac{V}{K_Y}\int_{Y_2}^{Y_1} \frac{\mathrm{d}Y}{Y - Y^*}$$

当填料全部润湿时，气、液两相接触面积应为全部填料的表面积，所以

$$F = \frac{\pi}{4}D_T^2 Za$$

式中　Z——填料层总高度，m；

　　　D_T——填料塔直径，m；

　　　a——单位体积填料具有的接触面积，对一般填料，其值为比表面积 a，m^2/m^3。

结合上面的积分式，有

$$F = \frac{\pi}{4}D_T^2 Za = \frac{V}{K_Y}\int_{Y_2}^{Y_1}\frac{\mathrm{d}Y}{Y - Y^*}$$

由此得出填料层高度

$$Z = \frac{4V}{K_Y a \pi D_T^2}\int_{Y_2}^{Y_1}\frac{\mathrm{d}Y}{Y - Y^*} \tag{4—44}$$

将上式右端分为两部分，令

$$\frac{4V}{K_Y a \pi D_T^2} = H_{OG} \quad (\mathrm{m})$$

H_{OG} 称为气相传质单元高度，含义是：选取一段填料层，气体通过后浓度变化为 ΔY，此段内平均推动力为 $(Y - Y^*)_m$，而 ΔY 恰恰与平均推动力相等，$\Delta Y = (Y - Y^*)_m$，即 $\frac{\Delta Y}{(Y - Y^*)_m} = 1$。这样一段填料层称为一个传质单元。完成这个传质过程的填料层高度称为传质单元高度。

又令

$$\int_{Y_2}^{Y_1}\frac{\mathrm{d}Y}{Y - Y^*} = N_{OG}$$

N_{OG} 称为气相传质单元数。

由 H_{OG} 和 N_{OG} 可以判断吸收效果。H_{OG} 大，吸收速率低；反之，吸收速率高。N_{OG} 代表积分值的大小，此值越大，组分越难吸收；反之，越易吸收。

综合上述内容，对于气相有

$$Z = \frac{4V}{K_Y a \pi D_T^2}\int_{Y_2}^{Y_1}\frac{\mathrm{d}Y}{Y - Y^*} = H_{OG} \cdot N_{OG} \tag{4—45}$$

对于液相有

$$Z = \frac{4L}{K_X a \pi D_T^2}\int_{X_2}^{X_1}\frac{\mathrm{d}X}{X^* - X} = H_{OL} \cdot N_{OL} \tag{4—46}$$

式中　H_{OL}——液相传质单元高度；

　　　N_{OL}——液相传质单元数。

由上面的分析结果可以看出，由于 H_{OG} 值可从已知数据计算得出，所以填料层高度的求算关键是计算积分值的大小，也就是求 N_{OG}。

由于积分式中 Y 与 Y^* 在积分过程中均为变量，直接计算积分值很难，所以根据平衡线是直线还是曲线分别采用不同的方法求取 N_{OG} 的值，这包括图解积分法、倍克图解法、脱吸

因数法及对数平均推动力法。

（一）图解积分法

图解积分法即由定义 $N_{OG} = \int_{Y_2}^{Y_1} \dfrac{dY}{Y - Y^*}$ 直接图解积分求取。

具体方法是：先将吸收操作线和平衡线绘于 $Y—X$ 图上（见图4—7），然后在 Y_1 与 Y_2 之间取若干个 Y 值，并找出相应的 $(Y - Y^*)$ 值。再计算 $\dfrac{1}{Y - Y^*}$ 值，并以 $\dfrac{1}{Y - Y^*}$ 为纵坐标，Y 为横坐标，取相应点作曲线，如图4—12所示。最后计算 $Y = Y_2$、$Y = Y_1$、$\dfrac{1}{Y - Y^*} = 0$，以及曲线所包围的面积，即为所求积分值 N_{OG}。

（二）倍克图解法

倍克图解法又称中点轨迹法，此法当平衡线近似于直线时才适用。

首先将操作线和平衡线绘于 $Y - X$ 图上，如图4—13所示。在操作线 AB 上选若干点，作表示推动力 $(Y - Y^*)$ 的垂线，连接这些垂线的中点，得到一条中点轨迹线 mn。然后从塔顶 A 点开始作平行于 X 轴的线与 mn 线相交于 D 点，延长至 G，并使 $AD = DG$，过 G 作垂线，与操作线相交于 F 点，则梯级 AGF 即为一个传质单元。从 F 点继续作梯级直到 B 点为止，所得梯级数便是传质单元数 N_{OG}。

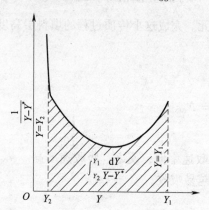

图4—12 图解积分法

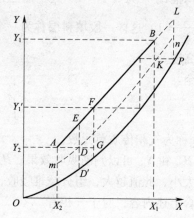

图4—13 倍克图解法

（三）数学分析法或称脱吸因数法

若平衡关系符合亨利定律，即平衡方程式 $Y^* = mX$，m 为平衡常数。由任意截面上物料衡算式，可消去积分分项中的 Y^*，则

$$N_{OG} = \int_{Y_2}^{Y_1} \frac{dY}{Y - Y^*} = \int_{Y_2}^{Y_1} \frac{dY}{Y - mX} \tag{4—47}$$

在塔内任意截面的操作线方程为

$$V(Y - Y_2) = L(X - X_2)$$

$$X = \frac{V}{L}(Y - Y_2) + X_2 \tag{4—48}$$

将式（4—48）代入式（4—47），则

$$N_{OG} = \int_{Y_2}^{Y_1} \frac{dY}{Y - m\left[\dfrac{V}{L}(Y - Y_2) + X_2\right]}$$

经整理可得

$$N_{OG} = \int_{Y_2}^{Y_1} \frac{dY}{\left(1 - \dfrac{mV}{L}\right)Y + \left(\dfrac{mV}{L}Y_2 - mX_2\right)}$$

积分后可得

$$N_{OG} = \frac{1}{1 - \dfrac{mV}{L}}\ln\left[\left(1 - \frac{mV}{L}\right)\left(\frac{Y_1 - mX_2}{Y_2 - mX_2}\right) + \frac{mV}{L}\right] \tag{4—49}$$

令 $\dfrac{mV}{L} = A$（称为脱吸因素），则

$$N_{OG} = \frac{1}{1 - A}\ln\left[(1 - A)\left(\frac{Y_1 - mX_2}{Y_2 - mX_2}\right) + A\right] \tag{4—50}$$

脱吸因数 A 是平衡线斜率 m 和操作线斜率 L/V 之比，为无因次量。

为求气相传质单元数，以 A 作为参数，标绘以 N_{OG} 和 $\dfrac{Y_1 - mX_2}{Y_2 - mX_2}$ 为坐标的图线，如图4—14所示。

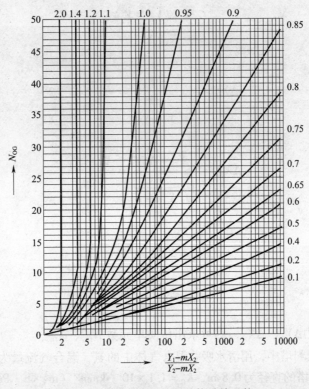

图4—14　吸收塔的气相总传质单元数

由图 4—14 可以看到，对一定的 $(Y_1 - mX_2) / (Y_2 - mX_2)$ 值，A 越大，N_{OG} 也越大，则填料层要求较高；若 A 值小，则吸收剂用量大，造成出口溶液浓度较低。在实际操作中，A 值在 $0.5 \sim 0.8$ 之间最为经济。图 4—14 适用于 $\dfrac{Y_1 - mX_2}{Y_2 - mX_2} > 20$、$\dfrac{mV}{L} < 0.75$ 的情况，若不在此范围内读数易出现误差。

（四）对数平均推动力法

若气、液两相平衡关系符合亨利定律，即 $Y = mX^*$，或所用范围内平衡线为一直线，此时全塔内气、液相平均传质推动力等于塔底与塔顶推动力的对数平均值。即

$$\Delta Y_m = \frac{(Y_1 - Y_1^*) - (Y_2 - Y_2^*)}{\ln \dfrac{Y_1 - Y_1^*}{Y_2 - Y_2^*}} = \frac{\Delta Y_1 - \Delta Y_2}{\ln \dfrac{\Delta Y_1}{\Delta Y_2}} \tag{4—51}$$

$$\Delta X_m = \frac{(X_1^* - X_1) - (X_2^* - X_2)}{\ln \dfrac{X_1^* - X_1}{X_2^* - X_2}} = \frac{\Delta X_1 - \Delta X_2}{\ln \dfrac{\Delta X_1}{\Delta X_2}} \tag{4—52}$$

当 $\Delta Y_1 / \Delta Y_2 < 2$、$\Delta X_1 / \Delta X_2 < 2$ 时，平均浓度可取算术平均值。

由下列三式

$$F = \frac{V}{K_Y} \int_{Y_2}^{Y_1} \frac{dY}{Y - Y^*}$$

$$G = V(Y_1 - Y_2)$$

$$G = K_Y F \Delta Y_m$$

可得到

$$\Delta Y_m = \frac{Y_1 - Y_2}{\int_{Y_2}^{Y_1} \dfrac{dY}{Y - Y^*}} = \frac{Y_1 - Y_2}{N_{OG}}$$

同理

$$\Delta X_m = \frac{X_1 - X_2}{\int_{X_2}^{X_1} \dfrac{dX}{X^* - X}} = \frac{X_1 - X_2}{N_{OL}}$$

则

$$N_{OG} = \frac{Y_1 - Y_2}{\Delta Y_m} \tag{4—53}$$

$$N_{OL} = \frac{X_1 - X_2}{\Delta X_m} \tag{4—54}$$

求得平均推动力 ΔY_m、ΔX_m，即可求出传质单元数 N_{OG}、N_{OL}。

【例 4—7】在填料塔中，用清水吸收混合气体中的氨，混合气流量为 1 500 m³/h（0℃），氨的初浓度为 5%，塔的直径为 0.8 m，$K_G = 1.1 \times 10^{-5}$ kmol/（m² · h · Pa），填料用 50 mm × 50 mm × 4.5 mm 瓷制拉西环乱堆，吸收剂用量为最小用量的 1.5 倍。已知该设备在 30℃、

1.013×10^5 Pa 条件下操作吸收率为95％，设氨在水中的溶解度服从亨利定律。试求：

（1）吸收剂出塔浓度 X_1；

（2）吸收的平均推动力 ΔY_m；

（3）气相总传质单元数 N_{OG} 及传质单元高度 H_{OG}；

（4）填料层高度（已知氨的亨利系数 $E = 3.21 \times 10^5$ Pa）。

解： 由表4—7 查得 50 mm $\times$ 50 mm $\times$ 4.5 mm 乱堆瓷制拉西环的比表面积 $a = 93$ m$^2 \cdot$ m^{-3}。

$$Y_1 = \frac{5}{95} = 0.0526 \text{ kmol}(\text{NH}_3) / \text{kmol}(\text{空气})$$

$$Y_2 = 0.0526 \times (1 - 0.95) = 0.00263 \text{ kmol}(\text{NH}_3) / \text{kmol}(\text{空气})$$

$$X_2 = 0$$

$$X_1^* = \frac{Y_1}{m} = \frac{Y_1}{E/p} = \frac{0.0526}{\dfrac{3.21 \times 10^5}{1.013 \times 10^5}} = 0.0166 \text{ kmol}(\text{NH}_3) / \text{kmol}(\text{H}_2\text{O})$$

（1）求吸收剂出塔浓度

$$V = \frac{1500}{22.4} \times 95\% = 63.6 \text{ kmol}(\text{空气})/\text{h}$$

$$L_{min} = V \cdot \frac{Y_1 - Y_2}{X_1^* - X_2} = \frac{63.6 \times (0.0526 - 0.00263)}{0.0166 - 0} = 191.5 \text{ kmol}(\text{H}_2\text{O})/\text{h}$$

$$L = 1.5 L_{min} = 1.5 \times 191.5 = 287.3 \text{ kmol}(\text{H}_2\text{O})/\text{h}$$

$$X_1 = \frac{V(Y_1 - Y_2)}{L} + X_2 = \frac{63.6 \times (0.0526 - 0.00263)}{287.3} + 0$$

$$= 0.0111 \text{ kmol}(\text{NH}_3) / \text{kmol}(\text{H}_2\text{O})$$

（2）求平均推动力 ΔY_m

$$Y_1^* = mX_1 = 3.17 \times 0.0111 = 0.0352 \text{ kmol}(\text{NH}_3)/\text{kmol}(\text{空气})$$

$$Y_2^* = 0$$

$$\Delta Y_1 = Y_1 - Y_1^* = 0.0526 - 0.0352 = 0.0174 \text{ kmol}(\text{NH}_3)/\text{kmol}(\text{空气})$$

$$\Delta Y_2 = Y_2 - Y_2^* = 0.00263 - 0 = 0.00263 \text{ kmol}(\text{NH}_3)/\text{kmol}(\text{空气})$$

$$\Delta Y_m = \frac{\Delta Y_1 - \Delta Y_2}{\ln \dfrac{\Delta Y_1}{\Delta Y_2}} = 0.00782$$

（3）求 N_{OG} 和 H_{OG}

$$N_{OG} = \frac{Y_1 - Y_2}{\Delta Y_m} = \frac{0.0526 - 0.00263}{0.00782} = 6.39$$

$$H_{OG} = \frac{4V}{K_L a \hat{\pi} D_T^2} = \frac{4V}{K_G P a \pi D_T^2}$$

$$= \frac{4 \times 63.6}{1.1 \times 10^{-5} \times 1.013 \times 10^5 \times 93 \times 3.14 \times 0.8^2} = 1.22 \text{ m}$$

（4）求填料层高

$$Z = H_{OG} \cdot N_{OG} = 1.22 \times 6.39 = 7.796 \approx 8 \text{ m}$$

【例4—8】在塔径为800 mm的吸收塔内，用清水处理总量为1 000 m³/h含SO_2的混合气。塔内选用规格为50 mm×50 mm×4.5 mm瓷制拉西环乱堆。操作条件为20℃、1.013 × 10^5 Pa，SO_2回收率不低于98%。已知传质总系数$K_Y = 0.793$ kmol/（$m^2 \cdot h$），试计算填料层高度（已知SO_2的体积浓度为9%，$L = 1.2 L_{min}$）。

解： 查表4—7得乱堆瓷制拉西环的比表面积$a = 93$ $m^2 \cdot m^{-3}$。

$$Y_1 = \frac{9}{91} = 0.099 \text{ kmol}(SO_2)/\text{kmol}(\text{空气})$$

$$Y_2 = 0.099 \times (1 - 0.98) = 0.001\,98 \text{ kmol}(SO_2)/\text{kmol}(\text{空气})$$

$$X_2 = 0$$

$$p_{SO_2} = 1.013 \times 10^5 \times 9\% = 9.12 \times 10^3 \text{ Pa}$$

内插求得

$$X_1^* = 0.003\,2 \text{ kmol } (SO_2) \text{ /kmol } (H_2O)$$

（1）用图解积分法

$$V = \frac{1\,000}{22.4} \times \frac{273}{273 + 20} \times 91\% = 37.85 \text{ kmol}(\text{空气})/\text{h}$$

$$L_{min} = \frac{V(Y_1 - Y_2)}{X_1^* - X_2} = \frac{37.85 \times (0.099 - 0.001\,98)}{0.003\,2 - 0} = 1\,147.6 \text{ kmol}(H_2O)/\text{h}$$

$$L = 1.2 L_{min} = 1.2 \times 1\,147.6 = 1\,377 \text{ kmol}(H_2O)/\text{h}$$

$$X_1 = \frac{V(Y_1 - Y_2)}{L} + X_2 = \frac{37.85 \times (0.099 - 0.001\,98)}{1\,377} + 0$$

$$= 0.002\,67 \text{ kmol}(SO_2)/\text{kmol}(H_2O)$$

至此可在$Y - X$图中绘出操作线AB，由例4—4已知SO_2在水中的溶解度，经换算绘出平衡线OB，然后在Y_1和Y_2间取若干个Y值，进而求出相应的Y^*，将Y、Y^*、$(Y - Y^*)$及$\frac{1}{Y - Y^*}$之值列于表4—12中，并绘出图4—15和图4—16。将$Y = Y_1$，$Y = Y_2$，$\frac{1}{Y - Y^*} = 0$及曲线所包围的值求出，得积分值$\int_{Y_2}^{Y_1} \frac{dY}{Y - Y^*} = 7.8$。

$$Z = \frac{4V}{K_Y a \pi D_T^2} \int_{Y_2}^{Y_1} \frac{dY}{Y - Y^*} = \frac{4 \times 37.85}{0.793 \times 93 \times 3.14 \times 0.8^2} \times 7.8 = 1.02 \times 7.8 = 8 \text{ m}$$

（2）用对数平均推动力法

$$\Delta Y_m = \frac{\Delta Y_1 - \Delta Y_2}{\ln \frac{\Delta Y_1}{\Delta Y_2}} = \frac{(0.099 - 0.079\,5) - (0.001\,98 - 0)}{\ln \frac{0.099 - 0.079\,5}{0.001\,98 - 0}} = 0.008$$

表 4—12				相对应的计算值			
Y	Y^*	$Y - Y^*$	$\dfrac{1}{Y - Y^*}$	Y	Y^*	$Y - Y^*$	$\dfrac{1}{Y - Y^*}$
0.001 98	0	0.001 98	505	0.056 5	0.038 5	0.018 0	55.6
0.004 0	0.001 0	0.003 0	333	0.058 0	0.040 0	0.018 0	55.6
0.005 5	0.001 5	0.004 0	250	0.067 5	0.048 5	0.019 0	52.6
0.015 0	0.006 5	0.008 5	118	0.074 0	0.054 5	0.019 5	51.3
0.020 0	0.009 5	0.010 5	95.2	0.083 5	0.063 5	0.020 0	50.0
0.038 5	0.023 0	0.015 5	64.5	0.092 5	0.073 0	0.019 5	51.3
0.042 0	0.026 0	0.016 0	62.5	0.097 5	0.078 0	0.019 5	51.3
0.045 0	0.028 5	0.016 5	60.6	0.099 0	0.079 5	0.019 5	51.3
0.053 0	0.035 5	0.017 5	57.1				

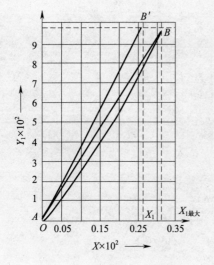

图 4—15　操作线、平衡线

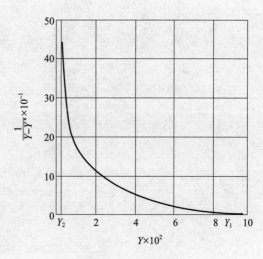

图 4—16　积分值

$$\int_{Y_2}^{Y_1} \frac{\mathrm{d}Y}{Y - Y^*} = \frac{Y_1 - Y_2}{\Delta Y_\mathrm{m}} = \frac{0.099 - 0.001\,98}{0.008} = 12.1$$

$$Z = \frac{4V}{K_Y a \pi D_\mathrm{T}^2} \int_{Y_2}^{Y_1} \frac{\mathrm{d}Y}{Y - Y^*} = 1.02 \times 12.1 = 12.3 \text{ m}$$

（3）用数学分析法

由图 4—15 求出平衡线的平均斜率 $m = 27$。

$$\frac{Y_1 - mX_2}{Y_2 - mX_2} = \frac{0.099 - 0}{0.001\,98 - 0} = 50$$

$$\frac{mV}{L} = \frac{27 \times 37.85}{1\,377} = 0.74$$

从图 4—14 读出 $N_{OG} = 10$。

$$Z = H_{OG} \cdot N_{OG} = 1.02 \times 10 = 10.2 \text{ m}$$

三种计算中以图解积分法求出的填料层最低，因为所涉及的 SO_2 的水溶液不服从亨利定律，其平衡线不为直线，所以应以图解积分法为准。

参 考 文 献

[1] 孙宝林，赵容，王淑苏. 工业防毒技术 [M]. 北京：中国劳动社会保障出版社，2008.

第五章　有害气体的吸附净化

第一节　概　述

气体吸附是一种在废气污染控制中日益获得重视的很有用的方法。吸附技术的多样性和应用的广泛性，特别增强了吸附作为一种气相污染控制方法的吸引力。一般来说，吸附在实用上和经济上具有以下几方面特点：

1. 干床层、非腐蚀性系统。
2. 装置结构可简可繁。
3. 废弃物易于处理。
4. 能把生产过程气流中的污染物去除到极低的含量。

因此，吸附技术广泛应用于工业废气的净化过程，以及有毒气体的个人防护过程。

一、固体吸附现象

研究证实，液体表面的分子力处于不平衡或不饱和的状态，这对固体表面也同样适用。固体表面的分子或离子，不可能通过与其他粒子结合而使它们所有的力都得到平衡，由于这种不饱和的结果，固体和液体会把所接触的气体或溶质吸引并保持在其表面上，从而使其残余力得到平衡。这种在固体（或液体）表面进行物质浓缩的现象，称为吸附。被吸附到表面的物质称为被吸附相或吸附质，它所依附的物质称为吸附剂。吸附应与吸收区别开来，吸收的特点是物质不仅保持在表面，而且通过表面分布到整个相。在分不清某过程是吸附还是吸收时，有时采用含糊的术语"吸着"。吸附作用是一种或几种物质的原子、分子或离子附着在另一种物质表面上的过程，换句话说，就是在界面上的扩散过程。

二、炭的应用

据记载，远在公元前1550年，古埃及就将木炭用于医治疾病，古希腊将木炭用于治疗多种疾病，中国汉朝将木炭用于墓穴中的防腐。16世纪后期，用各种材质制造的炭应用日益广泛，主要用于食品工业的液相脱色。至于气相吸附的应用是在第一次世界大战后迅速发展起来的。

三、活性炭的应用与发展

第一次世界大战中，德军在前线首次使用了毒气。1915年俄罗斯学者捷林斯基发明了第一个通用的木炭防毒面具，以防御敌军施放的毒气。其间，俄罗斯的学者（其中包括捷林斯基）展开了防毒气方法的研究工作，捷林斯基选择了木炭作为这种通用的吸收剂，他曾用木炭研究酒精变性的问题，深信木炭具有这种通用的特点。不仅如此，木炭还是一种疏水性的吸附剂，吸附能力不因吸了空气中的水分而显著地降低。研究了各种不同的炭后，捷林斯基断定，普通的木炭与活性炭两者的吸附能力有着很大的差别。活性炭是在用于脱除酒精中的微量杂醇油后重新经过煅烧的木炭。这种活性炭有较高的吸附能力，或者说有较高的活性。捷林斯基进而开始研究提高木炭吸附能力的方法，即使其活化的方法。活化就是利用高温及氧化方法将覆盖于表面的与堵塞孔隙的干馏产物除去，这样就显著地增加了炭粒的孔隙率。他首创了用水蒸气与有机物来活化炭的方法，并率先采用"活性炭"这一名词。炭防毒面具的研究工作引起了人们对吸附过程研究的兴趣，并促进了表面现象学说和气相吸附应用的辉煌发展。

在讨论吸附理论之前应首先掌握以下概念。

1. 吸附操作

吸附操作是利用某些固体能够从流体中有选择地把某些组分凝聚到其表面上的能力，把不同的组分分离开的方法。

2. 吸附现象

当气体与某些固体接触时，在固体表面上气体分子会或多或少地变浓变稠的现象称为吸附。

第二节　吸附的基本概念

一、固体的表面与孔

气体分子能够被固体表面所吸附，这是因为固体表面的分子与其内部分子不同。内部分子受其周围分子引力的平均值在各个方向上都是相等的，而表面分子在一般情况下，受内层分子的引力与受外界的引力不平衡形成表面自由力场（见图5—1）。因此，物质表面层分子的存在状况与内部分子不同。对一定量的某种物质来说，如果其表面积较小，则表面性质的影响较弱。但是，随着物质的分散程度或多孔性的增加，对于某一定量物质而言，其总表面积的增加可以达到很大的数字，例如有的活性炭比表面积达到 1 700 m²/g，这时表面性质的影响也就不容忽视了。

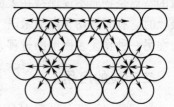

图5—1　固体的表面层

（一）表面能

由于表层分子具有一种向内的引力差，因此，要把内层分子移到表层上来，就必须耗费一定的功，所消耗的功就变成了表层分子的位能，故表层分子总是比内层分子具有较高的能量。人们把物质表层分子较其内层分子所多余的能量称为表面能。显而易见，表面积越大，表面上的分子数越多，消耗的功也越大，表面能也越大。增加单位表面积所需要的功，用 σ 表示，称为比表面能，其单位为 N/m。由此可以把它看作是作用于分界面上单位长度的力，

故 σ 又常称为表面张力，所以表面能

$$A = \sigma \cdot \Delta S \tag{5—1}$$

式中　A——表面能（表面功），J；

　　　σ——表面张力，N/m；

　　　ΔS——表面积的增值，m^2。

由于表面能的存在，固体或多或少地具有吸附某种物质而降低其表面能的倾向，从而使其受力达到平衡状态，这种倾向导致了吸附的自发进行。换句话说，就是物质表面吸附那些能够降低其表面能量的物质，因此具有吸附作用。还要注意，当固体物质被粉碎后，其表面积增加很多，表面能随之增加，相应的物理化学性质也会发生变化。

（二）固体的比表面积

工业吸附剂要具有极大的表面，多孔性固体的总表面积是外表面和内表面之和，而且内表面积要占绝大部分。多孔固体内的裂缝和毛细孔管壁的壁面就形成了固体的内表面积，而吸附和催化现象的发生，主要在内表面进行。1 g 吸附剂所具有的表面积称为比表面积，单位是 m^2/g，比表面积的大小是吸附剂重要的性能指标之一，通常用它来判断吸附剂吸附能力的大小。

（三）孔结构及其尺寸

如前所述，吸附剂是一种多孔的固体材料，不同的吸附剂孔结构可以相差很大，即使同一种吸附剂所含有的孔尺寸也不一样，通常用孔径代表孔的尺寸。炭的孔结构很不均匀，而硅胶和分子筛的孔可以制作得很均匀。具体到某一种吸附剂，某一孔径所具有的体积占全部孔体积的份额称为孔径分布，用来表示该种尺寸的孔径所占比例的多少。至于孔径的大小，可以按以下方法划分。

第一种分类方法见表 5—1。

表 5—1　　　　　　　　　　　　　关于孔隙的分类

孔　型	孔隙直径/nm	孔　型	孔隙直径/nm	孔　型	孔隙直径/nm
微　孔	<2	中　孔	2～5	大　孔	>5

还可用以下方法分类：

孔宽大于 500 Å（50 nm），称大孔；孔宽为 20～500 Å，称中孔；孔宽小于 20 Å，称微孔。

还存在其他的分类方法。

二、毛细管凝聚现象

毛细管凝聚现象是指在细孔当中气体或蒸气的分子出现的凝结或液化现象，与水蒸气的凝结相同。凝聚现象的本质与相平衡理论有关，其论点如下：

1. 与液滴相平衡的蒸气压将比与平面液体相平衡的蒸气压大。

2. 与小空腔中液体相平衡的蒸气压将比与平面液体相平衡的蒸气压小。

因此在固体的孔内，蒸气分子凝聚时的饱和蒸气压比在外部大平面上凝聚时的饱和蒸气压要小，也就是说在外部不能发生凝聚的条件下，在孔内部可能发生凝聚。而且孔半径越小，所需的平衡压力越小，越容易出现凝聚现象。开尔文公式很好地揭示了液滴半径与饱和蒸气压的关系，公式如下

$$\ln \frac{p}{p_0} = \frac{2\sigma M}{d_{液} r R T} \tag{5—2}$$

式中　p，p_0——分别为液滴和平面液体的饱和蒸气压；

　　　σ——液体与气体间的表面张力；

　　　$d_{液}$——液滴密度；

　　　M——分子量；

　　　r——液滴半径；

　　　R——气体常数；

　　　T——绝对温度。

对于凸液面，$r>0$，方程右边为正，即凸液面的饱和蒸气压永远大于平面液体的饱和蒸气压；对于凹液面，$r<0$，方程右边为负，即凹液面的饱和蒸气压永远小于平面液体的饱和蒸气压。实际上气体分子在微孔中发生吸附时，常有毛细管凝结现象发生，即对平面液体尚未达到饱和的水蒸气和其他液体的蒸气，在毛细管孔隙中可能已经开始凝结了。

开尔文公式解释了细孔内的蒸气易于凝结的原因。由于凝聚现象的发生，使得吸附剂孔内不仅存在分子在壁面上的吸附，而且孔腔内还充满了凝结的气体分子，这就使得吸附量大为增加。当然，凝聚现象的出现除了与孔结构有关外，还与吸附剂的种类、吸附质的种类以及吸附等温线的形状有关，并非在所有的条件下都会发生凝聚现象。

三、物理吸附与化学吸附

根据被吸附的分子与固体表面分子之间作用力性质的不同，可以把吸附分为两类，即物理吸附和化学吸附。

（一）物理吸附

这类吸附无选择性，可以吸附各种气体（只是吸附量随不同的体系而有所不同）。这种吸附作用力较弱，可以是单分子层吸附，也可以是多分子层吸附。解吸也较容易，即过程是可逆的。吸附热与该气体的液化热相近（一般为几 kJ/mol 至十几 kJ/mol），这说明此类吸附与气体在固体表面上的凝聚很相似。另外，这种吸附的吸附与解吸速度都很快，即吸附过程几乎不需要活化。由以上现象可以看出，这种吸附实质上是一种物理过程，是由分子间引力（范德华力）的作用所引起的，故称为物理吸附。

（二）化学吸附

化学吸附具有选择性，化学吸附剂只吸附某些气体，吸附热的数值很大，与化学反应热在同一数量级，而且都是单层吸附。吸附及解吸速度较慢，达到平衡的时间以小时甚至以天计算；随着温度的升高，吸附和解吸的速度加快。以上说明这类吸附过程需要一定的活化能，故称作化学吸附、活性吸附或者活化吸附。在发生化学吸附时，在吸附剂的表面会生成

一种表面化合物，但是与一般的化学反应产物不同。

在物理吸附中，被吸附的气体可以很容易（特别是温度升高时）从吸附剂表面逸出，且不改变其原来的性质，为完全的可逆过程；而在化学吸附中，被吸附的气体通常需要在很高的温度下才能逸出，且所释出的气体往往已发生了化学变化，不再具有原有性质，其过程大都是不可逆的。但是，需要指出的是，化学吸附和物理吸附并无严格的界限，同时也不能认为某一吸附过程仅有化学吸附而没有物理吸附，反之亦然。同一物质，可能在低温下进行物理吸附，而在较高温度下所经历的往往是化学吸附，也可能同时发生两种吸附。

四、吸附剂的活性

活性是吸附剂性能的重要标志。活性的大小用单位体积（或质量）吸附剂所能附着的吸附质体积（或质量）的多少来表示。活性分为静活性和动活性。

（一）静活性

吸附剂的静活性是指气体混合物中吸附质在一定温度和一定浓度的情况下，达到吸附平衡时单位体积或质量吸附剂所能附着（或吸着）的最大量。静活性是在静态条件下测定的。

（二）动活性

当气体混合物流动并通过吸附剂床层时，吸附剂的吸附能力称为吸附剂的动活性。在吸附过程的初始阶段，气体混合物中的吸附质被完全吸附，床层出口气体中吸附质浓度为零。过一段时间以后，从床层出来的气体中开始出现吸附质，而且其浓度逐渐增加，直至流出的气体浓度达到预定浓度。此时认为床层失去了吸附作用，操作停止，按床层质量平均的活性称为动活性。但是流动状态下床层的活性很难测定，通常以床层的吸附时间作为动活性的标志，称为保护作用时间或吸附持续时间。

动活性永远是小于静活性的，特别是动活性受具体操作条件的影响，因此在工业吸附器中一般取动活性为静活性的一定百分比。

五、吸附剂的种类

下面简单介绍一下工业上广泛使用的四种重要的吸附剂，它们是活性炭、活性氧化铝、硅胶和分子筛。前三种是具有不均匀内部结构的非晶形吸附剂。但分子筛是晶状的，因而具有洞穴规则分布的内部结构，而洞穴中又有一定尺寸的互相连接的微孔。

（一）活性炭

活性炭是由各种含碳物质干馏后，经过特殊的炭化加工和活化处理而得到的。炭化温度因原料的材质不同而异，一般炭化温度在 300~700℃ 之间，升温速度为 3~10℃/h，活化温度一般在 850~900℃ 之间，活化时间为 10~15 h。活化方式较多，除比较高级的脱色精制活性炭采用药品活化法以外，大多数情况都是用水蒸气活化法，采用的药剂有氯化锌、氯化镁、氯化钙或磷酸。目前国外出现了在炭化的同时使用微波进行活化的方法，从而简化了活性炭的制造工艺。

活性炭原材料的来源是广泛的，一般分为五大类：

1. 动物类，如动物的骨骼和血液。

2. 植物类，如各种木材、木屑、果壳（如椰壳、核桃硬壳）、果核。

3. 煤炭类，如泥煤、褐煤、沥青煤、无烟煤等。

4. 石油类，如渣油、石油焦、硫酚渣等。

5. 其他工业废物类，如纸浆废液、废合成树脂、有机废物、旧轮胎等。

活性炭的质量取决于原材料性质和活化条件，原料中的灰分含量较高，往往影响活性炭成品的质量，一般认为原料中的灰分以小于6%为宜。活化程度的标志是烧去率，即烧去的炭占原料中炭的百分数。吸附用的活性炭可以是1～7 mm大小的颗粒（柱状、球状或粒状），也可以是粉末。近年来，我国已能生产各种牌号的活性炭。

活性炭的缺点是它的可燃性，因此使用温度一般不能超过200℃；在个别情况下，即有惰性气流的掩护下，操作温度可达500℃。

（二）活性氧化铝

活性氧化铝（水合氧化铝）是由沉淀或天然的氧化铝或铝土矿经过特殊的热处理制成的。它呈粒状或片状，主要用于气体干燥，尤其在压力下干燥气体更有效。

（三）硅胶

硅胶的制造方法如下：用稀无机酸混合硅酸钠进行中和，对形成的凝胶进行洗涤，把中和反应时生成的盐除去，接着进行干燥、焙烧和分级。"凝胶"这一名称的由来，是由于在硅胶制取过程的一个工序中物料段呈胶状。硅胶也有珠状的，但一般都使用粒状的。虽然在气体脱硫和净化中也用硅胶，但它主要还是用在气体干燥中。

（四）分子筛

分子筛和活性炭、活性氧化铝及硅胶等非晶形吸附剂不一样，分子筛是晶状的，实质上是一种脱水沸石，即铝硅酸盐，其原子按一定的形式排列。复杂的分子筛结构单元，在其中心有洞穴，靠微孔或窗孔沟通。某些类型的晶状沸石的微孔直径极为均匀，由于它们具有晶状疏松结构，且其微孔直径极为均匀，故它们只对尺寸很小和形状适于通过微孔进入洞穴的分子才产生吸附现象。分子筛的制备，是先使铝硅酸盐凝胶进行水热晶体成长，再经特殊的热处理达到脱水后制得。

此外，在吸附剂的研制上，十分注重把不同的吸附剂组成复合吸附剂。例如，将活性炭的微粒分散在各种多孔性基体材料上，或是把活性炭纤维组合到其他单体中，制成各种复合吸附剂，可供多种用途；分子筛炭和硅炭以及把活性炭作为催化剂载体使用的方法，也得到广泛应用。总之，吸附技术正在开拓更加广泛的应用领域。各种吸附剂的主要工业用途见表5—2。

表5—2 　　　　　　　　　　各种吸附剂的主要工业用途

吸附剂	主要工业用途
气体吸附炭	溶剂回收、气体提纯、脱臭、防毒面具
液体吸附炭	捕集重金属及有毒金属、"三废"处理、水处理
脱色炭	糖液脱色、油脂及蜡精炼、水和其他溶液脱色
骨炭	糖的精制

续表

吸附剂	主要工业用途
分子筛	气液脱色、深度干燥、气体分离净化、石油脱蜡、催化剂担体、农药及有毒气体净化、液自由基的储藏剂
氧化铝	气体干燥、液体脱水
硅胶	空气及其他气体的干燥、石油制品的精炼、催化剂担体

第三节　吸附理论

一、吸附等温线

关于吸附的大量实验数据是表达平衡关系的，即吸附达到平衡时，吸附量与温度及平衡浓度或分压之间的关系，可以表示为

$$a = f(p,T)_{吸附剂、吸附质}$$

式中　a——吸附量；

　　　p——平衡时吸附质的气相分压或压强；

　　　T——平衡时的温度。

在恒温条件下，考查吸附量与平衡压力的关系，可以得到吸附等温线（第一类型等温线），如图5—2所示，这是一条比较典型的吸附等温线。从图中可以看出，随着气体压力的升高，吸附量也逐渐增加。但是在吸附等温线的不同部分，压力的影响是不同的。低压部分，压力的影响特别显著，并且吸附量与压力成正比（等温线的Ⅰ段）；当压力继续升高时，被吸附的气体的量也增加，但增加的程度逐渐变小（线段Ⅱ）；最后，曲线接近一条平行于横坐标的直线（线段Ⅲ），此时相当于吸附剂的表面逐渐饱和的情况，即使平衡压力再继续增大，吸附量已接近饱和吸附量 a_m。

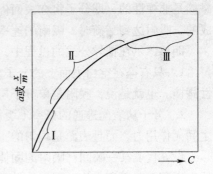

图5—2　典型的吸附等温线

（一）弗伦德利希方程

通过归纳总结实验结果，弗伦德利希（Freundlich）提出了一个被广泛应用的经验公式

$$X = \frac{x}{m} = k p^n \tag{5—3}$$

式中　X——吸附量，kg/kg 吸附剂；

　　　x——被吸附的组分量，kg；

　　　m——吸附剂的质量，kg；

p——平衡时被吸附组分的分压，Pa；

k、n——由试验确定的常数，n 在 $0 \sim 1$ 之间。

此式只适用于第一类型等温线中压部分的等温吸附，而不适用于低压和高压部分。

当对式（5—3）两边取对数后，方程变为

$$\lg \frac{x}{m} = \lg k + n\lg p \qquad (5—4)$$

再以 $\lg \dfrac{x}{m}$ 对 $\lg p$ 作图，可得到一条直线，其斜率是 n，截距是 $\lg k$，由此可以求得 n 和 k 值。

另外，实验表明 n、k 都与温度有关，且随着温度的增加 k 值降低（在压力相同的情况下），所以温度越高其吸附量越小，对吸附越不利。

（二）朗格缪尔吸附等温式

朗格缪尔（Langmuir）根据固体表面存在着表面能的观点指出，由于固体表面存在着不饱和力场，表层原子具有某种剩余价键力，若气体分子碰撞到固体表面，就有可能被此价键力所吸附。他认为这种吸附与普通化学反应并无不同，只是一种较松懈的化学反应，被吸附的气体分子与表面的作用力可以看成化合价键力的剩余价键力。此力的作用范围大约在分子直径的范围内，即在 10^{-8} cm 左右。因此固体表面的吸附作用只能是单分子层的吸附，所以此理论又称为单分子层吸附理论。

从动力学的观点出发，朗格缪尔提出了关于气体吸附的理论，其中心内容如下：气体分子碰撞固体表面时，可以是弹性的，即碰撞后分子立刻自表面弹回，无能量交换。而通常的碰撞是非弹性的，即分子将在表面停留一些时间，然后离去。吸附现象就是这种暂时停留造成的。吸附达到平衡时，吸附的速率与自固体表面逃逸的速率相等。

朗格缪尔在推导公式的过程中，作了如下的假设。

1. 只有撞在空白表面上的分子才会被吸附；倘若撞在一个已被吸附的分子上，则是弹性碰撞。也就是说，吸附是单分子层的。

2. 分子从表面逃逸的概率不受周围环境和位置的影响。也就是说，相邻的被吸附分子之间无作用力，而且表面是均匀的。

设 θ 代表某一瞬间已吸附的固体表面积对固体总面积的比值，$(1-\theta)$ 代表未吸附的固体表面积对总面积之比。因气体的解吸速度与 θ 成正比，则解吸速度为 $k_1\theta$，k_1 是一定温度时的解吸速度。同理，气体的吸附速度和未吸附的面积成正比，并且和气相中的分压成正比，即

$$吸附速度 = k_2 p(1-\theta)$$

吸附达到平衡时，解吸速度等于吸附速度，即

$$k_1\theta = k_2 p(1-\theta)$$

因此

$$\theta = \frac{k_2 p}{k_1 + k_2 p}$$

如果用 a 表示某一定量吸附剂上吸附气体的摩尔数（又叫作平衡静活度），而 N_0 为此

一定量的吸附剂所能吸附分子的最大数目，N 为阿伏伽德罗常数，则这一定量吸附剂所能吸附的气体的最大摩尔数 $A = N_0 / N$，A 又称作饱和吸附量。未饱和时，被吸附的气体的摩尔数 a 与吸附面积分数 θ 成正比，所以

$$a = \frac{N_0}{N} \cdot \theta = A \cdot \frac{k_2 p}{k_1 + k_2 p}$$

若用 B 表示 k_2 / k_1，上式可改写为

$$a = \frac{ABp}{1 + Bp} \tag{5—5}$$

当用吸附的质量表示吸附量时，又可写成

$$a = \frac{a_m bp}{1 + bp} \tag{5—6}$$

式中 a 和 a_m 分别是平衡吸附量及单分子层饱和吸附量。

对于第一类吸附等温线，当气体压强很低时，$1 + bp \approx 1$，式（5—6）可简化为 $a = a_m bp$，此时 a 与 p 呈直线关系；当气体压强很高时，$1 + bp \approx bp$，式（5—6）可简化为 $a = a_m$，即在高压范围内，吸附量达恒定值，与压强无关。这又是吸附为单分子层的假定所导致的必然结果。但实际上吸附可以是多分子层的，因此最后的吸附量不都接近于一个常数。总之，如果固体表面很均匀，吸附又是单分子层的，朗格缪尔方程能很好地代表实验结果，但是其他四类等温线都不能用朗格缪尔方程来表示。

以上所讨论的朗格缪尔的单分子层吸附理论对化学吸附比较适用。因为发生化学吸附时，吸附质分子与吸附剂表层原子发生了化学反应，因而只能形成单分子层吸附。而物理吸附则不同，尤其是当气体压力较高时，气体分子可在固体表面形成多分子层吸附。因此单分子层等温吸附式就不能很好地与实验数据相符。

（三）BET 方程式

后来布鲁诺（Brunauer）、埃默特（Emmett）、泰勒（Teller）三人在朗格缪尔理论的基础上提出了多分子层吸附理论。他们接受了朗格缪尔的一个假定，而放弃了另一个假定，即认为：固体表面是均匀的，且分子逃逸时不受周围其他分子的影响；在物理吸附中，固体和气体是依靠范德华引力而发生吸附的，但是被吸附的分子对外也有引力，在第一吸附层之上，还可以吸附第二层、第三层……即不只是单分子层吸附，还可以是多分子层吸附，如图5—3 所示；而且，并不一定等到第一层吸满了之后再吸附第二层。在固体表面空白点上的吸附与第一层被吸附分子的逃逸之间有一个动平衡。同样，在第一层与第二层之间，第二层与第三层之间也存在这种平衡关系。不过第一层分子被吸附是靠固一气分子的引力，而以上各层分子被吸附是靠气体分子之间的引力，两类引力不同，所以吸附热也是不同的。在多层吸附的情况下，气体吸附量等于各层吸附量的总和。根据这个原则可导出二常数的 BET 方程

$$a = \frac{a_m c p}{(p_0 - p) \left[1 + (c - 1) \dfrac{p}{p_0} \right]} \tag{5—7}$$

式中　a——在平衡压强 p 时的吸附量；

a_m——表面被一层分子盖满时所需的气体量；

p_0——平衡温度下吸附质的饱和蒸气压；

c——与吸附热有关的常数。

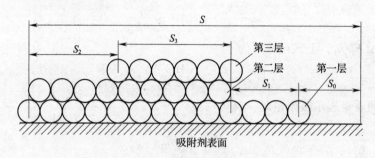

图5—3　多层分子吸附示意图

另外，BET方程又可以写成如下形式

$$\frac{p}{V(p_0 - p)} = \frac{1}{V_m \cdot c} + \frac{c - 1}{V_m \cdot c} \cdot \frac{p}{p_0} \tag{5—8}$$

式中　V——平衡时吸附气体的体积；

V_m——单分子层饱和吸附体积。

朗格缪尔方程只能符合图5—2所示的第一类型等温线，而BET方程的应用范围较广，在一定条件下，有可能符合其他类型的等温线。BET理论比朗格缪尔理论更进了一步，但其假定仍不完全与实际情况相符，新的发展应当是同时考虑到表面的不均匀性和前后左右分子间的相互作用。为了解释吸附过程的实质，还有人提出过若干其他的理论，但都有一定的局限性。

BET方程的作用之一是用来计算多孔固体的比表面积，方法如下。

在恒温下测得不同分压下的吸附体积V，所得的实验数据以$\frac{p}{V(p_0 - p)}$对$\frac{p}{p_0}$作图，这样得到一条直线，如图5—4所示。直线的斜率$a = \frac{c - 1}{V_m c}$，直线的截距$b = \frac{1}{V_m c}$。

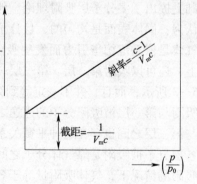

由斜率和截距可以计算单分子层饱和吸附量

$$V_m = \frac{1}{a + b}$$

若每个气体分子的横截面积为已知，就可用下式求出该吸附剂的表面积

图5—4　$p/[v(p_0 - p)]$—p/p_0图

$$S_g = NA_m \frac{V_m}{V} = \frac{NA_m V_m}{22\ 400\ W} \tag{5—9}$$

式中　S_g——比表面积，m^2/g；

　　　V——吸附气体的摩尔体积，在标准条件下为 22 400 mL；

　　　N——阿伏伽德罗常数；

　　　A_m——吸附质分子的横截面积，m^2；

　　　W——吸附剂样品的质量，g。

这就是著名的 BET 测定吸附剂和催化剂表面积的方法，它在研究吸附剂和催化剂表面性质上占有很重要的地位。大量的实验结果表明，BET 公式在相对压力 $p/p_0 = 0.05 \sim 0.35$ 的范围内是比较准确的。该实验数据的获取要用比表面积测定仪来完成，以 N_2 分子在液氮温度（－196℃）下吸附来测定平衡数据，N_2 分子的横截面积为 16.2 Å。

使用 BET 的氮吸附法测得的比表面积数据一般是比较准确的，因此氮吸附法被称为经典的方法，也被以后出现的其他方法证明是可靠的。

（四）关于等温线的讨论

通过对大量实验结果的分析，气体与蒸气的物理吸附等温线可归纳为五种类型，如图 5—5 所示。

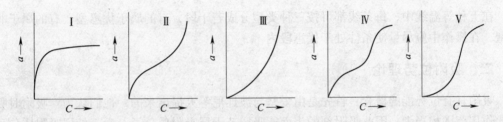

图 5—5　吸附等温线的五种类型

吸附等温线在固体表面与孔的研究、吸附的微观状态研究及吸附的工程设计上有重要的作用。下面讨论等温线在吸附器的设计应用中对操作过程的影响。

在吸附操作中，混合气体通过吸附剂床层时，以吸附剂上流体内吸附质的平衡浓度与气流主体内吸附质浓度的关系绘制成的吸附等温线，就表示了等温条件下的吸附平衡关系。而这种关系按其对吸附床性能的影响，可分为三种情况。

1. 优惠型吸附等温线

这种等温线的形状是向上凸的，而等温线的斜率随流体浓度 C 的增加而降低，如图 5—6a 所示。在吸附操作中，优惠型吸附等温线床层中的浓度梯度沿流动方向显得比较陡，传质区短，因此可以适当缩短床层高度，或提高床层的利用率。

2. 线性吸附等温线

线性吸附等温线为一条直线，曲线斜率不随气流浓度而变化，如图 5—6b 所示。表现在床层中，操作的传质区长度是固定不变的。

3. 非优惠型吸附等温线

这种等温线是向下凹的，即斜率随 C 的增加而加大，而在床层中沿流动方向的浓度梯度很坡，如图 5—6c 所示。即传质区较长，床层利用率低。

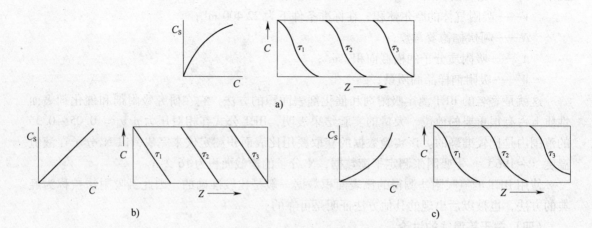

图5—6　三种不同吸附等温线对吸附波的影响

a）优惠型吸附等温线　b）线性吸附等温线　c）非优惠型吸附等温线

在五种等温线中，每条线都可按三种类型分成若干段，有的属于优惠型，有的属于非优惠型，在操作中应尽量使条件处于优惠段内。

二、吸附位势理论

吸附具有位势能的概念，首先是由爱坚与波辽尼等人提出来的，他们认为：吸附时吸引力的作用范围相当大，因此吸附剂的表面能吸留若干层吸附质分子。由于外层吸附质分子的吸引力及压力逐层降低，离吸附剂表面越远，则该多分子层的密度越小。因此，最紧密的吸附层是直接与吸附剂表面接触的第一层。在吸附空间内，被吸附的分子相互间的作用力与它们在自由状态下的相互作用力是相同的，即气体在被吸附时与自由时的状态方程式是相同的。因此，对于被吸附的气体可采用范德华状态方程式。吸附质所具有的密度和聚集状态，将与吸附容积内的压力相对应。吸附层上每一点都有其相应的所谓吸附势，而吸附势为该点至吸附剂表面距离的函数。

爱坚首先将吸附力视为分子力位势的梯度，而用定量公式表示位势理论应当归功于波辽尼。波辽尼把吸附势 ε 定义为吸附力将一个分子从无限远（实际上是吸附力不再起作用的地方），吸到与吸附剂表面的距离为 x 的一点上所做的功。即

$$\varepsilon = \varphi(x)$$

图5—7所示为按照吸附势论表示吸附剂上吸附层的分布。在吸附剂表面上的吸附势为 ε_0，而吸附势相等的其他各个等势面上的吸附势为 ε_1、ε_2、ε_3…吸附质分子间相互不发生影响，即每一点的吸

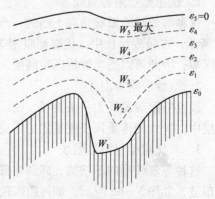

图5—7　吸附层的分布情况

附势并不因该点与吸附剂表面之间有无分子而改变。各等势面与吸附剂表面之间的容积以 W_1、W_2、W_3，…表示。整个吸附空间的总容积 W 最大的界限为两个表面：一个为吸附剂表面；另一个为吸附层与吸附力不再发生作用的空间交界面，即吸附势等于零的地方。最高的吸附势在吸附剂的表面上，在该处 $W=0$。

在吸附空间中，吸附势的分布曲线 $\varepsilon = \varphi（W）$ 称为特性曲线，如图 5—8 所示。按照吸附势理论，特性曲线与温度无关，仅取决于吸附质的种类。当两个不同物质的吸附空间容积相等时，其吸附势之比（即特性曲线纵坐标之比）是恒定的，并以 β_a 表示，如图 5—9 所示。

$$\frac{\varepsilon_1}{\varepsilon_2} = \frac{\varepsilon_3}{\varepsilon_4} = \cdots = \beta_a$$

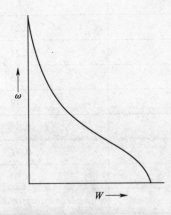

图 5—8　特性曲线 $\varepsilon = \varphi（W）$

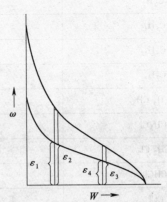

图 5—9　亲和特性曲线

人们把纵坐标具有恒定比值的特性曲线称为亲和特性曲线，β_a 称为亲和系数。以上两条曲线特性方程式的区别仅在于固定的系数 β_a，如果表示第一个物质的特性曲线为

$$\varepsilon_1 = \varphi(W)$$

则对于第二个物质为

$$\varepsilon_2 = \beta_a \varphi(W)$$

或

$$\frac{\varepsilon_2}{\varepsilon_1} = \beta_a$$

取近似值可认为

$$W = aV \tag{5—10}$$

式中　a——单位吸附剂所吸附物质的摩尔数，mol；

　　　V——吸附质的摩尔体积，cm^3/mol。

（一）亲和系数的计算

吸附势概念的引入，有可能利用某种物质在某一温度下的吸附等温线而把其他物质在任何温度下的吸附等温线求出来。按照杜宾宁和季莫费叶夫的意见，蒸气态物质的亲和系数用下式计算，可得到充分满意的近似值。

$$\beta_a = \frac{V}{V_0} \tag{5—11}$$

式中 V——被研究物质的液态摩尔体积，cm^3/mol；

V_0——标准物质（一般为苯）在同样条件下的摩尔体积，cm^3/mol。

对于气态物质，该式是不适用的。

某些物质的亲和系数的实验值和摩尔体积比值列于表 5—3 中（以苯为标准）。

表 5—3　　　　　　　　以苯为标准的 β_a 值和摩尔体积比

蒸　气	β_a（实验值）	V/V_0（苯）
C_6H_6	1	1
C_5H_{12}	1.12	1.28
C_6H_{12}	1.04	1.21
C_7H_{16}	1.50	1.65
$C_6H_5CH_3$	1.28	1.19
CH_3Cl	0.56	0.59
CH_2Cl_2	0.66	0.71
$CHCl_3$	0.88	0.90
CCl_4	1.07	1.09
C_2H_5Cl	0.78	0.80
CH_3OH	0.40	0.46
C_2H_5OH	0.61	0.65
$HCOOH$	0.60	0.63
CH_3COOH	0.97	0.96
$(C_2H_5)_2O$	1.09	1.17
CH_3COOH_3	0.88	0.82
CS_2	0.70	0.68
CCl_3NO	1.28	1.12
NH_3	0.28	0.30
CH_3Br	0.57	—
C_3H_6	0.78	0.85
$n-C_4H_{10}$	0.90	1.13
$n-C_6H_{14}$	1.35	1.47

（二）等温线的换算

在实际应用中，当对所研究的物质缺乏应有的吸附平衡数据或等温线时，可借助已有的某物质的吸附等温线通过换算来求得所研究物质的吸附等温线。

位势论认为，在恒温条件下，吸附力将 1 mol 蒸气自吸附力实际上不再起作用的地方吸至吸附剂表面所做的功，等于将 1 mol 蒸气自体积 V 恒温压缩至 V_s 所做的功，即有

$$\varepsilon = RT\ln\frac{V}{V_s}$$

式中　V——气相中被吸附蒸气的摩尔体积，m^3/mol；

　　　V_s——饱和状态被吸附蒸气的摩尔体积，m^3/mol。

由于体积与压力成反比，所以

$$\varepsilon = RT\ln\frac{p_s}{p} \tag{5—12}$$

式中　p——气相被吸附物质的分压，Pa；

　　　p_s——被吸附物质的饱和蒸气压，Pa。

应用公式时曾假设理想气体状态方程式的适用范围可达到饱和压力，不过一直到接近临界温度为止，用以修正蒸气与理想气体两者性质差异的修正系数在这里都不大，可不予以考虑。

如果某一种物质的吸附势

$$\varepsilon_1 = RT_1\ln\frac{p_{s-1}}{p_1}$$

而任何其他物质的吸附势

$$\varepsilon_2 = RT_2\ln\frac{p_{s-2}}{p_2}$$

于是

$$\frac{\varepsilon_2}{\varepsilon_1} = \beta_a = \frac{RT_2\ln\dfrac{p_{s-2}}{p_2}}{RT_1\ln\dfrac{p_{s-1}}{p_1}}$$

或

$$\lg p_2 = \lg p_{s-2} - \beta_a\frac{T_1}{T_2}\lg\frac{p_{s-1}}{p_1} \tag{5—13}$$

按照克莱普朗（Clapeyron）公式，浓度与压力成正比，即

$$C = \frac{p}{RT}$$

则式（5—13）变成以下形式

$$\lg C_2 = \lg C_{s-2} - \beta_a\frac{T_1}{T_2}\lg\frac{C_{s-1}}{C_1} \tag{5—14}$$

式中　下标 1——已知物质的数据（通常用苯）；

　　　下标 2——所求物质的数据；

　　　p——气相中吸附质的分压，Pa；

p_s——吸附质的饱和蒸气压，Pa；

T——绝对温度，K；

C——吸附质蒸气的浓度，kg/m^3；

C_s——吸附质蒸气饱和浓度，kg/m^3。

由式（5—13）可以从已知物质在某一温度下的吸附平衡分压，换算出另一物质在任意温度下的吸附平衡分压，这是等温线换算的第一个公式。

根据位势论，吸附空间容积可以表示为

$$W = aV^*$$

式中　a——单位吸附剂吸附物质的摩尔数，mol/g；

V^*——吸附质在吸附状态的摩尔体积，cm^3/mol。

当两种物质吸附空间容积相等时，即

$$W_1 = W_2$$

则

$$a_1 V_1 = a_2 V_2 \qquad (5—15)$$

或

$$a_2 = \frac{a_1 V_1}{V_2}$$

这样，从式（5—13）、式（5—15）即可由标准物质的吸附等温线求出其他任何物质在任何温度 T 时的吸附等温线。

三、活性炭的结构形式与分类

有的研究者认为，如果吸附速度主要决定于被吸附分子进入微孔的通路孔的结构，若将炭粉碎，相应增加其表面积，其吸附速度可大大提高；而另一些研究者指出，吸附能力只与微孔的结构有关，粉碎炭以增加其外部表面积，只能稍微增加其吸附能力。所以活性炭的合理分类法是按其结构来分，并且有两种极端的结构形式。

第一种是适度活化的炭，其烧去率通常不超过 50%。这种炭的孔较细，小孔可按最简单的形式表示为缝隙（见图 5—10），而各等势面以虚线表示，缝隙内每一点的吸附势为相对的两壁的吸附势之和。随着深入缝隙的内部，吸附势增长，孔越小或缝隙越窄，吸附势的增长越多。因此吸附势值决定于炭的结构，第一种形式炭的细孔中，吸附势较高。

第二种结构形式的炭为极度活化炭，其烧去率在 75% 以上，这种炭的孔隙很大，以至于吸附势的增长在这种炭上实际不能察觉出来。

在这两种极端结构形式之间有一种混合形式的活性炭，其烧去率为 50% ~ 75%，这种炭中两种极端的结构形式按不同的比例共同存在。

由以上的分析可以看出，炭的加工制备过程可以理解为造孔的过程，即使用同种材料制备的炭，由于孔隙结构不同，其功能和应用方向也不一样。吸附气体及难以液化的蒸气，以及分离气体混合物的炭一般属于第一种结构形式；溶液的净化与脱色大多采用第二种结构形式的炭，因为这类吸附分子总是很大的；回收用炭一般具有混合结构形式。

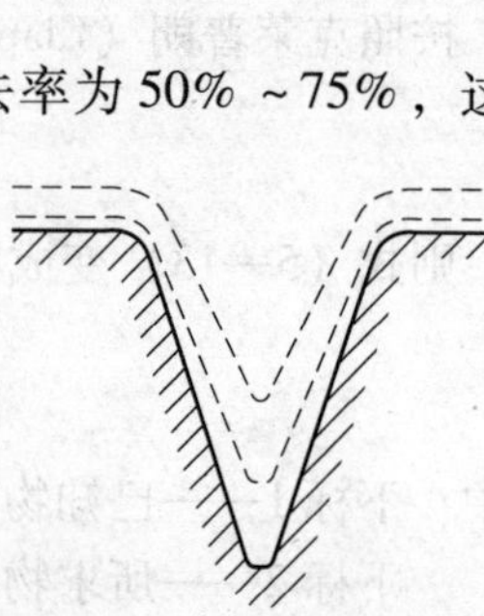

图 5—10　缝隙中的等势面

第四节　吸附的工程计算

计算吸附过程是指确定吸附剂的需要量、吸附过程的持续时间、吸附器的尺寸以及能量的消耗等主要内容。

一、吸附的流程及分类

吸附的流程：

1．使流体和固体吸附剂接触，使吸附质吸附在吸附剂上。

2．将未被吸附的流体从已吸附了吸附质的吸附剂中分开。

3．吸附剂的再生或更换。

由此可见，吸附流程中包含脱附及再生的部分。

吸附器可按吸附剂和流体的接触方式不同分为填充床式吸附和其他形式吸附两大类。其中，填充床式吸附又分为固定床吸附、移动床吸附和流化床吸附。

使用移动床和流化床吸附装置的虽然相当多，但是在车间空气净化方面，应用最广的还是固定床吸附装置。吸附新工艺的不断出现，各种新技术的不断发展，使吸附工艺更加丰富，现在重点介绍填充床式吸附基本流程。

二、填充床式吸附

（一）活性炭固定床吸附

活性炭吸附是工业上应用最广的一种吸附操作，可以有不同的特点和工艺流程，图5—11 所示是典型的吸附流程之一。

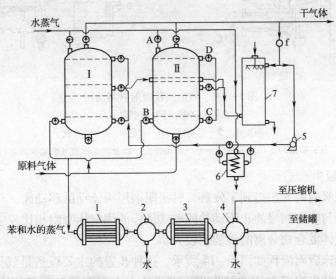

图5—11　固定床吸附装置的流程

1，3，7—冷凝器　2，4—分离器　5—鼓风机　6—预热器

活性炭的吸附过程由四个步骤（循环）组成：用活性炭自混合物中吸附气体，自活性炭中将气体吹出（解吸），活性炭的干燥及冷却，吸附剂经冷却后重新用来吸附气体。为适应操作的连续性要求，固定床吸附装置需要几个吸附器在吸附过程中轮换使用，通常一套装置有 2 个、3 个甚至 4 个吸附器。这种活性炭吸附器的构造如图 5—12 所示。

另外，为了车间空气净化的需要，发展了小型吸附器，它采用吸附和再生的二段操作，如图 5—13 所示。在活性炭吸附有机溶剂呈饱和状态后，通过活性炭床向上送入低温蒸气进行吹脱和再生，在冷凝器中回收有机溶剂，一般是吸附 1 h，再生 45 min，冷却 15 min。该装置制作成轻便式移动成套设备，两个吸附器交替使用。为了安全起见，有机溶剂在空气中的混合浓度应控制在爆炸下限的 25% 左右。回收的溶剂如果不是水溶性的可直接分离出，如果是水溶性的可用分馏柱进行分离回收。

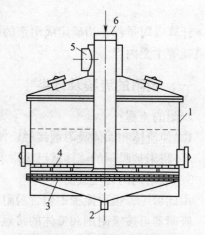

图 5—12　活性炭吸附器的构造
1—外壳　2—水分出口　3—蒸气分散器
4—花板　5—气体出口　6—混合气体进口

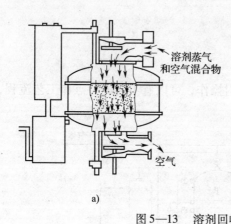

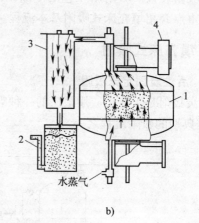

a)　　　　　　　　　　　　b)

图 5—13　溶剂回收吸附器剖面图
a）吸附段　b）解吸段
1—吸附罐　2—分离器　3—冷凝器　4—鼓风机
注：吸附时显示溶剂蒸气—空气流动模式，解吸时显示蒸气流动模式。

（二）移动床吸附

近年来移动床吸附的方法得到了发展。其吸附剂层为流动的移动床，与流体作逆向运动并接触。这种方法与吸附剂层静止不动的间歇式操作的固定床吸附相比较，其特点是生产能力很高，同时将气体混合物分离的效能也较大。

最简单的移动床吸附流程如图 5—14 所示。这种装置的主要设备是气体分离塔 1，塔分为几段。固体的粒状吸附剂在重力的作用下在塔内自上而下移动，其速度由卸料机构 2 调节。所用的吸附剂为活性很高的活性炭。需要分离的气体混合物经特殊的分配塔板 4 送入塔

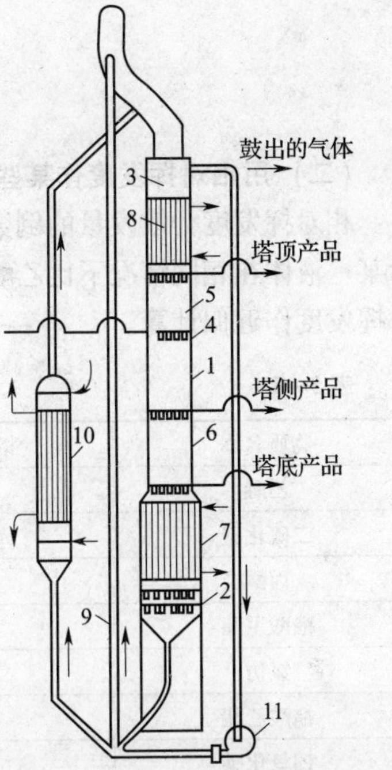

内，与吸附剂移动的方向相反，通过塔的吸附段5，其中易被吸附的物质为吸附剂所吸附；未被吸附的气体则经过冷却器8用水冷却，从塔顶作为产品被引出。

（三）流化床吸附

1．流化床吸附的优点

（1）吸附剂在吸附器中处于流态化，颗粒不断运动，没有"用过的"吸附层。

（2）由于吸附剂的剧烈运动，使得整个吸附层中温度分布比较均匀，避免了吸附剂局部过热燃烧的危险。

（3）吸附剂层对气流的阻力较小。

（4）吸附剂处于流态化，易于从一个设备输送至另一个设备。

2．流化床吸附的不足之处

（1）在流化床中，"用过的"和"未用过的"吸附剂混在一起，离开吸附剂的气流会与"用过的"吸附剂接触，因而可能引起解吸，对混合物的分离精度会产生不良的影响。

（2）吸附剂磨损大，要求具有较高的机械强度。

（3）吸附器壁的磨损较严重。

图5—14　用移动床方法连续
　　　　　分离气体混合物

1—气体分离塔　2—卸料机构　3—储料槽
4—分配塔板　5—吸附段　6—精馏段
7—解吸段　8—冷却段　9—气体提升管
10—管式活化器　11—鼓风机

三、有机溶剂的蒸发量计算

计算有机溶剂的蒸发量，即散发量，是计算吸附工作量以及吸附回收率的基础。但是目前尚无精确的计算公式。散发量可按以下方法计算。

（一）应用马札克（B. T. Mayok）推导的有害物质敞露存放时散发量的公式计算

$$G = \frac{(5.38 + 4.1W)p_{饱} F \sqrt{M}}{133.3} \tag{5—16}$$

式中　G——有机溶剂散发量，g/h；

W——车间内风速，m/s；

$p_{饱}$——有机溶剂在室温时的饱和蒸气压，Pa；

F——有机溶剂敞露面积，m^2；

M——有机溶剂分子量。

【例5—1】设有一盛苯容器，其敞露面积为 0.1 m^2，苯的温度接近于室温（为20℃），室内风速为 0.2 m/s，$p_{饱} = 9\ 904$ Pa，苯的分子量 $M = 78$，求苯的散发量。

解：

$$G = \frac{(5.38 + 4.1W)p_{饱} F \sqrt{M}}{133.3}$$

$$= \frac{(5.38 + 4.1 \times 0.2) \times 9\,904 \times 0.1 \times \sqrt{78}}{133.3}$$

$$= 407 \text{ g/h}$$

（二）用相对挥发度作某些可能的近似计算

相对挥发度为散发量的倒数。在表5—4中乙醚的相对挥发度被假定为1，表中数字表示某一液体在相同情况下比乙醚蒸发得慢多少倍。在使用马札克公式缺乏数据时，可借助相对挥发度作近似计算。

表5—4 一些有机液体的相对挥发度

物质名称	相对挥发度	物质名称	相对挥发度
乙醚	1.0	乙醇（94%）	8.3
二硫化碳	1.8	正丙醇	11.1
丙酮	2.1	醋酸异戊酯	13
醋酸甲酯	2.2	乙苯	13.5
氯仿	2.5	异丙醇	21
醋酸乙酯	2.9	异丁醇	24
四氯化碳	3.0	正丁醇	33
苯	3.0	乙二醇—甲醚	34.5
汽油	3.5	乙二醇—乙醚	43
三氯代乙烯	3.8	戊醇	62
二氯乙烷	4.1	十氢化萘	94
甲苯	6.1	乙二醇—正丁醚	163
醋酸正丙酯	6.1	1，2，3，4—四氢化萘	190
甲醇	6.3	乙二醇	2 625

【例5—2】 在上题的条件下，容器中装的是二硫化碳，求二硫化碳的散发量。

解： 已知上题中苯的散发量为407 g/h。

查表5—4，苯的相对挥发度 $\alpha_苯 = 3.0$，二硫化碳的相对挥发度 $\alpha_{二硫化碳} = 1.8$。

所以

$$\alpha_苯 = \frac{1}{G_苯} = 3.0, \quad \alpha_{二硫化碳} = \frac{1}{G_{二硫化碳}} = 1.8$$

即

$$\frac{G_苯}{G_{二硫化碳}} = \frac{1.8}{3.0}$$

$$G_{二硫化碳} = 407 \times \frac{3.0}{1.8} = 678 \text{ g/h}$$

（三）按实际的溶剂消耗量来计算

公式如下

$$G = \frac{aAmn}{100} \tag{5—17}$$

式中　a——每名工人的生产率，m^2/h；

A——油漆消耗量，g/m^2；

m——油漆中溶剂含量，%；

n——工人数。

四、间歇操作的吸附器的工艺计算

这一部分的内容主要围绕固定床吸附器的计算进行，包括吸附剂的用量、吸附的持续时间、吸附器的尺寸等。吸附持续时间是设计中的关键参数，这里介绍根据经验公式的近似计算方法。需要指出的是，吸附过程受很多因素影响，特别是吸附剂，随着操作周期的延长，吸附性能会发生很大变化，设计中采用的计算数据也会偏离以后的操作状况。因此，对运行中的吸附装置的重要工艺参数定期进行测定，对于提高运行水平是很重要的。

（一）吸附持续时间的计算

1. 希洛夫方程

当气体流过吸附剂高度为 L 的间歇式固定床吸附器时，吸附剂层逐段饱和，吸附质完全被吸附的一段吸附剂层高度 L_0 称为吸附剂的工作高度（或吸附带长度）。从吸附开始，到吸附器出口开始出现微量吸附质的这一段时间称为吸附层的保护作用时间（或穿透时间）。而吸附剂的动活性就是以开始"逸出"微量吸附质为标志的，这两者之间是相互关联的。

当达到穿透点时，吸附带以前的吸附剂层均已达到饱和，所以可以假定吸附过程符合朗格缪尔等温线的第三段，即平衡静活度 a 不再与气流浓度（或压力）有关，并假定吸附速度无穷大，所以在穿透时间 τ 内的吸附量为

$$X = aS(L - L_0)\rho_\text{堆} \tag{5—18}$$

另外

$$X = WSC_0\tau \tag{5—19}$$

式中　X——在时间 τ 内的吸附量，kg；

a——平衡静活度值，质量百分比；

S——吸附层的截面积，m^2；

L——吸附层高度，m；

$\rho_\text{堆}$——吸附剂松密度即堆积密度，kg/m^3；

L_0——吸附带长度，在吸附层中未被利用，也称为"死层"，m；

W——气流速度，m/s；

C_0——气流中吸附质的初始浓度，kg/m^3。

由式（5—18）和式（5—19）可得

$$aS(L - L_0)\rho_\text{堆} = WSC_0\tau$$

$$\tau = \frac{a\rho_\text{堆}}{WC_0}(L - L_0)$$

令 $\dfrac{a\rho_\text{堆}}{WC_0}L_0 = \tau_0$，则

$$\tau = \frac{a\rho_{堆}}{WC_0}L - \tau_0 \qquad (5-20)$$

式中 τ_0——保护作用时间损失。

令 $k = \frac{a\rho_{堆}}{WC_0}$，并称为吸附层的保护作用系数。则式（5—20）成为希洛夫方程式：

$$\tau = kL - \tau_0 \text{ 或 } \tau = k(L - L_0) \qquad (5-21)$$

由于吸附初始层的再吸附现象，"作用过"层的静活性和整个层的平均活性都随着层高度的增加而增加，因此，实际上"作用过"层的活性只有由于再吸附的结果才会趋近于平衡静活性值。静活性的增大引起保护作用系数 k 值增大，τ 与 L 的关系实际上也不是直线关系。虽然希洛夫方程式仅能近似地确定吸附层的保护作用时间，但因其简单方便，至今在计算中仍被广泛采用。

【例5—3】 设一活性炭吸附罐，活性炭装填高度为 1 m，活性炭对苯的平衡静活性值为 10%，堆积密度为 425 kg/m³，并假定其死层为 0.3 m，气流通过的速度为 0.2 m/s，含苯浓度为 2 000 mg/m³。求该吸附罐活性炭层对含苯空气的保护作用时间。

解： 保护作用系数

$$k = \frac{a\rho_{堆}}{WC_0} = \frac{0.1 \times 425}{0.2 \times \dfrac{2\,000}{1\,000 \times 1\,000}} = 106\,250 \text{ s/m}$$

保护作用时间 $\tau = k(L - L_0) = 106\,250 \times (1 - 0.3) = 74\,375 \text{ s} = 20.66 \text{ h}$

【例5—4】 由实测得知，含四氯化碳 15 g/m³ 的蒸气—空气混合气，以 5 m/min 的速度通过粒径为 3 mm 的活性炭层，吸附持续时间如下：

层高 $L_1 = 0.1$ m 时，$\tau_1 = 220$ min；

层高 $L_2 = 0.2$ m 时，$\tau_2 = 505$ min。

试求炭层的保护作用系数 k，保护作用时间损失 τ_0。

解：（1）计算求解

将实测数值代入希洛夫方程式，有

$$220 = k \times 0.1 - \tau_0$$
$$505 = k \times 0.2 - \tau_0$$

由此解得 $k = 2\,850$ min/m，$\tau_0 = 65$ min。

（2）作图求解

以两点 $L_1 = 0.1$ m 及 $\tau_1 = 220$ min，$L_2 = 0.2$ m 及 $\tau_2 = 505$ min，在 τ、L 坐标上作图得到一条直线，如图 5—15 所示，由图可以求出保护作用系数

$$k = \frac{220}{0.077} = 2\,857 \text{ min/m}$$

而 τ_0 值为直线在纵轴负方向的截距，由图 5—15

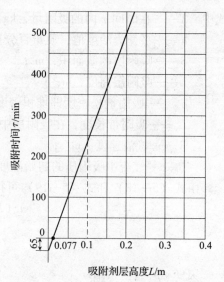

图 5—15 τ、L 坐标图

· 166 ·

查得

$$\tau_0 = 65 \ \mathrm{min}$$

2. 物料恒算求保护作用时间

吸附过程每次间歇操作的持续时间，还可以根据实测吸附层的平均吸附量，用物料平衡来确定。每次间歇操作被吸附的物质数量为

$$G = WS(C_0 - C_{残})\tau \qquad (5—22)$$

式中　W——按吸附层截面积计算的气流速度，$\mathrm{m/min}$；

　　　S——吸附层截面积，$\mathrm{m^2}$；

　　　C_0——气流的初始浓度，$\mathrm{kg/m^3}$；

　　　$C_{残}$——出吸附器后气流的残留浓度，$\mathrm{kg/m^3}$；

　　　τ——吸附持续时间，min。

另一方面，被吸附物质的量又可按下式确定

$$G = G_{剂}(A_{终} - A_{初}) \qquad (5—23)$$

式中　$G_{剂}$——吸附剂质量，kg；

　　　$A_{终}$——吸附终了时，吸附剂吸附的吸附质的百分数，即相当于吸附剂的平均活性值；

　　　$A_{初}$——解吸后在吸附剂中仍然存在的吸附质的百分数。

式（5—22）和式（5—23）联立，整理后得

$$\tau = \frac{G_{剂}(A_{终} - A_{初})}{WS(C_0 - C_{残})} \qquad (5—24)$$

【例5—5】在直径 $D = 1.4 \ \mathrm{m}$ 的立式吸附器中，装有堆积密度 $\rho_{堆} = 220 \ \mathrm{kg/m^3}$ 的活性炭，炭层高度 $L = 1.00 \ \mathrm{m}$，含苯蒸气的空气以 $W = 14 \ \mathrm{m/min}$ 的速度通过活性炭，苯蒸气的初始浓度 $C_0 = 39 \ \mathrm{g/m^3}$。设苯蒸气被活性炭完全吸附，炭层对苯的平均动活性为7%，解吸后苯对炭层的残留吸附量为0.8%。求每次间歇操作的吸附持续时间，以及每次处理的空气混合物的体积。

解：装炭质量

$$G_{剂} = \frac{\pi}{4}D^2 L \rho_{堆} = 0.785 \times 1.4^2 \times 1 \times 220 = 338 \ \mathrm{kg}$$

所以吸附持续时间

$$\tau = \frac{338 \times (0.07 - 0.008)}{14 \times \frac{\pi}{4} \times 1.4^2 \times (0.039 - 0)} = 25 \ \mathrm{min}$$

每次处理的空气量

$$V = \frac{\pi}{4}D^2 W\tau = 0.785 \times 1.4^2 \times 14 \times 25 = 538.5 \ \mathrm{m^3}$$

（二）用希洛夫公式进行吸附近似计算的设计程序

以上介绍了有关吸附的近似计算公式，这些公式往往可以完成吸附设计的大部分有关计算问题，可以满足一般应用。但如果有条件，通过实验或实测取得相似操作条件下的有关数据，将使设计计算工作更为可靠。特别是当对有些吸附剂与吸附质的相互关系及操作特性不

明了时，不可随意套用某些关系式或经验数据，最好是通过实验探明有关操作特性并获取有关数据。下面介绍用希洛夫方程进行吸附近似计算的设计程序。

1. 选定吸附剂和操作条件，如温度、压力、气体流速等。对于气体净化，空床流速一般取 $0.1 \sim 0.6$ m/s，可根据已给处理气量选定。

2. 根据净化要求，定出穿透点浓度。在载气速率 G_s 一定的情况下，选取不同的吸附剂床层高度 L_1，L_2，$\cdots$，L_n 做试验，可测得相应的穿透时间 τ_{B1}，τ_{B2}，$\cdots$，τ_{Bn}。

3. 以 L 为横坐标，τ_B 为纵坐标，标出各测定值，可得一直线（见图5—16）。则其斜率为 k，截距为 τ_0。

4. 根据生产中计划采取的脱附方法和脱附再生时间、能耗等因素确定操作周期，从而确定所要求的穿透时间 τ_0。

5. 用希洛夫公式计算所需吸附剂床层高度 L。若求出 L 太大，可分为 n 层布置或分为 n 个串联吸附床布置。为便于制造和操作，通常取各床层高度相等，串联床数 $n \leqslant 3$。

6. 由气体质量流量 G（kg/s）与气流速率求床层截面积 A（m²）

$$A = \frac{G}{G_s}(\text{m}^2)$$

若 A 太大，可分为 n 个并联的小床，则每个小床的截面积

$$A' = \frac{A}{n} \ (\text{m}^2)$$

由床层截面积 A 或 A' 可求出床层直径 D（圆柱形床）或边长 B（正方形床）。

7. 求所需吸附剂质量。每次吸附剂装填总质量 m 可由下式算出

$$m = AL\rho_{\text{堆}} = nA'L\rho_{\text{堆}}(\text{kg})$$

其中每个小床或每层吸附剂的质量

$$m' = A'L\rho_{\text{堆}}(\text{kg})$$

考虑到装填损失，每次新装吸附剂时需用吸附剂量为 $(1.05 \sim 1.2)$ m。

8. 核算压降 Δp。若 Δp 值超过允许范围，可采取增大 A 或减小 L 的办法使 Δp 值降低，Δp 值可用下式估算

$$\frac{\Delta p}{L} \cdot \frac{\varepsilon^3 d_p \rho_G}{(1-\varepsilon)G_s^2} = \frac{150(1-\varepsilon)}{Re_p} + 1.75 \tag{5—25}$$

式中　Δp——气流通过床层的压降，Pa；

ε——床层空隙率；

d_p——吸附剂颗粒平均直径，m；

ρ_G——气体密度，kg/m³；

Re_p——气体围绕吸附剂颗粒流动的雷诺数，$Re_p = d_p G_s / \mu_G$，μ_G 为气体黏度，单位为 Pa·s。

9. 设计吸附剂的支撑与固定装置、气流分布装置、吸附器壳体、各连接管口及进行脱附所需的附件等。

【例5—6】某厂产生含四氯化碳废气，气量 $Q = 1\,000$ m³/h，浓度为 $4 \sim 5$ g/m³，一般均

为白天操作，每天最多工作 8 h。拟采用吸附法净化，并回收四氯化碳，试设计需用的固定床吸附器。

解：（1）四氯化碳为有机溶剂，沸点为 76.8℃，微溶于水。可选用活性炭作为吸附剂进行吸附，采用水蒸气置换脱附，脱附气冷凝后沉降分离回收四氯化碳。根据市场供应情况，选用粒状活性炭作为吸附剂，其直径为 3 mm，堆积密度 300～600 kg/m³，空隙率为 0.33～0.43。

（2）选定在常温常压下进行吸附，维持进入吸附床的气体在 20℃ 以下，压力为 101 kPa。根据经验选取空床流速为 20 m/min。

（3）将穿透点浓度定为 50 mg/m³。以含四氯化碳 5 g/m³ 的气流在上述条件下进行动态吸附试验，测定不同床层高度下的穿透时间，得到以下试验数据：

床层高度 L/m	0.1	0.15	0.2	0.25	0.3	0.35
穿透时间 τ_B/min	109	231	310	462	550	651

（4）以 L 为横坐标，τ_B 为纵坐标将实验数据标出，连接各点得一直线（见图 5—16）。直线的斜率为 k，在纵轴上的截距为 τ_0。

由图 5—16，图解得到

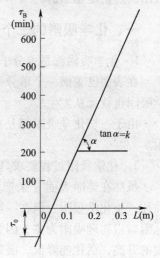

$$k = \frac{650 - 200}{0.35 - 0.14} = 2\ 143 \ \text{min/m}$$

$$\tau_0 = 95 \ \text{min}$$

（5）根据该厂生产情况，考虑每周脱附一次，床层每周吸附 6 天，每天按 8 h 计，累计吸附时间为 48 h。得到床层高度

$$L = \frac{\tau + \tau_0}{k} = \frac{48 \times 60 + 95}{2\ 143} = 1.388 \ \text{m}$$

取 $L = 1.4$ m。

（6）采用立式圆柱床进行吸附，其直径为

$$D = \sqrt{\frac{4Q}{\pi W}} = \sqrt{\frac{4 \times 1\ 000}{\pi \times 20 \times 60}} = 1.03 \ \text{m}$$

取 $D = 1.0$ m。

图 5—16　希洛夫线

（7）所需吸附剂质量

$$m = AL\rho_{堆} = \frac{\pi}{4} \times 1.0^2 \times 1.4 \times \frac{300 + 600}{2} = 494.8 \ \text{kg}$$

$$m_{max} = \frac{\pi}{4} \times 1.0^2 \times 1.4 \times 600 = 659.7 \ \text{kg}$$

考虑到装填损失，取损失率为 10%，则每次新装吸附剂时需准备活性炭 545～726 kg。

（8）核算压降。已知 $L = 1.4$ m，空隙率 ε 取平均值为 0.38，$d_p = 3$ mm $= 0.003$ m，查得 20℃、101 kPa 下空气密度为 1.2 kg/m³，则

$$G_s = \frac{1\ 000}{3\ 600} \times 1.2 / \left(\frac{\pi}{4} \times 1^2 \right) = 0.424 \ \text{kg/(m}^2 \cdot \text{s)}$$

查得20℃时干空气的黏度 $\mu_G = 1.81 \times 10^{-5}$ Pa·s，则

$$Re_p = \frac{d_p G_s}{\mu_G} = \frac{0.003 \times 0.424}{1.81 \times 10^{-5}} = 70.3$$

$$\Delta p = \left[\frac{150 \times (1 - \varepsilon)}{Re_p} + 1.75 \right] \times \frac{(1 - \varepsilon) G_s^2}{\varepsilon^3 d_p \rho_G} \times L$$

$$= \left[\frac{150 \times (1 - 0.38)}{70.3} + 1.75 \right] \times \frac{(1 - 0.38) \times 0.424^2}{0.38^3 \times 0.003 \times 1.2} \times 1.4$$

$$= 2\,427 \text{ Pa}$$

此压降可以接受，不必再对吸附器床高做调整。

（9）设计吸附器壳体及附属装置（略）。

第五节　化学吸附

在化学吸附中，吸附质分子被吸附剂原子的剩余价键力固着在表面上，这种力和分子中束缚原子的力有着相同的性质。这些力的强度大大超过范德华引力，放出的热量与化学反应放出的热量是相当的。

一、化学吸附的三个特点

1. 化学吸附都是单分子层吸附。

在表面已盖满一个单分子层的吸附质分子后，这个表面实际上已经饱和，再多一点的化学吸附也就无从发生。

由于一切化学吸附都是单分子层吸附，因此，朗格缪尔的理想吸附模型适用于化学吸附。

2. 化学吸附过程要求具有足够的活化能，因此有时过程可能十分缓慢。

虽然在纯净表面（未产生氧化物或其他类似化合物的表面）吸附第一部分吸附质时，往往产生化学吸附，但在一般情况下，特别是表面附有氧化物时，活化能是比较高的。因此低温时以物理吸附为主，因为它需要很少的活化能。而在高温时，以化学吸附为主，随着温度的升高，活化能降低，吸附速率增加，因此吸附总量也会增加。在化学吸附中，有的类型需要较高的活化能，从而在所考察的温度下，吸附速率较慢，通常被称为活化吸附。

3. 化学吸附在不同的表面位置常常有迥然不同的吸附能力。

吸附剂表面原子通常表现出不同的吸附力，对于这种表面不均匀性，最初的意见是，吸附作用首先发生在处于表面的尖峰上的原子及晶体边缘的原子上，并认为这些位置上的原子比平面上的原子要活泼一些，形成了某些活化中心。这种活化中心学说在近年来的研究中又得到新的补充，现在的活化中心学说认为：虽然处于某些位置的原子活性大一些，但活化中心主要是由于某些类型的晶格缺陷而形成的；并且活化中心在表面上的位置并不固定，而是随着激发电子在晶格中的移动而移动；活化中心是不断地生成和消亡的。

二、化学吸附发生的反应及其在气体净化方面的应用

（一）吸附剂在许多情况下可导致催化反应的发生

1. 分解反应

如活性炭可导致过氧化物、臭氧、肼的分解，异丙苯在裂化剂表面进行高温吸附时分解为苯和丙烯等。

2. 转化反应

如在用酸浸渍过的活性炭上胺、氨、腐胺发生转化，在用碱浸渍过的活性炭上盐酸、二氧化硫等可发生转化，氢氰化物、氨、光气则在浸渍铜盐的活性炭上发生转化反应等。

3. 水解反应

在水汽存在时，活性炭可水解剧毒的光气和硫酸二甲酯，并使它们变为无毒。

4. 氧化反应

如硫醇在碱浸渍过的活性炭上可氧化为二硫化物，由于分子量变大，从而可被吸附。

5. 聚合反应

某些气体中常含有可聚合的化合物，如苯乙烯、氯乙烯、酚和甲醛等，这些化合物是容易被吸附的，在有水汽存在的情况下，会在活性炭表面发生聚合反应，聚合物的产生将覆盖孔隙，使活性炭等吸附剂的吸附作用急剧下降。

（二）吸附与化学反应相结合将提高吸附效率

在吸附剂表面浸渍某些特定的盐类，可以使污染物质在吸附剂表面发生化学反应，再除去反应生成物，一者可提高吸附效率，二者也缩短了处理时间。如许多常见的化合物氨、硫醇、光气、乙烯、盐酸、硫化氢、汞、氰氢酸、胺等，使用单纯的吸附作用（一般情况下多为物理吸附）只能消除一小部分，而且一般情况下吸附的活性值很低。但是，如果活性炭用某种有机物或无机盐（通过实验确定）浸渍，则可大大提高分离污染物的效果。浸渍常用的物质为铜、锌、银、铬、钴、锰、钒、钼的化合物或它们的混合物，浸渍卤族元素对汞蒸气的吸附也有显著的效果，碱和酸的浸渍也是有作用的。

浸渍物有时起化学作用，有时起催化作用。浸渍物在起催化作用时，一般不需要经常补充浸渍物。而当浸渍物起化学作用时，浸渍物的消耗量完全符合化学计算当量，因此每次再生后均需要重新进行浸渍。

1. 浸渍物的催化作用

在单纯吸附作用下，活性炭对硫化氢的负荷只能达到1%（质量分数），而用浸渍过的活性炭，负荷可高达100%（质量分数）以上。

粘胶丝厂的废气中含有硫化氢和二硫化碳。最初的处理过程是先用洗涤法除去硫化氢，然后用活性炭吸附二硫化碳。但洗涤操作存在废水处理问题。另外，要想回收的硫具有一定的纯度，还必须经过熔化、萃取、蒸馏、结晶等步骤。在后来发展的一种方法中，将分离硫化氢和回收二硫化碳集中在一个单元操作中，简化了操作，提高了经济效益。

该方法的原理是利用碘浸渍的大孔活性炭先催化分解硫化氢，然后吸附单体硫。其反应式如下：

$$H_2S + \frac{1}{2}O_2 \longrightarrow H_2O + S$$

对二硫化碳进行物理吸附，要用细孔活性炭。因此，在一个吸附床中分层装上这两种活性炭。

在上述条件下，用二硫化碳从活性炭上萃取硫是没有困难的。催化剂碘的消耗量很低，二硫化碳萃取至少 10 次以上，活性炭才需重新浸渍催化剂。

2. 浸渍物的化学作用

多数浸渍物在吸附剂的表面上与吸附质起化学反应，使吸附质转化为易于吸附的生成物。并且浸渍物的消耗量符合化学计算当量。

如乙烯在常温下，由于它分子量小、沸点低，因此难以吸附。但是用溴处理过的活性炭可将乙烯转变为容易吸附的 1，2 - 二溴甲烷。特别应该指出的是，我国创造了用氯气处理过的活性炭吸附汞蒸气的方法。

国外资料是用软锰矿法清除汞蒸气。活性氧化锰（MnO_2）具有吸附汞蒸气的特点，所生成的 $Hg \cdot MnO_2$ 在 420℃ 以下是稳定的。软锰矿吸附剂层高为 150～850 mm，气流速度不超过 0.25 m/s 时，据说净化效率可达 97%～100%。我国推荐使用的经氯处理过的活性炭在吸附汞蒸气时，是与氯反应生成易被吸附的氯化汞（$HgCl_2$）。该方法的实验结果列于表 5—5 中。表中以 $CuSO_4 \cdot 5H_2O$ 和 KI 溶液浸渍过的活性炭的防护性能最好，但成本偏高，故用于防汞蒸气的面具、口罩的滤毒罐中。而氯气处理的活性炭成本较低，处理也方便，防护性能和工艺条件均优于软锰矿法。实验资料表明，活性炭吸附 Cl_2 量为 8.43%～10.98%（质量分数）。在汞蒸气浓度为 0.075 mg/L 的情况下，活性炭颗粒的平均静活性值可达 17.2～46.9 kg/m^3 活性炭，防护作用时间可达 4 677～9 377 min。

表 5—5 各种吸附剂防护性能的比较

吸附剂名称	试样体积/L	试样质量/g	汞浓度/mg·L^{-1}	防护时间/min
$CuSO_4 \cdot 5H_2O$ 和 KI 溶液浸渍的活性炭	30	20.6	0.099	9 863
Cl_2 处理的活性炭	30	15.8	0.099	6 369
I_2 处理的活性炭	30	15.7	0.099	5 421
多硫化钠溶液浸渍的活性炭	30	16.8	0.099	3 310
软锰矿	30	51.9	0.099	460
$Na_2S \cdot 9H_2O$ 溶液浸渍的活性炭	30	16.8	0.099	22

注：通过吸附层断面的风速为 0.5 m/s，流量为 4 L/min。防护时间即保护作用时间。

实践证明，用氯气处理的活性炭吸附效果可达 99.9% 以上。

第六节 吸附剂再生

吸附剂在吸附饱和后，需要采用某种方法进行解吸，才能恢复其吸附性能。使吸附剂重复使用的方法称为再生。除对于用量很小而又难以再生的吸附剂可以不考虑再生外，在一般情况下都应考虑吸附剂的再生，否则吸附技术在经济上是不可行的。吸附剂再生的质量主要从两方面来衡量：一是经多次再生后吸附效果应能保持或接近原来的水平；二是再生过程中不应有过多的损耗。目前，吸附剂的再生技术主要有吹脱法、热力法、化学法和生物法等几种。

热力法再生是现阶段唯一普遍使用的方法。热力法再生过程的明显优点是：它是一个一般的过程，适用于所有的再生；可以使几乎所有的吸附质进行脱附，如果需要的话，还可靠燃烧将污染物转变为二氧化碳和水分。然而它对卤族元素化合物有引起二次污染的可能。热力法再生的缺点是：消耗能量较大，吸附剂在再生过程中的损失较大。

化学再生法和生物再生法虽然弥补了热力再生法的缺点，但在使用的广泛性方面尚不如热力再生法，还有待于进一步探索和完善。

在吸附剂的表面上有的是覆盖多层吸附质分子的物理吸附，其作用力是较弱的范德华力，其分子的吸附在原则上讲可以改变位置。而进行单层覆盖的化学吸附，分子作用力是化合价键力，这种键黏合的分子则不易改变位置。

要从表面除去吸附物的方法有两种：一种是对吸附质分子施加一种力，使其与吸附剂分开，这种力必须比吸附作用力更强；另一种是引入某种物质，而这种物质的分子可以减弱或者完全抵消吸附引力。

一、蒸气、烟道气或惰性气吹脱法再生

对于大多数的吸附力可以看成为各个参与吸附作用的原子力的净和，所以吸附力是分子量的函数。吸附质的摩尔体积越小，即分子越小，沸点越低，吸附力就越小，从而更利于解吸。

对于难以回收或无回收价值的污染物，则可以采用在150℃左右用烟道气解吸，通过热力燃烧或催化燃烧的办法加以净化。此时吸附床相当于一个浓缩器，它将长时间内的微量污染物集中起来，变成短时间内高浓度污染物而放出焚化。在这种流程中也可以使用催化燃烧，必要时也可以增设二次吸附器。

二、热力再生法

热力再生是利用高温使吸附质分子振动，产生足以克服吸附引力的力，从而离开吸附剂表面进入气相。热力再生是在专门的再生炉中进行的。在高温作用下，各种有机吸附质被氧化，最后生成各种气体，如二氧化碳、一氧化碳、氢、水蒸气及氮的氧化物等从炉中排出。

热力再生可分为以下三个过程。

1. 干燥

炉中温度为100~110℃，将吸附剂毛细管中吸附的水分脱去。有的吸附剂含水量高达50%，因此干燥过程耗热量较大。

2. 氧化

当温度上升到700℃左右时，吸附剂表面的吸附质开始氧化为二氧化碳和水蒸气等组分。

3. 活化

当温度为 700~900℃时，水蒸气将残留在吸附剂表面上的残炭氧化为一氧化碳，使吸附剂获得良好的活性。

这三个过程一般都是在同一座再生炉中完成。考虑到吸附剂（如活性炭）在高温下的氧化作用，因此再生炉炉内气体的含氧量一般控制在1%以下，通入炉内的蒸气与吸附剂之比一般在1:1左右。

三、其他再生方法

化学再生也是应用前面曾提到的两种方法，只有一个条件，即只能使用中等程度的热量。根据第一种方法产生的化学再生法有吸附物离子法、改变水溶性的化学作用、变换溶剂而改变水溶性。根据第二种方法产生的化学再生法是用强氧化剂进行完全或部分氧化。

其他再生方法的研究在国外比较多，其中以微生物再生法最受人们的关注。微生物再生法的原理是筛分和驯化特殊的嗜氧细菌，利用它的胞外酶降解或氧化有机吸附质，使之转化为小分子或二氧化碳和水，用以达到再生的目的。生物再生法简单易行，运行费用低。但生物再生法有很大的局限性，对微生物有毒的化合物无法进行再生。另外，大分子转化为小分子的化合物有可能被吸附剂再吸附，从而使再生受到限制。微生物再生法在一些特定场合已取得了很好的使用效果，扩大使用还有待于进一步的研究。

第六章　有害蒸气的冷凝回收

冷凝回收只适用于蒸气状态的有害物质，多用于从空气中回收有机溶剂蒸气。冷凝法本身可以达到很高的净化程度，但净化要求越高所需冷却温度越低，冷凝操作的费用也就越高。因此，只有当空气中所含蒸气浓度比较高时，冷凝回收才比较经济。而对于一般冷却水的温度来说，冷凝净化的程度是有一定限制的。

冷凝回收的优点是所需设备和操作条件比较简单，而回收的物质比较纯净，因而冷凝回收往往用于吸附、燃烧等净化技术的前处理，以减轻这些设施的负荷。冷凝操作还可以预先除去影响操作、腐蚀设备的有害组分，或预先回收可以利用的纯物质。需要指出的是，在净化工艺中单独使用冷凝方法是不易达到工业卫生要求的。

第一节　冷凝原理

一、饱和蒸气压与温度的关系

冷凝回收的方法，就是将空气中的蒸气冷却凝结成液体并加以回收利用。从空气中冷凝蒸气的方法，可以是移去热量即冷却，也可以是增加压力使蒸气在压缩时凝结。而在空气净化方面，压缩的方法未见实用，通常只用冷却的方法。以冷却的方法使空气中的蒸气凝成液体，其极限就是冷却温度下的饱和蒸气压。图 6—1 所示为某些有机液体的饱和蒸气压与温度的关系曲线。此外，某些有机溶剂的饱和蒸气压也可以按下式计算

$$p_{饱} = 133.3 \times 10^{\left(\frac{-0.052\,23A}{T}+B\right)} \tag{6—1}$$

式中　$p_{饱}$——热力学温度为 T 时的饱和蒸气压，Pa；

T——有机液体的热力学温度，K；

A、B——常数，见表 6—1。

【例 6—1】 求苯、甲苯和二硫化碳在室温 20℃时的饱和蒸气压。

解： 从表 6—1 中查 A、B 值后按式（6—1）计算。

查得苯 $A = 34\,172$，$B = 7.962$。

$$p_{饱} = 133.3 \times 10^{\left(\frac{-0.052\,23 \times 34\,172}{273+20}+7.962\right)}$$
$$= 133.3 \times 10^{1.871} = 9\,904 \text{ Pa}$$

查得甲苯 $A = 39\,198$，$B = 8.330$。

$$p_{饱} = 133.3 \times 10^{\left(\frac{-0.052\,23 \times 39\,198}{273+20}+8.330\right)}$$
$$= 133.3 \times 10^{1.343} = 2\,937 \text{ Pa}$$

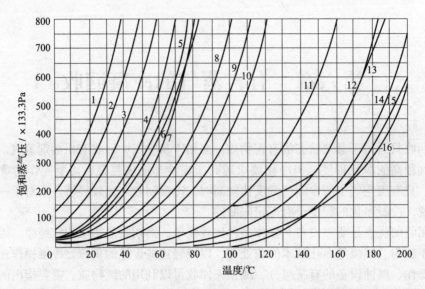

图6—1　部分有机溶剂（没有与水混合）的饱和蒸气压与温度的关系

1—乙醚　2—二硫化碳　3—丙酮　4—甲醇　5—四氯化碳　6—苯　7—乙醇　8—甲酸　9—甲苯

10—醋酸　11—松节油　12—酚　13—苯胺　14—硝基苯　15—甲酚　16—硝基甲苯

表6—1　　　　　　　　　　　　一些常见有机溶剂的 A、B 值

物质名称	分子式	A	B
苯	C_6H_6	34 172	7.962
甲烷	CH_4	8 516	6.863
甲醇	CH_3OH	38 324	8.802
醋酸甲酯	CH_3COOCH_3	46 150	8.715
四氯化碳	CCl_4	33 914	8.004
甲苯	$C_6H_5CH_3$	39 198	8.330
醋酸乙酯	$CH_3COOC_2H_5$	51 103	9.010
乙醇	C_2H_5OH	23 025	7.720
乙醚	$C_2H_5OC_2H_5$	46 774	9.163

对二硫化碳，查图6—1，20℃时 $p_饱$ 为 39 990 Pa。

二、冷凝的极限与适用范围

如果已知空气中某种有机蒸气的分压（蒸气压），对应于此分压数值为饱和蒸气压下的温度即为该混合气体的露点温度。例如，空气中二硫化碳蒸气分压为 79 980 Pa 时，查图6—1 中的曲线2，可知其露点温度为40℃。对于这样的混合气体，只有将它冷却到露点温度以下，才能将蒸气冷凝出来。然而，空气中能够凝结出来的有机蒸气，只是高于冷却温度下饱和蒸气压的那一部分，而对应于冷却温度下为饱和蒸气压的有机蒸气仍然留在气相中不能凝结出来，这就是前面所提到的，冷凝净化程度以冷却温度下的饱和蒸气压为极限。

如果已知混合气体在温度 t 时所含蒸气的分压，则空气中该蒸气的浓度可按下式计算

$$C = \frac{0.12\ Mp}{273 + t} \tag{6—2}$$

式中　C——空气中有害蒸气的浓度，g/m^3；

$\quad\quad\ p$——空气中有害蒸气的分压，Pa；

$\quad\quad\ t$——混合气体的温度，℃；

$\quad\quad M$——蒸气的摩尔质量，g/mol。

【例 6—2】 按例 6—1 的条件，试计算苯、甲苯和二硫化碳在 20℃ 时为饱和蒸气压的浓度。

解： 按式（6—2）计算，三种物质的分子量为：$M_{苯}=78$、$M_{甲苯}=92$、$M_{二硫化碳}=76$，而 20℃ 的饱和蒸气压由例 6—1 得到，由此

$$C_{苯} = \frac{0.12 \times 78 \times 9\ 904}{273 + 20} = 316\ g/m^3$$

$$C_{甲苯} = \frac{0.12 \times 92 \times 2\ 937}{273 + 20} = 110.7\ g/m^3$$

$$C_{二硫化碳} = \frac{0.12 \times 76 \times 39\ 990}{273 + 20} = 1\ 245\ g/m^3$$

这就是说，将空气与有害蒸气的混合物冷却至 20℃ 时，空气中还有苯 316 g/m^3，或者甲苯 110.7 g/m^3，或者二硫化碳 1 245 g/m^3 凝结不出来，除不掉。这些数据表明，以冷凝法将废气冷却到 20℃，不仅距工业卫生标准的要求太远，而且也是达不到废气排放标准的。按照废气排放标准，如果以 120 m 高的烟囱排放二硫化碳，容许排放量为 110 kg/h，而冷却到 20℃ 的空气中仍有二硫化碳 1 245 g/m^3，在此条件下容许排放的废气量为 $\frac{110 \times 1\ 000}{1\ 245} = 88.4$ m^3/h。可见，如果冷却到 20℃，即使 120 m 高的烟囱也只能排放 88.4 m^3/h 的废气，这距排放要求还是很远的。这就是冷凝回收法一般只能作为高浓度废气的前处理，而不作为最后净化措施的原因所在。需要指出的是，如果废气浓度很低，在冷却温度下有害蒸气的蒸气压并未达到饱和程度，则冷凝净化技术是根本无效的。

由上述可见，冷凝回收技术的关键是冷却温度，冷却温度越低，净化程度就越高。为了强化冷却，可以使用水、冷冻混合物、固体二氧化碳（干冰）及其他制冷方法。加冰冷却水的温度不能低于 0℃，浓度为 20% 的盐水温度可达到 −15℃ 左右。通常使用自来水作为冷却剂，依季节不同水温在 4~25℃ 范围内变化，而地下水平均水温为 8~15℃。有资料介绍，将液氮（液氮的温度为 −196℃）用于工业气体（产品气）的净化具有极好的净化作用，但是一般的工艺装备无法承受这样低的工作温度。

冷凝回收还适用于处理含有大量水蒸气的高湿废气，在这种情况下，废气中部分有机物质或其他有害组分可以溶解在冷凝液体中。冷凝液以及冷却水可以起洗涤气体的作用，特别是由于大量水蒸气的凝结，大大减少了气体流量，这对于下一步的燃烧、吸附、袋滤或高烟囱排放等净化措施，都是十分有利的。例如，有的人造纤维厂对于纺丝工序散放的含有大量

水蒸气及CS_2、H_2S 的废气，就是直接用水冷却后经烟囱排放的。

用于冷凝回收的冷却方法可分为直接冷却法和间接冷却法两种。直接冷却法使用的是接触冷凝器；间接冷却法则使用表面冷凝器，通常是间壁式换热器。

第二节 冷 凝 装 置

在冷凝操作中所使用的设备称为冷凝器。按照流体流动方式的不同，冷凝器分为直接接触式冷凝器和间壁式冷凝器两大类，下面分别加以介绍。

一、直接接触式冷凝器

在这类冷凝器中，冷热两流体是以直接混合的方式进行热量交换的。这对于工艺上允许两种流体可以混合的情况，是较为方便有效的，所用设备也比较简单，安装、操作均很方便，常用于气体的冷却或含大量水蒸气的高湿度废气的冷凝。在直接接触式冷凝器操作中，多以冷水为冷却剂，凝结的液体或溶解在水中，或形成与水不相溶的液体，前者凝液被水稀释，而后者则可以设置分离器加以回收。直接接触式冷凝器操作用水量大，一般用于有害物质不必回收，或冷却水中有害物质不需专门处理即可排放的场合。

（一）设备类型

直接接触式冷凝器类型较多，依结构不同可分为填料式、喷淋式、泡沫冷却式、文丘里冷却器等，图6—2所示为部分直接接触式冷凝器示意图。

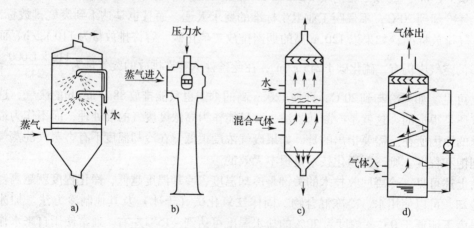

图6—2 直接接触式冷凝器示意图

a）喷淋式 b）喷射式 c）泡沫冷却式 d）网膜式

（二）直接接触式冷凝器的传热及计算原理

在直接接触式冷凝器中，混合气体的显热是靠传导和对流来传递的。而混合气体中蒸气冷凝潜热的传递是和传质同时进行的，是借扩散和对流来传递热量的。

直接接触式冷凝器的有关热计算可以用简单的热量衡算来解决，即假设冷凝过程中蒸气冷凝放出的潜热和冷凝液进一步冷却放出的显热完全由冷却水吸收，从而计算出冷却水的需要量。而管道、设备等的有关尺寸应按最大的液体流量（冷却水量及凝液量）来确定。

二、间壁式换热器

间壁式换热器的特点是冷热两流体间由传热壁面隔开，以使两种流体不相混合而完成热量传递。当换热器用于冷凝操作时，则称为冷凝器。间壁式换热器种类较多，结构较简单的有夹套式、沉浸蛇管式、喷淋蛇管式、套管式等。间壁式换热器中尤以列管式换热器的应用最普遍，它又称为管壳式换热器，其最突出的特点是单位体积设备所能提供的传热面积大、传热效果好、结构坚固、适应性强、操作弹性大。

列管式换热器主要由壳体、管束、管板和顶盖（又称封头）等部件组成，如图6—3所示。管束安装在壳体内，两端固定在管板上，顶盖用螺栓与壳体两端的法兰相连。换热时，一种流体由顶盖的进口接管引入，通过平行管束的管内从另一端顶盖出口接管流出，称为管程。另一流体则由壳体的接管进入，从壳体与管束间的空隙处流过，而由另一接管流出，称为壳程。管束的表面积即为传热面积。

根据结构不同，列管式换热器主要有以下几种。

（一）固定管板式换热器

当冷热两流体温差不大时，常采用固定管板式换热器，如图6—4所示。这种换热器结构简单，制造成本低，但壳程不易清洗或检修。当冷热流体温差稍大时，壳体上设有补偿圈以消除热应力。

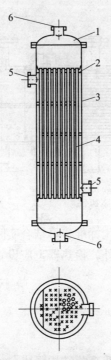

图6—3　单程列管式换热器
1—顶盖　2—管板（花板）　3—壳体　4—管束　5，6—接管

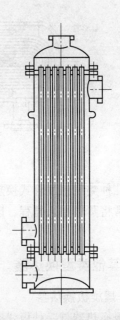

图6—4　固定管板式换热器

（二）浮头式换热器

这种换热器中的管板有一端不与壳体相连，可以沿臂长方向自由浮动，故称为浮头。当壳体和管束的温差较大而热膨胀不同时，管束连同浮头便可以在壳体内自由伸缩以解决热膨胀问题。浮头式换热器便于清洗和检修，故应用较多，但其结构复杂，造价也较高。图6—5所示为一双管程浮头式换热器结构示意图。

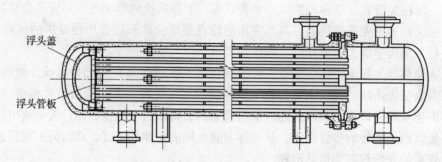

图6—5　双管程浮头式换热器结构示意图

（三）U形管式换热器

U形管式换热器如图6—6所示，将其中的管子都弯成U形，进出口分别安装在同一花板的两侧，且封头被隔板隔成两室。这样的结构允许每根管子自由伸缩，而且与其他管子和外壳无关。从结构上看，这种换热器比浮头式换热器要简单些，适用于高温条件，但管程不易清洗。

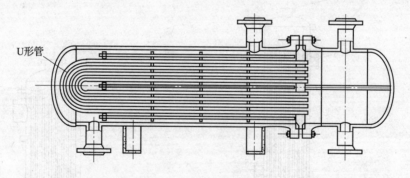

图6—6　U形管式换热器

以上几种类型的列管式换热器，我国已有系列化标准，可结合实际情况选用。在冷凝操作中，通常将蒸气通入壳程，以便排出冷凝液。此外，换热器上应设置排除不凝气体的排气阀。

三、其他类型换热器

（一）螺旋板换热器

螺旋板换热器是一种板式换热器，具有传热系数高、结构紧凑、加工简单等特点。螺旋板换热器由两张平行的薄钢板卷制而成，构成一对互相隔开的螺旋形通道。冷热两流体以螺旋板为传热面分开流动，两板间焊有定距撑以维持流道间距并增强螺旋板的刚度。换热器的中心设中心隔板，以使两个螺旋通道分开。在换热器的顶部和底部分别焊有盖板或封头，以及两种流体的进出口接管。螺旋板换热器结构如图6—7所示，通常有一对进、出口设在圆周边上，而另一对设在圆鼓的轴心上。螺旋板换热器的直径一般在1.5 m以内，板宽200~1 200 mm，板厚2~4 mm，两板间的距离为5~25 mm，常用碳钢或不锈钢制作。

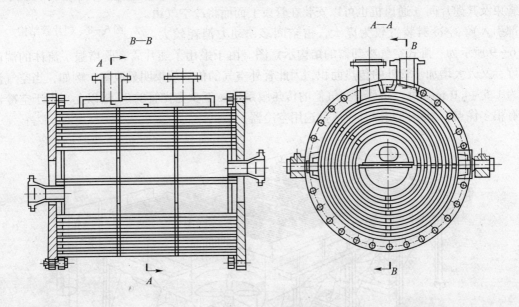

图6—7　螺旋板换热器

1. 优点

螺旋板换热器的优点如下。

（1）传热系数高。流体在螺旋流道内运动时，受到离心力的影响及定距撑的干扰作用，可在较低雷诺数下产生湍流（$Re = 1\ 400 ~ 1\ 800$），允许流速可达2 m/s，所以传热系数较高。在水对水的换热中，传热系数可达2 000 ~ 3 000 W/（$m^2 \cdot \text{℃}$）。

（2）不易堵塞。由于流体流速高，当其在螺旋形流道中流过时起冲刷作用，故流体中的悬浮物不易沉积。

（3）螺旋板换热器结构紧凑、制作简便，单位体积的传热面积约为管壳式的3倍。由于流道长，可用于完全逆流换热，便于控制温度及进行低温差换热。

2. 缺点

螺旋板换热器的主要缺点如下。

（1）操作压力和温度不能太高。

（2）不易检修。

（3）流体阻力大，在同样的物料和流速条件下，比直管大2~3倍。

（二）空气冷却器

空气冷却器又称为空冷器，它以空气为冷却剂来冷却热流体，适用于水资源短缺的地区，并避免了水污染问题，目前在石油化工等行业得到了广泛应用。空冷器主要由翅片管束构成，管材多为碳钢，外部设有翅片。翅片多为铝制，以缠绕或镶嵌的方式固定在管子上。翅片管结构如图6—8所示。

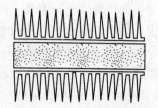

图6—8　翅片管结构

操作时，冷空气由安装在管束排下面的轴流式通风机向上吹过管束及其翅片间（通风机也可以安装在管束上面而将冷空气由下部引入）。空冷器装置较为庞大，占空间多，动力消耗较大。图6—9所示为一卧式空气冷却器的结构示意图。由于采用了翅片管，既增强了流体的湍流程度，又大大增加了管外的传热面积，因此管外空气的传热效果明显改善。例如，当空气流速为1.5～4.0 m/s时，翅片管空气侧的传热膜系数 α 至少为光管的20倍以上。由于空冷器具有很多优点，当条件允许时应尽量选用空冷器。

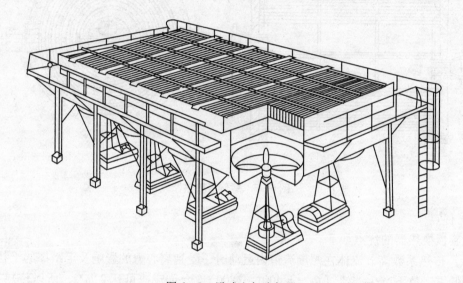

图6—9　卧式空气冷却器

第三节　蒸气冷凝的传热计算

蒸气冷凝是比较复杂的传热学问题，关键是计算冷凝的传热膜系数，本节重点讨论此问题，且以管壳式冷凝器为主。当饱和蒸气与低于露点温度的壁面接触时，会放出潜热而凝结为液体。若凝液在壁面上形成一层很薄的膜并向下流动，则称为膜状冷凝。若壁面被油类或脂类物质污染，或凝液与壁面之间的表面张力极小，在此情况下管壁不能被润湿，凝液呈滴状，称为滴状冷凝，冷凝过程中液滴不断增大并沿管壁滴落下来。滴状冷凝的膜系数为膜状冷凝的几倍到十几倍，原因是气体与管壁直接接触，中间没有比管壁导热系数小很多倍的液膜存在，传热阻力小，传热效果好。工业上所遇到的多为膜状冷凝，下面讨论膜状冷凝的情况。

一、蒸气冷凝膜系数的理论式

对于影响蒸气冷凝膜系数的主要因素，通常表示为下面的函数关系。

$$\alpha = f(\lambda, l, \rho, g, C_p, r, \Delta t, \mu, \cdots)$$

式中　　α——冷凝膜系数，W/（m^2·℃）；

λ——凝液的导热系数，W/（m^2·℃）；

l——管壁的几何尺寸，m，对于垂直面取壁的高度，对于水平管取外径 d_0；

ρ——凝液的密度，kg/m^3；

g——重力加速度，m/s^2；

C_p——凝液的比定压热容，kJ/（kg·℃）；

r——蒸气在冷凝温度下的潜热，kJ/kg；

Δt——蒸气冷凝温度与壁面温度之差，℃；

μ——凝液的黏度，Pa·s。

应用上述关系，可以得到计算冷凝膜系数的关系式。

二、蒸气冷凝膜系数的理论关系式

当蒸气在垂直板（或管）壁面上冷凝时，其状况如图6—10所示。

假定冷凝过程中，冷凝液的密度、导热系数和黏度可视为常数，而冷凝液膜沿垂直壁面向下呈滞流流动，蒸气对液膜不产生任何摩擦力，则蒸气冷凝时放出的热量必然等于以导热方式通过冷凝液膜的热量。假定液膜和壁面接触处的温度等于壁温 t_w，液膜和蒸气接触处的温度和蒸气温度 t_s 相同，而跨过液层的温度差 $\Delta t = t_s - t_w$，且假定此温度差为一定值。若垂直壁的总高度为 L，则平均膜系数为

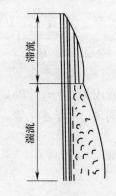

图6—10　蒸气在垂直板（或管）上冷凝

$$\alpha = 0.943\left(\frac{r\rho^2 g\lambda^3}{\mu L\Delta t}\right)^{\frac{1}{4}} \tag{6—3}$$

式中，蒸气冷凝的潜热 r 取饱和温度 t_s 下的数值，其余物性均取液膜平均温度 $t_m = \frac{1}{2}(t_s + t_w)$ 下的数值。

对于与水平方向夹角为 ϕ 的料壁，蒸气冷凝时的膜系数为

$$\alpha = 0.943\left(\frac{r\rho^2 g\lambda^3\sin\phi}{\mu L\Delta t}\right)^{\frac{1}{4}} \tag{6—4}$$

当蒸气在单根水平管外冷凝时，膜系数为

$$\alpha = 0.72\left(\frac{r\rho^2 g\lambda^3}{\mu d_0\Delta t}\right)^{\frac{1}{4}} \tag{6—5}$$

式中，特性尺寸 l 用管外径 d_0 代替。

蒸气冷凝时膜系数的计算式也可以整理为准数式。若冷凝液流过的自由截面积用 S（m^2）表示，润湿周边用 b（m）表示，W 为冷凝液的质量流量（kg/h），单位长度润湿周边冷凝液的质量流量称冷凝负荷，用 M 表示，$M = W/b$，则

$$Re = \frac{(4S/b)(W/S)}{\mu} = \frac{4W/b}{\mu} = \frac{4M}{\mu}$$

对垂直管或垂直板

$$\alpha = \frac{Q}{A\Delta t} = \frac{Wr}{bL\Delta t} = \frac{Mr}{L\Delta t} \tag{6—6}$$

式中　b——润湿周边，对垂立管为 πd_0，对垂直板即为板的宽度；

　　　Q——传热速率，W；

　　　A——传热面积，m^2。

将式（6—6）代入式（6—3），可得

$$\alpha = 0.943 \times \left(\frac{\rho^2 g\lambda^3}{\mu}\frac{r}{L\Delta t}\right)^{\frac{1}{4}} = 0.943 \times \left(\frac{\rho^2 g\lambda^3}{\mu}\frac{\alpha}{M}\right)^{\frac{1}{4}}$$

整理得

$$\alpha\left(\frac{\mu^2}{\rho^2 g\lambda^3}\right)^{\frac{1}{3}} = 1.47 \times \left(\frac{4M}{\mu}\right)^{-\frac{1}{3}} \tag{6—7}$$

令 $\alpha^* = \dfrac{\alpha}{\left(\dfrac{\rho^2 g\lambda^3}{\mu^2}\right)^{\frac{1}{3}}}$（称为无因次膜系数），则式（6—7）可以改写为

$$\alpha^* = 1.47 Re^{-\frac{1}{3}} \tag{6—7a}$$

这样就成为 $\alpha^* = f(Re)$ 的无因次形式。

同理，对于水平管，根据式（6—5）整理得准数式如下

$$\alpha = \left(\frac{\mu^2}{\rho^2 g\lambda^3}\right)^{\frac{1}{3}} = 1.19\left(\frac{4M}{\mu}\right)^{-\frac{1}{3}} \tag{6—8}$$

$$\alpha^* = 1.19 Re^{-\frac{1}{3}} \tag{6—8a}$$

三、实验关系式

对于水平管，实验结果与理论式基本相符。但当蒸气在水平管束外冷凝时，由于下面管子受上面管子滴下的冷凝液的影响，液膜变厚而膜系数减小，在应用式（6—5）时，应将 d_0 改为 $n^{\frac{1}{3}} d_0$，n 为水平管束垂直列上的管子数。

对于垂直管或垂直板，由于实际冷凝时前述假定条件不能完全保证，故大多数实验值比理论值要大 20%。如理论式是在滞流条件下得出的，当管子较长、热负荷较大时，在管子下部积累了相当数量的冷凝液，流动变为湍流，则会影响膜系数。

垂直管或垂直板上冷凝时的实验式如下。

当滞流，即 $Re < 2100$ 时

$$\alpha = 1.13\left(\frac{r\rho^2 g\lambda^3}{\mu L\Delta t}\right)^{\frac{1}{4}} \tag{6—9}$$

或
$$\alpha^* = 1.88Re^{-\frac{1}{3}}$$
(6—9a)

当湍流，即 $Re > 2\,100$ 时

$$\alpha^* = 0.007\,7Re^{0.4}$$

以上公式是纯净的饱和蒸气在清洁的表面上冷凝时得出的。若为过热蒸气，当遇到壁温低于饱和温度时，与饱和蒸气一样冷凝成液体，仍可应用以上公式求 α，式中 Δt 仍为饱和温度与壁温之差，只是冷凝潜热一项应取过热蒸气冷凝成饱和液体时放出的热量。

当蒸气中含有空气或其他不凝性气体时，壁面附近会逐渐形成一层气膜，传热阻力迅速增大，膜系数急剧下降，因此冷凝器应设排气阀，减少不凝性气体的影响。

【例6—3】常压水蒸气在单根管外冷凝，管径100 mm，管长1.5 m，管壁温度为98℃。若管子垂直放置，试计算蒸气冷凝时的平均膜系数。

解：在冷凝液膜平均温度为（100 + 98）/2 = 99℃时，
$$\rho = 959.1 \text{ kg/m}^3$$
$$\mu = 28.56 \times 10^{-5} \text{ N} \cdot \text{s/m}^2$$
$$\lambda = 0.681\,9 \text{ W/(m} \cdot ℃)$$

常压下，$t_s = 100℃$，$r = 2\,258$ kJ/kg。

当管子垂直放置时，先假定为滞流，由式（6—9）求平均膜系数，然后校验 Re 是否在滞流范围内。

$$\alpha = 1.13 \times \left(\frac{\rho^2 g \lambda^3 r}{\mu L \Delta t}\right)^{\frac{1}{4}} = 1.13 \times \left[\frac{959.1^2 \times 9.81 \times 0.681\,9^3 \times 2\,258 \times 10^3}{28.56 \times 10^{-5} \times 1.5 \times (100 - 98)}\right]^{\frac{1}{4}}$$

$$= 1.13 \times (7.54 \times 10^{15})^{\frac{1}{4}} = 10\,530 \text{ W/(m}^2 \cdot ℃)$$

校验 Re

$$Re = \frac{\left(\dfrac{4S}{\pi d_0}\right)\left(\dfrac{Q}{rS}\right)}{\mu} = \frac{4Q}{\pi d_0 r \mu}$$

$$Q = \alpha A \Delta t = 10\,530 \times \pi \times 0.1 \times 1.5 \times (100 - 98)$$
$$= 9\,924 \text{ W}$$

$$Re = \frac{4 \times 9\,924}{\pi \times 0.1 \times 2.258 \times 10^6 \times 28.56 \times 10^{-5}} = 196$$

故假定为滞流是正确的。

本节讨论了蒸气冷凝时膜系数的基本计算式，在应用这些公式时要注意其规定的基本条件，当超出条件允许范围时公式不适用。需要指出的是，当对混合在空气中的蒸气进行冷凝时，传热问题更加复杂，有些甚至难以做精确的计算。此外，对于空冷器，冷凝往往是在水平管内进行，本节所述公式均不适用。当遇到这些问题时，请查阅有关专著。

参 考 文 献

[1] 孙宝林，赵容，王淑苏. 工业防毒技术 [M]. 北京：中国劳动社会保障出版社，2008.

第七章 有害气体的生物净化

随着经济的发展和人们对个体健康的越发重视，在工业生产（如石油化工、印刷、涂料、塑料、橡胶）、垃圾处理等过程中产生的挥发性有机物和臭味已逐渐引起人们关注和重视。有害气体的生物净化是通过微生物的代谢活动，将废气中挥发性有机物（VOCs）转化为简单的无机物（二氧化碳和水等）及细胞组成物质，达到净化气体目的的一种废气处理方法。由于这种处理气态污染物的方法具有处理效果好、设备及工艺流程简单、运行成本低、操作稳定、不产生二次污染等优点，已成为近年来发展迅速的有害气体处理技术，在世界范围内，尤其是美国、德国等发达国家得到广泛应用。在我国，生物净化已逐渐应用于有害气体治理和控制中，拥有我国自主知识产权的生物净化工艺项目也已投入运行，一些垃圾处理单位采用生物净化这一技术来净化挥发性有机气体（VOCs），特别是处理静态发酵车间的臭味气体，取得了良好的效果和经济效益。

第一节 有害气体微生物处理原理

微生物能氧化和降解有害气体中的有机物等有毒有害的物质，在去除这些物质的同时生成 CO_2、H_2O 等无机物和用于自身的细胞物质。但是这一过程难以在气相中进行，因此在废气的生物净化中，需要先将大气污染物从气相转移到液相或固体表面的液膜中，然后这些物质才能被液相或固相表面的微生物吸收并降解。

一、有害气体微生物处理的条件

有害气体微生物处理的条件主要是由微生物生命活动的要求所决定的，主要包括以下几个因素：有害气体的成分是可被吸收、可溶于水的；被吸收的成分是可以进行生物降解的；有害气体的成分是无毒或者对微生物生长有抑制作用的；具备微生物生长的最佳环境；满足微生物生长的营养需求。

二、有害气体微生物处理的理论

虽然至今仍没有统一的理论来解释生物处理方法的基本原理，但普遍公认的是由学者Ottengraf 依据传统的气体吸收双膜理论所提出的生物膜理论，该理论认为生物净化法处理有害气体通常需经历气液转化、生物吸附吸收、生物降解三个步骤，如图 7—1 所示。

1. 废气中的有机污染物与水接触并溶解于水中，完成由气膜扩散至液膜的过程。
2. 有机污染物组分溶解于液膜后在浓度差的推动下进一步扩散到生物膜中，被其中的微生物捕获、吸附、吸收。

3. 微生物利用吸附在其上的有机物进行分解、合成代谢，形成的代谢产物一部分进入液相，另一部分合成为细胞物质或成为细胞代谢的能源，在该代谢过程中生成的气体（如CO_2等）则脱离生物膜，逆向扩散通过液膜和气膜最后排放进入空气中，这样就使得进入微生物细胞中的有机物在此合成代谢的过程中转化为无害的化合物，达到净化的目的。

生物膜理论与传统的双膜理论的最大区别在于，其气体的扩散不仅有"气、液、固"，而且在"固、液、气"中有逆向扩散，此外在生物膜（可视同于固相）中还存在着生物化学反应。因此，生物法吸收净化有机废气过程中总的处理效率取决于气相和液相中有机物的扩散效率（即气膜扩散、液膜扩散）以及固相中生化反应速率。生物膜中生化反应速率与废气中有机物浓度之间的关系，如图7—2所示。

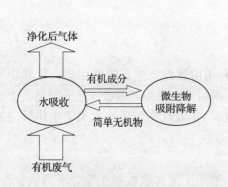

图7—1　生物净化法处理有害气体的过程

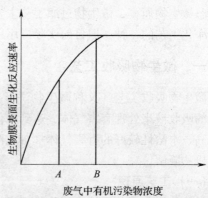

图7—2　生物膜中生化反应速率与废气中有机物浓度之间的关系

当废气中有机污染物的浓度较低（$S_g < A$时），生化反应速率随污染物浓度增加而增加，呈现出一级反应的特点，反应式为：

$$R_a = K_{1a} \times S_1$$

式中　S_1——污染物液相浓度。

当废气中有机污染物浓度较高（$S_g \geq B$）时，生化反应速率达到最大值，R_a不再随污染物浓度变化，呈现出零级反应的特点。

当污染物浓度介于A与B之间时，称为过渡区。

三、有害废气生物处理的微生物

有害气体中不同种类的污染物需要在不同的微生物类群作用下才能得到有效去除。依据微生物营养来源不同，可将能降解气态污染物的微生物分为自养菌和异养菌两大类。其中，自养菌（如硝化细菌、硫细菌、铁细菌等）依靠对氨、铁离子、硫、硫化氢和硝酸盐的氧化来获得能量进而生长繁殖，其生存所必需的碳由CO_2提供，主要适合于对无机污染物的转化应用上。由于自养菌的新陈代谢活动比较慢，负荷不是很高，因此应用有限，只适用于较低浓度的脱臭场合，如用来转化H_2S和NH_3等。异养菌主要有细菌、真菌、放线菌等，它们是通过对有机物的氧化代谢来获得能量和营养物质的，在适宜的 pH 值、温度和氧条件下异养菌能较快地降解污染物，完成有机污染物的分解转化，因此异养菌多用于有机废气的生物净化处理工艺。

目前，适合于进行生物处理的气态污染物主要有脂肪酸、乙醇、酚、甲酚、硫醇、乙醛、吲哚类、苯、苯乙烯、酮、硫化氢、二硫化碳、氨、胺、氮氧化物等物质。

第二节　微生物净化工艺

根据有害气体处理方法与工艺的不同，可将生物净化工艺的处理方法分为微生物吸收工艺（微生物洗涤工艺）、微生物过滤工艺、微生物滴滤工艺。其中微生物吸收工艺主要针对悬浮态微生物而言，微生物过滤工艺主要针对固着态微生物而言。膜生物反应器工艺也是微生物净化工艺的一种，但目前实际应用还较少。

一、微生物吸收工艺

微生物吸收工艺（又称微生物洗涤工艺）是利用由悬浮态生长的微生物、营养物和水组成的吸收液来处理有害气体，达到净化有害气体的目的。微生物吸收工艺一般适合于处理浓度高、水溶性较好的有害气体（如乙醇、乙醚等），以及气相传质速率大于生化反应速率的有机物降解。

（一）工艺原理

微生物吸收工艺系统也叫生物洗涤工艺系统，采用了液体吸收和生物处理的联合作用，其工艺流程如图 7—3 所示。首先，含有微生物和营养物质的吸收液由塔顶喷淋而下，与废气在塔内进行逆向接触，实现气—液传质过程，使有害气体由气相转化为液相；然后，转化为液相的有害气体污染物随吸收液流入生物反应器（活性污泥池）中，在好氧条件下经过微生物的氧化作用，转变成简单的物质，达到净化有害气体的目的。

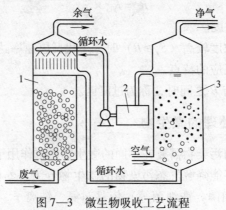

图 7—3　微生物吸收工艺流程
1—吸收塔　2—沉淀池　3—生物反应器

（二）工艺组成和设备

微生物吸收工艺系统通常由吸收装置（洗涤器）和吸收液反应装置两大部分组成，吸收装置通常可采用喷淋塔、筛板塔和鼓泡塔等成熟的化工单元操作技术，经过处理后的吸收液无须进行再处理即可直接进入吸收塔中循环使用，节约了运行成本。

在微生物吸收工艺中，气、液两相的接触方法除采用传统的喷淋法外，还可以采用气相鼓泡法。喷淋法的技术特点主要在于其水相和生物相均为循环流动的，生物为悬浮状态。鼓泡法与污水好氧生物处理中的曝气法相似，即废气由塔底通入塔中，与吸收液接触后被液体吸收。一般喷淋法的设备（常用筛板塔）处理能力比鼓泡法的处理能力大，分离效率高、气相阻力小、结构简单，因此应用更为广泛。通常情况下，当气相阻力较大时宜采用喷淋法、液相阻力较大时则采用鼓泡法进行有害气体的净化。此外，通过在吸收装置中放置填料可以增大气、液接触面积，提高处理气量；也可在吸收液中加入某些不影响微生物代谢活动的溶剂，以利于气体的吸收，达到去除某些难溶于水的有机物的目的。

（三）影响因素

由于在吸收工艺中吸收是一个物理的过程，其效率主要取决于所选的吸收器中流体的流动状态，通常水在生物反应器中的再生过程较为缓慢，而吸收的过程却较快速，因此其吸收和再生需要专门的生物反应器。生物反应器可以是一个封闭的容器或者是一个敞开的槽，在该反应器中，细菌、污染物和气泡组成了生物悬浮液，所需的氧气由分散气泡的方法输入，这样溶解氧可以维持生物的正常生长，并从水中吸收 CO_2 和在水中的部分气态污染物，因此，氧的输入速度很大程度上决定了生物化学反应的进行速度。

此外，影响微生物吸收工艺去除效率的因素除了与气液接触方式、污泥浓度、pH 值、溶解氧含量等因素外，还与污泥的驯化程度和营养物质的投加量多少有关。一般来说，当活性污泥浓度控制在 5 000 ~ 10 000 mg/L、气体流速小于 20 m/h 时吸收工艺装置的有害气体去除率较为理想。

（四）工艺特点

微生物吸收技术的优点在于反应条件易于控制、填料不易堵塞、设备操作简单，但同时也需要额外加营养物质，成本较高。

（五）应用领域

在用微生物吸收工艺进行脱臭处理时，主要可将其分为洗涤式活性污泥脱臭法和曝气式活性污泥脱臭法两种工艺类型。洗涤式活性污泥脱臭法的原理是将恶臭物质和含悬浮泥浆的混合液充分接触，再将接触后的洗涤液送到反应器中，通过悬浮生长的微生物的代谢活动降解溶解的恶臭物质。曝气式活性污泥法则是将恶臭物质以曝气形式分散到含活性污泥的混合液体中，通过悬浮生长的微生物降解恶臭物质。目前这种工艺已经应用到诸如污水处理厂等场合来处理臭气，如日本某污水处理厂将废气作为曝气空气送入曝气槽，脱臭效率高达99%以上，同时污水也得到了良好的处理。

二、微生物过滤工艺

微生物过滤工艺是利用固着生长微生物的固体介质吸收有害气体中的污染物，然后由微生物将其转化为无害物质的工艺，这种工艺目前是生物净化处理有害废气领域里应用最为广泛的处理方法，其净化效率高达95%。

（一）微生物过滤工艺原理

微生物过滤工艺流程如图7—4所示。其处理过程为：首先废气经过预处理，去除颗粒物；然后进行调温、调湿后，废气通过由介质构成的固定床层（生物滤池）时，其污染物由气相扩散到滤料外层的水膜中而被吸附、吸收，并被微生物所氧化降解为二氧化碳、水和无机盐等物质，在这一过程中氧气是由气相进入水膜中供滤料表面所附着的微生物进行有氧代谢的；最后净化后的气体在滤池顶部排出，有害废气得到净化。

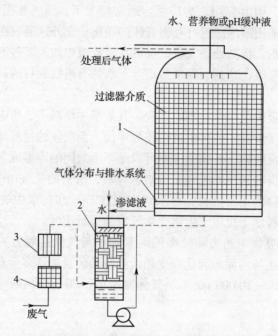

图7—4 微生物过滤工艺流程
1—生物过滤器 2—湿度调节 3—温度调节 4—过滤器

微生物过滤工艺的特点在于微生物是固定附着在填料上的，填料本身就可满足微生物生长的需求，而无须额外添加养料，可作为滤料的材料一般有木屑、树皮、泥炭、土壤、煤泥、海藻石、陶粒、瓷环等天然或烧结材料。近年来，有机或无机的人工合成材料，如塑料填料、颗粒活性炭、碳素纤维等也逐渐被开发和用作生物过滤材料。此外，所需设备少、净化效率高等也是生物过滤的优点之一。但其不足之处在于反应条件较难控制，占地面积较大，当生物量因基质浓度高而生长过快时会导致填料的堵塞从而影响到传质的效果。

（二）滤池类型

微生物过滤反应装置一般由滤料床层、砂砾层和多孔布气管等组成，其中多孔布气管安装在砂砾层中，在装置底部设有排水管以排除多余的积水。根据所选用固体滤料的不同，微生物过滤装置通常可分为土壤滤池、堆肥滤池和微生物过滤箱等。

1. 土壤滤池

土壤中含有大量的、具有较高生物活性的微生物（如细菌、放线菌、真菌、原生动物等），这些微生物能分解小分子有机污染物、某些芳香族化合物和卤代物等；除此之外，土壤颗粒表面所具有的生物活性物质对废气中污染物的降解也能起到一定的催化作用。因此土壤法成为较早的应用于净化恶臭气体的处理方法之一。

土壤滤池主要由气体分配层和土壤滤层两部分构成，通常采用床型过滤器作为其过滤装置，如图7—5所示。气体分配层的下部由粗石子、细石子或轻质陶粒骨料组成，上部由黄沙和细粒骨料组成，总厚度为 400 ~ 500 mm。土壤滤层的组成和混配比例一般为黏土 1.2%、含有机质沃土 15.3%、细沙土 53.9%、粗砂 29.6%，也可在土壤滤层中加入 3% 的鸡粪、2% 的膨胀珍珠岩以在保持滤层透气性不变的情况下提高有机物的去除率，厚度一般为 0.5 ~ 1.0 m。

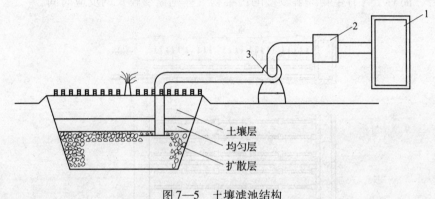

图7—5 土壤滤池结构

1—废气发生器 2—前处理装置 3—鼓风机

土壤滤池去除效率的主要影响因素有温度、湿度、pH 值和土壤的营养成分。一般情况下，土壤中微生物的活性温度范围为 0 ~ 65℃，以 37℃ 时活性最大。湿度一般保持在 50% ~ 70%，湿度的适当增加有利于微生物的氧化分解；但当湿度过大时，水分子与废气中的污染物在土壤表面吸附点产生竞争吸附，一定程度上会不利于污染物的去除。对于开放式土壤生物滤池而言，一般通过喷淋适当的水来调节滤池的湿度。由于废气中常含有 SO_2、NO_x 和 H_2S 等无机污染物，土壤对其有较强的吸附和表面催化作用，当这些无机气体含量较高时，经处理后的产物会使土壤滤床酸化。一般可以对使用一年后的滤床使用石灰进行中和调整其 pH 值，一般来说滤池的 pH 值控制在 7 ~ 8 为宜。由于有机废气中污染物浓度一般较低，碳源或氮源等营养成分及比例受土壤中的有机质的限制容易出现不均衡的现象，这种情况下可以加入添加剂来改良其性能，提高活性。

土壤滤池主要适合于处理低、中含量的臭气，要求所用的土壤必须质地疏松、有机质含量丰富、通气性和保水性良好，因此虽然土壤滤池法具有脱臭能力较强、运行稳定、投资小、无二次污染、服务年限长等优点，但也存在着占地面积大、表面容易生长杂草、易出现酸化现象等不足。

目前，土壤滤池已用于肉类加工厂、动物饲养场和堆肥场等产生的废气处理工艺中，主要用于处理含低浓度 NH_3、H_2S、甲硫醇、二甲基硫、乙醛、三甲胺等带有强烈臭味的废气，其脱臭率均大于99%。

2. 堆肥滤池

堆肥滤池的滤料主要为堆肥、泥炭、土壤、木屑等，堆肥含有50% ~ 80% 的腐殖化有机质，与土壤一样含有大量具有不同降解性能的微生物。堆肥滤池的结构如图7—6 所示。滤池的构造是在地面上挖浅坑或筑池，池底铺设排水管。在池的一侧或中央设输气总管，由总管上接出直径约125 mm 的多孔配气支管，并覆盖上砂石等材料，构成50 ~ 100 mm 厚的气体分配层，在气体分配层上铺设500 ~ 600 mm 厚的堆肥材料构成过滤层。过滤气速一般为0.01 ~ 0.1 m/s 。堆肥滤池中的微生物较土壤滤池中多，对废气中污染物的去除率也较高，接触时间仅为土壤滤池的1/4 ~ 1/2 ，因此适用于处理含容易被降解的污染物和废气量较大的场合，而对于含有生物降解较慢的污染物气体则需要较长的反应时间。

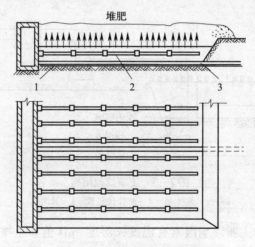

图7—6 堆肥滤池结构

1—沙砾层 2—多孔陶瓷管 3—排水管

采用堆肥作为滤料必须经过筛选，滤层要均匀、疏松，孔隙率应大于40% 。滤料必须保持湿润，堆肥滤层含水率不能低于40% ，同时又不能有水淤积。此外还需要对滤层保持适当的温度。

堆肥滤池在使用一段时间后，过滤层有结块的趋势，需要周期性地进行搅动，防止其结块。由于堆肥具有疏水性特点，因此需防止其干燥，否则再润湿比较困难。

堆肥滤池具有占地较少、在温湿气候条件下不易干燥、工艺比较成熟的特点，目前在欧洲应用较为广泛，已有500 余座处理装置投入实际使用中。

3. 微生物过滤箱

微生物过滤箱主要由箱体、生物活性床层和喷水器构成，为封闭式装置。床层由多种有机物混合制成的颗粒状载体组成，具有较强的生物活性和耐用性。箱内的微生物一部分附着于载体表面，一部分悬浮于床层水体中，床层厚度一般为0.5 ~ 1.0 m 。

当废气通过床层时，污染物部分被载体吸附，部分被水吸收，然后由微生物进行氧化降解。

微生物过滤箱的净化过程，可以按需要进行控制，通过选择适当的条件可充分发挥微生物的吸收降解作用。目前，微生物过滤箱已经成功地应用于化工厂、食品厂、污水泵站等进行废气的净化和脱臭。此外，微生物过滤箱还用于去除废气中的四氢呋喃、环己酮、甲基乙基甲酮等有机溶剂蒸气。

（三）微生物滤池性能的影响因素

微生物过滤法是在适宜的条件下利用微生物来去除气体中的污染物的气体净化方法，因此微生物的活性和数量很大程度上决定着处理的效率。为了使微生物保持高的活性，必须创造一个良好的生存环境。因此，微生物滤池应选用适当的填料（介质）及温湿度、pH 值、氧气含量、进气流量、营养物质供给、污染物浓度等来达到预期的净化目的，这些因素同时也是微生物滤池设计和运行过程中需要考虑的参数。

1. 填料选择

微生物滤池所用填料的特性是影响其处理效果的关键因素，填料的选择要考虑比表面积、机械强度、化学稳定性及价格等方面。基于填料是微生物滤池的核心组成部分，在滤池设计时应首先考虑填料的选择。理想的载体填料应该具备的特点有：

（1）允许生长的微生物种类丰富。

（2）可为微生物提供栖息生长的比表面积大。

（3）营养成分合理（C、N、P、K 和微量元素），供应不受限制。

（4）具有较高的水分持留能力。

（5）吸附性能好，吸附容量大。

（6）结构均匀且孔隙率大，不易堵塞。

（7）具有一定的结构强度和较低的密度。

（8）来源广泛，价格便宜。

（9）运行维护简单等。

可供选择的填料包括土壤、堆肥、腐泥煤、碎树皮、干草、纤维性泥炭或其混合物、改性活性炭、改性硅藻土等。

常用的堆肥、泥煤等原料基本能符合上述要求，但其本身所含有的有机物会逐渐降解，使填料压实，因此需要在使用一定时间后进行滤料的更换。如果将有机填料和惰性填充剂进行混合使用，则寿命可高达 5 年。

2. 填料湿度

对填料湿度的控制是另一个影响过滤效果的重要因素。如果填料的湿度过低会使微生物失去活性，且填料会收缩破裂而使气体短流，既影响整体净化效率，又使代谢产物不易排出滤池；反之，如果填料的湿度过高，不仅会导致气体通过滤床的穿过阻力增高，而且由于空气与水之间界面的减少引起供氧不足易形成厌氧区域，从而产生臭味并使污染物降解效率降低。

通常，填料的湿度范围控制在 40% ~ 60% 时生物滤膜的性能比较稳定。对于致密的、排水困难的填料和憎水性的挥发性有机物，适宜的湿度为 40% 左右；而对于密度较小、多孔的填料和亲水性的挥发性有机物，则最佳湿度为 60% 或更大些。

3. 温度

温度的高低除了影响微生物的代谢水平外，还会影响气态污染物在水中的溶解和在填料上的吸附效果。在处理挥发性有机物的微生物滤池中以异养型微生物为主，而处理无机气体的微生物滤池中则以化能自养型微生物为主，不过这两种情况均是中温菌和高温菌为优势菌群。通常微生物滤池可在 20~35℃ 下正常运行，温度的提高会降低挥发性有机物在水中的溶解和在填料上的吸附效果，从而影响气相中有机物的去除。

4. pH 值

微生物滤池的最佳 pH 值为 7~8。由于一些污染物在降解时会产生酸性物质（如硫化氢和含硫有机物的氧化导致 SO_4^{2-} 的积累、氨和含氮有机物的氧化导致 NO_3^- 的积累、氯代有机物导致 Cl^- 的积累，以及高有机负荷引起的不完全氧化导致有机酸生成等），使微生物滤池的 pH 值降低，因此通常在填料中添加石灰、石灰石和贝壳等来增加滤池的酸碱缓冲能力。

三、微生物滴滤工艺

微生物滴滤工艺是介于生物吸收工艺和生物过滤工艺之间的生物净化工艺，其与生物过滤工艺的最大区别在于：一是其填料上方喷淋存在经过污染物驯化后的微生物菌种的循环液；二是微生物滴滤池所用的填料之间空隙大，填料不具有吸水性，属惰性填料，且不用更换。

（一）工艺原理

微生物滴滤工艺流程如图 7—7 所示。含有污染物的有害气体可不进行预处理直接由塔底进入微生物滤池中，有害气体通过附有生物膜的填料层时，气体中的有机物被生物膜表面的水层吸收后被微生物吸附、吸收和降解，从而达到净化气体的目的。

（二）工艺组成和设备

滴滤工艺中的主体设备是生物滴滤反应塔，在塔内布有多层喷淋装置和填料床。有害气体从塔的底部进入，在上升的过程中与喷淋的循环水进行充分的接触而被吸收变为液相，在反应塔下部设置空气扩散装置进行曝气，形成废水处理系统。滴滤工艺利用填料上生物膜的代谢作用将废水中吸收的有机物氧化降解，从而去除了有害气体。在该工艺中为了满足微生物生长对 N、P 等营养元素的需求，可在循环水中添加 K_2HPO_4 和 NH_4NO_3 等物质来达到良好的处理效果。

图 7—7 微生物滴滤工艺流程
1—反应塔 2—沉淀池

用于微生物滴滤工艺的填料应具有较好的化学和表面性质，以适合微生物的生长和繁殖，同时，填料还应具备一定的空隙率和较好的持水率，以保证不会引起堵塞和断流以及保持滤池正常运行所需的液体环境。通常作为填料的可以是丝网、炉渣、浮石、拉西环、沸石、鲍尔环、多面空心塑料小球、碳素纤维、颗粒活性炭等。而影响微生物滴滤效果的因素除了填料外主要还有温度、湿度、pH 值、营养物质以及操作方式等。其中，温度在 25 ~ 35℃之间最适应微生物的生长，虽然较高的温度可加速气态污染物从气态转化为液态，但温度过高会导致微生物的活性降低。湿度也不宜过高或过低，过高会使空气中氧的穿透率降低，不利于微生物的新陈代谢；过低会使填料干化，不利于维持微生物所生存的液体环境。pH 值可以通过调节循环水来进行控制。而营养物质也需要根据有害气体中有机物的含量来进行调节，过高的营养物质会使微生物繁殖过快导致生物膜大量脱落发生堵塞，过低的营养物又会令微生物营养缺乏影响处理效果。而操作方式则应该根据具体的情况进行选择，通常微生物滴滤工艺可选择顺流操作和逆流操作两种方式，理论上而言逆流操作时的传质效果要优于顺流操作的效果，但也需要根据实际情况选择操作方式。

（三）工艺特点

微生物滴滤工艺适用于处理气量大、浓度低及降解过程中产酸的有害气体，其工艺特点在于集废气吸收和废水处理于一体，工艺简单、所需设备较少、易于操作、处理效率高、填料不易堵塞，从而降低设备投资和运行费用。但是微生物滴滤工艺也存在着需要外加营养物、运行成本较微生物滤池高等不足。

（四）三种微生物净化系统比较

以上介绍了三种不同的微生物净化系统，这些微生物净化系统各有其优点和缺点，适用于处理不同成分、浓度及气量的气态污染物。表 7—1 具体列出了这三种微生物净化系统的装置特点和适用范围。

表 7—1   三种微生物净化系统的比较

装置类型	微生物洗涤器	微生物滤池	微生物滴滤塔
工作介质	水、活性污泥	固定于天然载体或混合肥料及土壤的微生物	固定在惰性材料上的水、微生物
冲洗系统	循环	无循环	循环
基本净化阶段	吸附器内水吸附，通过微生物或活性污泥在曝气池内降解	过滤层吸附、微生物降解	通过水表层扩散，在生物膜内降解
供养源	投加的无机盐	生物过滤层	外加营养
适用范围	气体气量较小、浓度较大且生物代谢速率较低、易溶的污染气体	气量大、浓度低的污染气体	负荷较高以及降解后会产生酸性物质的污染气体

四、膜生物反应器

在前面我们介绍了微生物吸收工艺（微生物洗涤工艺）、微生物过滤工艺、微生物滴滤工艺这三种应用最为广泛的微生物净化工艺，下面，再简单介绍一种膜生物反应器，这种工艺虽然在实际中应用不是很多，但也属于微生物净化工艺的一种。

（一）工艺原理

膜生物反应器是一种较为新型的废气生物处理工艺，其工艺原理是在中空纤维膜生物反应器中，纤维膜的外表面生长一层较薄的生物膜，而悬浮液是在纤维膜外表面进行循环，在循环过程中悬浮液直接与生物膜接触，有害气体从生物反应器的进气口分散进入各根纤维膜的膜腔，借助浓度梯度的作用，气体分子通过膜壁传质过程从浓度高的地方转移到浓度低的外层活性生物膜后被降解。

（二）工艺特点

生物膜反应器的气流和液流分别在纤维膜两侧，在液相面的纤维膜上形成生物膜，其主要的优点是比表面积大、生物量高，可向流动的液相添加 pH 缓冲剂、营养物质、共代谢物及其他促进剂，可清除过量的生物量以防堵塞，也可排除有毒或抑制性的产物，保持较高的微生物活性。目前，已有一些采用膜生物反应器处理甲苯和 BTEX（苯、乙苯、二甲苯和甲苯）的报道，虽然这些研究都取得了较好的效果，但生物膜反应器的构建和运行成本高，使其在处理挥发性有机物（VOCs）废气的实际应用中受到了限制。

五、微生物净化技术的实际应用

微生物净化技术作为发展较晚、较新的技术，目前正作为研究的热点迅猛地发展和应用于有害气体的治理之中，许多关于微生物净化技术的研究逐渐从理论及实验转化为实际的应用。下面简单介绍几个有关微生物净化技术的研究和应用。

（一）味精厂挥发性恶臭废气的处理

利用微生物滴滤器对味精厂挥发性恶臭废气进行处理，试验研究装置主要包括微生物滴滤器、气体发生器（密闭反应釜）及循环液装置。试验采用逆流操作，液体从塔顶向下喷淋，经底部回流至储液槽，完成循环。试验气体从塔底通入，上升过程中与填料表面的生物膜接触，经生物净化后的气体从塔顶排出。试验表明，以沸石为填料的微生物滴滤器能较好地处理成分复杂的挥发性恶臭气体。以味精厂废气为例，在进气量小于 310 m^3/h、pH 值为 7.0 ~ 8.0、喷淋水量为 210 L/h、温度为 20 ~ 25℃的条件下，系统除臭效果较好，这为净化味精厂废气等多组分恶臭气体提供了新的方法。

（二）某制药有限公司（中间体）恶臭废气的处理

某制药有限公司（中间体）的废水处理站采用"废水→调节池→水解酸化池→混凝沉淀池→CASS（Cyclic Activated Sludge System）反应器→达标排放"的处理工艺流程，处理能力为 10 m^3/d。在废水处理过程中，调节池、水解酸化池、污泥浓缩池和污泥脱水等单元会产生难闻的恶臭气体，其成分除主要的 H_2S、NH_3 外，还含有少量的硫醇、硫醚、有机溶剂等。

为了有效地减少恶臭气体的排放，该制药有限公司采用了"加湿塔/高效生物净化器"系统来处理废水处理站产生的臭气，其中有害气体首先通过加湿塔来去除一部分固体物质，同时使废气具有一定的湿度，以提高微生物的净化能力，然后进入生物净化器。高效生物净化器长 15 m、宽 6 m、高 3.5 m，填料层主要由直径为 8 ~ 10 mm 的空心陶土作为固定化微生物的载体，有效过滤面积约为 82.45 m²，厚度为 45～50 cm，填料的上层布置了一层喷头，采用点阵式布水方式。将含有气、液、固三相混合的多种化合物、挥发性有机物（VOCs）等恶臭废气导入高效生物净化器，在经驯化的特殊微生物的作用下，降解成无毒无味的 CO_2 和水后再排出。在通过喷头布水为微生物提供一定水分的同时，还可以排出生物净化器内的固体物质。

（三）小结

由于微生物净化工艺各有优点，使得它们在各行业中得到了广泛的应用。微生物过滤塔适用于处理肉类加工厂、动物饲养场、污水处理厂和堆肥厂等处产生的废气；微生物滴滤塔已成功用于化工厂、食品厂、污水泵站等方面的废气净化和脱臭；微生物吸收塔（微生物洗涤塔）广泛应用于各类工业及市政项目；而膜生物反应器的工业应用相对较少，尚在研究发展阶段。

参 考 文 献

［1］孙宝林，赵容，王淑苏. 工业防毒技术［M］. 北京：中国劳动社会保障出版社，2008.

［2］童志权. 大气污染控制工程［M］. 北京：机械工业出版社，2006.

［3］徐晓军，宫磊，杨虹. 恶臭气体生物净化理论与技术［M］. 北京：化学工业出版社，2005.

［4］王丽萍，陈建平. 大气污染控制工程［M］. 徐州：中国矿业大学出版社，2012.

［5］杨传平，姜颖，郑国香，李永峰等. 环境生物技术原理与应用［M］. 哈尔滨：哈尔滨工业大学出版社，2010.

［6］周少奇. 环境生物技术［M］. 北京：科学出版社，2003.

［7］马建锋，李英柳. 大气污染控制工程［M］. 北京：中国石化出版社，2013.

［8］Kim DJ, Kim H. Degradation of toluene vapor in a hy – drop hobic polyethylene hollow fiber membrane bioreactor with Pseudomonasputida［J］. Process Biochemistry, 2005, 40: 2015 – 2020.

［9］Kumar A, Dewulf J, LuvsanjambaM, et al. Continuous operation of membrane bioreactor treating to luene vapors by Burkholderia vietnamiensis G4［J］. Chemical Engineering Journal, 2008, 140: 193 – 200.

［10］Kumar A, Dewulf J, Van Langenhove H. Membrane – based biological waste gas treatment［J］. Chemical Engineering Journal, 2008, 136: 82 – 91.

［11］Kumar A, Dewulf J, Vercruyssen A, et al. Performance of a composite membrane bioreactor treating toluene vapors: Inoculaselection, reactor performance and behavior under transient conditions［J］. Bioresource Technology, 2009, 100: 2381 – 2387.

［12］Attaway H, Gooding CH, Schmidt MG. Comparison of microporous and nonporous membrane bioreactor systems for the treatment of BTEX in vapor streams［J］. Journal of Industrial

Microbiology and Biotechnology，2002，28（5）：245 – 251.

　　[13] 郑江玲，胡俊，张丽丽等．VOCs 生物净化技术研究现状与发展趋势 [J]．环境科学与技术，2012，35（8）：81 – 87.

　　[14] 杨虹，徐晓军，史本章．生物滴滤器处理味精厂挥发性恶臭废气的试验研究 [J]．环境污染治理技术与设备，2005，6（6）：72 – 75.

　　[15] 陶丽霞，王成端，李钧．生物净化器处理制药恶臭废气工程实例 [J]．中国给水排水，2007，23（20）：67 – 69.

第八章　工业防毒技术的发展

传统的工业生产主要沿用"原材料→中间产品→产成品"的生产方式，在此过程中原有的和新产生的有毒有害物质会对操作和使用人员的健康造成危害，而大部分的防毒技术也是针对这种生产模式进行研究的，即重点着眼于生产的某一环节、某一工序或某一过程中存在的有毒有害物质的净化或防护，而不是从原材料或中间生产过程的减量化和无害化对工业毒物的产生量进行控制。随着清洁生产、绿色化学、循环经济等新理念、新技术及其工业实践活动的普及和发展，工业防毒技术也取得了一定的进展和成果。早在20世纪70年代，在工业防毒技术中提出的"以无毒、低毒的物料和工艺代替有毒、高毒的物料和工艺"思想，现在已经成为"清洁生产"的核心概念之一，并在某些技术领域内用于工序与工序、生产过程与生产过程以及企业与企业之间，这种理念的实现使物料尽可能地进行循环利用，从而减少了有毒物质的用量和排放，有效地保护了生产人员的职业健康和工作、生活环境。

一、清洁生产

1976年，欧共体在巴黎举行的无废工艺和无废生产国际研讨会上首次提出清洁生产的概念，其核心是消除产生污染物的根源，达到污染物最小量化及资源和能源利用的最大化。1989年5月，联合国环境规划署工业与环境规划中心（UNEPIE/PAC）正式制定了《清洁生产计划》，提出了国际上普遍认可的包括产品设计、工艺革新、原辅料选择等一系列的内容和方法的清洁生产总体框架。1992年，清洁生产正式写入《21世纪议程》，从此以后，清洁生产慢慢成为国际环境保护的主流思想。

我国从20世纪80年代开始探索在生产过程中消除污染的方法和途径，2002年颁布了《中华人民共和国清洁生产促进法》，2012年对《中华人民共和国清洁生产促进法》进行了修正，将清洁生产定义为："不断采取改进设计、使用清洁的能源和原料、采用先进的工艺技术与设备、改善管理、综合利用等措施，从源头削减污染，提高资源利用效率，减少或者避免生产、服务和产品使用过程中污染物的产生和排放，以减轻或者消除对人类健康和环境的危害。"清洁生产旨在尽可能地消除和减少环节中产生的有害物质，减轻对人类健康，包括作业人员职业健康的威胁。

与传统的"末端治理"相比较，清洁生产的目标在于节约能源，降低原材料的消耗，减少污染物的产生和排放；内容是清洁的能源、清洁的生产过程和清洁的产品；控制手段是改进工艺技术、强化管理，最大限度地提高能源和资源的利用水平，最大限度地减少废弃物的排放，从而更好地保护环境；方法在于通过审核发现排污位置和原因，筛选消除或减少污染物的措施及产品生命周期分析；最终目标是保护人类及其生存环境，从而增加企业自身的经济效益。其中，清洁生产的控制手段这一内容是与工业毒物防治紧密相关的。其手段主要包括采用少废、无废的生产工艺技术和高效生产设备；尽量少用、不用有毒有害的原料；减少生产过程中的各种危险因素和有毒有害的中间产品；组织物料的再循环；优化生产组织和实施科学的生产管理；进行必要的污染治理，实现清洁、高效的利用和生产。此外，还应保证产品本身及在生产使用过程中不会对人体的健康造成威胁。

（一）清洁生产工程概述

在工业生产污染物的防治中，主要的任务在于严格控制新污染、巩固和提高工业污染源达标排放成果、淘汰污染严重的落后生产力、大力推行清洁生产四个方面。其中主要涉及工业防毒方面的在于工艺过程中毒物的预防和治理。

清洁生产工程是指在新建、扩建、技改工程项目中，采用各类清洁生产控制等工程技术手段，达到节能、降耗、减污、增效的目的，主要包括替代技术、减量技术、再利用技术等构造生态技术单元和系统集成。

替代技术主要是通过开发和使用新技术、新工艺、新设备和新材料，提高资源利用的效率，以减轻生产和消费过程中对环境影响的技术；减量技术则旨在生产、流通和消费过程中尽量减少物质和能源的消耗和废物的产生；再利用技术主要是通过延长原料和产品的使用周期，利用再资源化技术将生产消费过程中产生的废弃物再次变成有用的资源或产品，降低废弃物的产生率和有害性。

清洁生产的实施主要有七个方向，即：

1. 资源综合利用。对资源进行综合勘探、综合评价、综合开发和综合利用，明确目前有用和将来有用的组分，制定利用方案。

2. 改革工艺与设备。简化流程、变间歇操作为连续操作、装置大型化、适当改变工艺条件和改变原料等。

3. 组织厂内的物料循环。将流失的物料回收后作为原料返回工序中，将生产过程中生成的废料经过适当的处理后作为原料或原料替代物返回原生产流程中，将生产过程中生成的废料经过适当的处理后作为原料返用于本厂其他生产过程中。

4. 加强管理。在企业中要突出清洁生产目标，要注重全过程的控制。

5. 改革产品体系。注意产品的更新换代，及时调整产品的导向。

6. 必要的末端治理。对生产环节进行必要的末端处理和处置，使其对环境的危害降至最低。

7. 组织区域内清洁生产。在区域范围内消除废料，可建立供水、用水、排水、净化一体化管理体制，统一考虑区域的能源供应、开发和利用清洁能源等。

目前清洁生产已经在工业、农业等方面广泛应用，而随着科技的进步和新型工业毒物的不断产生，工业毒物控制技术也将随着清洁生产的发展而不断地更新和发展。

（二）我国清洁生产政策与应用领域

1. 我国清洁生产的法律法规及政策

（1）《中华人民共和国清洁生产促进法》

2002 年由全国人大常委会第二十八次会议通过的《中华人民共和国清洁生产促进法》，

标志着我国新的污染预防和控制战略走上了法制化的轨道。2012 年新修正的《中华人民共和国清洁生产促进法》开始施行，下面对该法做一个简单的介绍。

本法第一章总则第三条中规定了"在中华人民共和国领域内，从事生产和服务活动的单位以及从事相关管理活动的部门依照本法规定，组织、实施清洁生产"。明确了清洁生产法的管理范围。

本法第四、六条中规定了促进清洁生产的基本措施，即"国家鼓励和促进清洁生产。国务院和县级以上地方人民政府，应当将清洁生产纳入国民经济和社会发展规划、年度计划以及环境保护、资源利用、产业发展、区域开发等规划"。"国家鼓励开展有关清洁生产的科学研究、技术开发和国际合作，组织宣传、普及清洁生产知识，推广清洁生产技术。"从这两条可以看出，国家对清洁生产持鼓励和支持的态度，并且清洁生产的推进和管理是需要政府从多角度、多环节对生产经营者进行引导、鼓励、支持和规范的。

本法第二章明确了各级政府的职责，以确保本法的有效推行。比如，国务院应当制定有利于实施清洁生产的财政税收政策；国务院及其有关部门和省、自治区、直辖市人民政府应当制定有利于实施清洁生产的产业政策、技术开发和推广政策；县级以上地方人民政府根据国家清洁生产推行规划、有关行业专项清洁生产推行规划，按照本地区节约资源、降低能源消耗、减少重点污染物排放的要求，确定本地区清洁生产的重点项目，制定推行清洁生产的实施规划并组织落实；各级人民政府应当优先采购节能、节水、废物再生利用等有利于环境与资源保护的产品等。

本法第三章"清洁生产的实施"中主要规定了生产经营者的清洁生产要求，包括对新建、改建和扩建项目的要求，对企业技术改造的要求、对产品和包装物设计的要求；对农业、建筑业、服务业等的指导性要求；自愿申请环境管理体系认证等的自愿性要求；注明产品材料成分、对产品和包装物的强制回收、超标排放或超过总量控制指标排放污染物企业的清洁生产审核、公布主要污染物的排放情况的要求和责任等强制性要求。

本法第四章规定了清洁生产的鼓励措施，即"国家建立清洁生产表彰奖励制度"。"对从事清洁生产研究、示范和培训，实施国家清洁生产重点技术改造项目和本法的第二十八条规定的自愿节约资源、消减污染物排放量协议中载明的技术改造项目，由县级以上人民政府给予资金支持。"对中小企业的基金扶持以及税收减免等。

本法第五章规定了法律责任，包括处理部门以及相应的罚则。

（2）其他相关法律法规及政策

我国自 20 世纪 80 年代开始进行清洁生产工作的探索，至今已经出台了一系列有关清洁生产的法律法规及政策。

1994 年 3 月，国务院第十六次常务会议讨论通过的《中国 21 世纪议程》中提出，将清洁生产作为可持续发展的优先领域，"开展清洁生产和生产绿色产品"。

1995 年，原国家环保局发布的《中国环境保护 21 世纪议程》中提出，积极促进老企业技术改造，推广清洁生产和清洁工艺，努力实现节能降耗、减少污染物排放。

1996 年 8 月，国务院《关于环境保护若干问题的决定》中提出，所有大、中、小型新建、改建和技术改造项目严禁采用国家明令禁止的设备和工艺。

1997 年原国家环保总局发布的《关于推行清洁生产的若干意见》提出，要结合建立现代企业制度，推动实施清洁生产，结合环境管理制度改革，促进清洁生产等政策。

1998年11月，国务院颁布的《建设项目环境保护管理条例》中规定，工业建设项目应当采用能耗物耗小、污染物产生量少的清洁生产工艺，合理利用自然资源，防治环境污染和生态破坏。

1999年9月22日，中共中央十五届四中全会审议通过的《关于国有企业改革和发展若干重大问题的决定》中指出，鼓励企业采用清洁生产工艺。

1999年3月5日，原国务院总理朱镕基在全国人大九届二中会议上作的《政府工作报告》中提出，"鼓励清洁生产"，这是在国家最高层次的报告中第一次提出清洁生产。

1999年6月，全国政协人口资源环境委员会在《关于我国环境保护若干问题的建议》中提出，"发展环保产业，推行清洁生产"，作为防治环境污染的十一条对策建议之一。同年，原国家经贸委发布了《关于实施清洁生产示范试点计划的通知》《淘汰落后生产能力、工艺和产品的目录》《国家重点行业清洁生产技术导向目录》，选择了北京、上海等10个试点城市和石化、冶金等5个试点行业开展清洁生产实践和试点。

2003年12月17日，国务院办公厅转发了国家发展与改革委员会、原国家环保总局、科技部、财政部、建设部、农业部、水利部、教育部、国土资源部、税务总局、质检总局《关于加快推行清洁生产的意见》，该意见提出要提高认识、统筹规划、完善政策、加快结构调整和技术进步，抓好重点行业和地区的结构调整，加强企业制度建设，完善法规体系，强化监督管理等要求和今后要进行的工作。

2004年8月16日，国家发展与改革委员会、原国家环保总局制定并审议通过了《清洁生产审核暂行办法》，该办法原则上规定了清洁生产审核的程序，包括审核准备、预审核、审核、实施方案的产生和筛选、实施方案的确定、编写清洁生产审核报告等。该办法还明确了各级发展改革（经济贸易）行政主管部门和环境保护行政主管部门应当积极指导和督促企业按清洁生产报告中提出的实施计划组织和落实清洁生产实施方案。

2005年12月13日，原国家环保总局发布《关于印发重点企业清洁生产审核程序的规定的通知》，主要内容有《重点企业清洁生产审核程序的规定》和《需重点审核的有毒有害物质名录》两部分，其中《重点企业清洁生产审核程序的规定》对第一类重点企业名单的确定、公布程序做出了规定。

环境保护部于2008年7月下发了《关于进一步加强重点企业清洁生产审核工作的通知》，进一步明确了环保部门在重点企业清洁生产审核工作中的职责和作用，重点抓好企业清洁生产审核、评估和验收，规范管理清洁生产审核咨询机构，并发布了《重点企业清洁生产审核评估、验收实施指南》和《需重点审核的有毒有害物质名录（第二批）》。同年，国务院发布了《关于加快发展循环经济的若干意见》，意见指出要全面推行清洁生产，从源头减少废物的产生，实现末端治理向污染预防和全过程控制的转变。

（3）清洁生产标准

清洁生产标准的制定是为了更好地实施《中华人民共和国环境保护法》和《中华人民共和国清洁生产促进法》，进一步推动我国的清洁生产工作。清洁生产标准体现了污染预防思想及资源节约和环境保护的基本要求。我国的清洁生产环境标准的基本内容和框架体系主要分为三级环境标准和六类指标，其中三级标准指的是该行业清洁生产国际先进水平，该行业清洁生产国内先进水平，以及该行业清洁生产基本要求；六类指标指的是生产工艺与装备要求、资源能源利用指标、产品指标、污染物产生指标、废物回收利用指标和环境管理要求。

自 2002 年以来，环境保护部委托中国环境科学研究院组织开展了 50 多个行业的清洁生产标准制定工作，截至 2010 年，我国分批发布了《清洁生产标准合成革工业》《清洁生产标准石油炼制业（沥青）》《清洁生产标准电石行业》《清洁生产标准钢铁行业》《清洁生产标准电镀行业》等 58 项标准。此外，环境保护部于 2009 年 3 月 25 日发布了 HJ 469—2009《清洁生产审核指南制定技术导则》。

（4）清洁生产"十二五"规划

我国《国民经济和社会发展"十二五"规划纲要》中提出，要坚持把建设资源节约型、环境友好型社会作为加快转变经济发展方式的重要着力点。而全面推行清洁生产，是建立资源节约型、环境友好型社会的重要保证。

依据环境保护部《关于深入推进重点企业清洁生产的通知》，当前要将重有色金属矿（含伴生矿）采选业、重有色金属冶炼业、含铅蓄电池业、皮革及其制品业、化学原料及化学制品制造业五个重金属污染防治重点防控行业，以及钢铁、水泥、平板玻璃、煤化工、多晶硅、电解铝、造船七个产能过剩主要行业，作为实施清洁生产审核的重点。

"十二五"规划的总体要求是，五个重金属污染防治重点行业的重点企业每两年完成一轮清洁生产审核，2011 年底前完成第一轮清洁生产审核和评估风险验收工作；七个产能过剩行业的重点企业，每三年完成一轮清洁生产审核，2012 年底前全部完成第一轮清洁生产审核和评估验收工作；《重点企业清洁生产行业分类管理目录》确定的其他重污染行业的重点企业，每五年开展一轮清洁生产审核，2014 年底前全部完成第一轮清洁生产审核及评估验收。

《工业清洁生产推行"十二五"规划》中规定，清洁生产培训和审核逐步展开：规模以上工业企业主要负责人接受清洁生产培训比例超过 50%，通过清洁生产审核评估的企业不低于 30%。清洁生产技术水平显著提高：成功开发并产业化应用示范一批重点行业关键共性清洁生产技术。重点行业、省级以上工业园区清洁生产水平明显提升：审核报告中提出的清洁生产技术改造项目实施率达到 60% 以上；到 2015 年，通过实施重点工程有效消减主要污染物产生量，重点行业 70% 以上企业达到清洁生产评价指标体系中的"清洁生产先进企业"水平，培育 500 家清洁生产示范企业。"十二五"工业清洁生产主要指标见表 8—1。

表 8—1　　　　　　　　"十二五"工业清洁生产主要指标

指　标	2010 年	2015 年
清洁生产培训和审核		
规模以上工业企业负责人培训比例	［>23.4%］	［>50%］
规模以上工业企业通过审核比例	［>9%］	［>30%］
审核报告中清洁生产技术改造实施率	［>44.3%］	［>60%］

续表

指　标	2010 年	2015 年
消减生产过程污染物产生量		
化学需氧量	［245.6 万吨］	65 万吨
二氧化硫（排放量）	—	60 万吨
氨氮	［5.6 万吨］	10.8 万吨
氮氧化物		120 万吨
汞使用量		638 万吨
铬渣及含铬污泥		73 万吨
铅尘		0.2 万吨
重点行业清洁生产水平		
重点行业达到"清洁生产先进企业"比例	—	［> 70 %］
培育清洁生产示范企业	—	［500 家］

注：［ ］表示 2003～2010 年累计数。

《国家环境保护"十二五"规划》要求，到 2015 年，主要污染物排放总量显著减少，重金属污染得到有效控制，持久性有机污染物、危险化学品、危险废物等污染防治成效明显等。"十二五"环境保护主要指标见表 8—2。

表 8—2　　　　　　　　　　　　　"十二五"环境保护主要指标

序号	指　标	2010 年	2015 年	2015 年比 2010 年增长
1	化学需氧量排放总量/万吨	2551.7	2347.6	− 8 %
2	氨氮排放总量/万吨	264.4	238	− 10 %
3	二氧化硫排放总量/万吨	2267.8	2086.4	− 8 %
4	氮氧化物排放总量/万吨	2273.6	2046.2	− 10 %
5	地表水国控断面劣 V 类水质的比例/ %	17.7	<15	−2.7 个百分点
5	七大水系国控断面水质好于Ⅲ类的比例/ %	55	>60	5 个百分点
6	地级以上城市空气质量达到二级标准以上的比例/ %	72	≥ 80	8 个百分点

《工业节能"十二五"规划》中的总体目标是到 2015 年，规模以上工业增加值能耗比 2010 年下降 21% 左右；主要的行业目标是到 2015 年，钢铁、有色金属、石化、化工、建材、机械、轻工、纺织、电子信息等重点行业单位工业增加值能耗分别比 2010 年下降 18%、18%、18%、20%、20%、22%、20%、20%、18%。

2. 应用领域

清洁生产的理念广泛渗入到各个行业之中，许多行业都将清洁生产工艺运用于生产中，主要包括化工行业、钢铁行业、纺织印染行业、造纸行业、皮革行业等，如在化工行业用离子膜电解烧制碱，在提高了碱产量的同时比隔膜法降低了近1/3的总能耗；在钢铁行业中捣固炼焦技术的应用，既提高了捣固效率，又解决了装煤时的冒烟问题；纺织印染行业中生物酶技术的应用，避免了传统方法使用碱产生有害副产品等。这些工艺技术的应用，不仅提高了生产效率，同时也有效地减少了部分有毒有害物质的产生，从而减少了对劳动者健康的危害。

二、绿色化学

（一）绿色化学定义及产生背景

绿色化学（Green Chemistry）又称为环境无害化学、环境友好化学等，是利用化学的进步来防止化学过程污染的一门科学，其研究目的为：通过利用一系列的原理与方法来降低或除去化学产品设计、制造与应用中有害物质的使用与产生，使所设计的化学产品或过程更加环境友好。绿色化学包括所有可以降低对人类健康与环境产生负面影响的化学方法、技术与过程。化学及化学工业对人类做出了巨大贡献，极大地丰富了人类的物质生活，提高了人类的生活质量，但在生产和使用化学品过程中产生了大量的废物。全世界目前每年产生3亿～4亿吨危险废弃物，我国化学工业排放的废水、废气和固体废物分别占全国工业排放总量的22.5%、7.82%和5.93%，由此可见化学工业是最大的有害物质释放工业，严重威胁着人类的健康和生存环境质量。解决污染问题对化学工业提出了挑战，同时也带来了绿色化学的研究和发展机遇。

（二）绿色化学研究原则

绿色化学的目标和研究范畴是从根本上切断污染源，而不是被动地治理环境污染。目前公认它的研究要符合以下12条原则。

1. 预防环境污染。应当防止废物的生成，而不是废物产生后再处理。这既能带来经济效益，又能带来环境效益。通过有意识地设计不产生废物的反应，减少分离、治理和处理有毒物质的步骤。

2. 原子经济性。绿色化学的主要特点是原子经济性。原子经济性的目标是使原料分子中的原子更多或全部地进入最终的产品之中。最大限度地利用了反应原料，最大限度地节约了资源，最大限度地减少了废物的排放，因而最大限度地减少了环境污染，适应可持续发展的要求。

3. 无害化学合成。尽量减少化学合成中的有毒原料和有毒产物，只要可能，反应和工艺设计应考虑使用更安全的替代品。

4. 设计安全化学品。使化学品在被期望功能得以实现的同时，将其毒性降到最低。

5. 使用安全溶剂和助剂。尽可能不使用助剂（如溶剂、分离试剂等）；在必须使用时，采用无毒无害的溶剂代替挥发性有毒有机物作溶剂，这已成为绿色化学的研究方向。

6. 提高能源经济性。合成方法必须考虑过程中能耗对成本与环境的影响，应设法降低能源消耗，最好采用在常温常压下进行的合成方法。

7. 使用可再生原料。在经济合理和技术可行的前提下，选用可再生资源代替消耗资源，如用酶为催化剂；用生物质（生物体中的有机物）为原料的可再生资源代替不可再生的资源，如石油，符合生态循环的要求。

8. 减少衍生物。应尽可能减少不必要的衍生作用，以减少这些不必要的衍生步骤需要添加的试剂和可能产生的废物。

9. 新型催化剂的开发。尽可能选择高选择性的催化剂。高选择性的催化剂在选择性和减少能量方面优于化学计量反应。高选择性使其所产生的废物减少，催化剂在降低活化能的同时，也使反应所需能量降到最低。

10. 降解设计。在设计化学品时就应优先考虑在其完成本身的功能后，能否降解为良性物质。

11. 预防污染中的实时分析。进一步开发可进行实时分析的方法，实现在线监测。在线监测可以优化反应条件，有助于产率的最大化和有毒物质产生的最小化。

12. 防止意外事故发生的安全工艺。采用安全生产工艺，使化学意外事故的危险性降到最低程度。

（三）绿色化学的现状及发展方向

绿色化学近年来的研究主要是围绕化学反应原料、催化剂、溶剂和产品的绿色化开展的，主要是原料的绿色化、化学反应绿色化以及产品的绿色化。目前绿色化学与化工领域已开展的研究有可替代的原料、试剂、溶剂、新型催化剂与新合成过程等，而且部分实现了工业化生产。如通过对废弃的物质进行处理，将其转化为动物饲料和有机化学品；利用无毒无害的原料代替剧毒的光气、氢氰酸生产有机原料；利用生物技术以废弃物为原料生产常用的有机原料；采用超临界 CO_2 代替有机溶剂作为油漆和涂料的喷雾剂；用 Y 型分子筛、ZSM-5分子筛、β沸石等固体催化剂取代硫酸、氢氟酸等催化剂，以减少这些催化剂对环境的污染和对人体的危害等。

（四）应用领域与成果

化工生产种类繁多，使用相当多的有毒有害原材料，生产的产品也有许多具有较大的毒性。化工生产中，很多反应步骤长，受反应转化率和精制分离等效率影响，会有一定数量的物料流失。化工行业排放的废气、废水、固体废弃物等，一直占工业废弃物总量相当大的比重。为了减少化工行业排放的废弃物，必须采取清洁生产方法，在源头消减废弃物的产生。通常化工清洁生产技术包括绿色化学品合成工艺、共用反应器技术等。

1. 绿色化学品合成工艺的发展

理想的绿色技术应采用具有一定转化率的高选择性化学反应来生产目的产品，不生成或很少生成副产品或废物，实现或接近废物的"零排放"过程。绿色化学的研究目标是利用当代物理先进技术与化学方法相结合、生物技术与催化理论相结合，研究和开发环境友好的新反应、新工艺和新产品，减少或消除那些对人类健康和环境有害的原料、试剂、溶剂的使用以及产物和废物的产生，实现社会—经济—生态环境的协调发展。新的绿色化学的发展方向如下：

（1）新的化学反应过程研究。在原子经济性和可持续发展的基础上研究合成化学和催化的基础问题，即绿色合成和绿色催化问题。如美国 Enichem 公司开发了以一氧化碳、甲醇和氧气为原料，以氧化亚铜为催化剂，制备碳酸二甲酯的工艺，并将其工业化，淘汰了用光气和甲醇为原料生产碳酸二甲酯的旧工艺；德国 BASF 公司成功开发了以冰泉和甲醛味原料生产叔丁胺的技术，淘汰了以剧毒的氢氰酸为原料的旧工艺，这些工艺的成功研究和应用，实现了原料的绿色化。

（2）传统化学过程的绿色化学改造。对传统化学过程进行改造，可以将生产过程中的废弃物减少，实现或者接近"零排放"。如在烯烃的烷基化反应生产乙苯和异丙苯的生产过程中需要用酸催化反应，过去用液体酸 HF 催化剂，而现在可以用固体酸—分子筛催化合成，并配合固定床烷基化工艺，解决了环境污染问题。异氰酸酯的生产过程，过去一直是用剧毒的光气作为合成原料，而现在可用 CO_2 和胺催化合成异氰酸酯，成为环境友好的化学工艺。

日本科学家后藤繁雄用铯离子通过部分离子交换把杂多酸（磷钨酸等）固定起来，制成了新的催化剂，让甲苯和苯酸酐在常压下进行反应 6 h 后生成苯基甲苯酮（PTK），在反应达到150℃时转化率接近 100%，基本实现了"零排放"。而传统工艺中是以氯化铝为催化剂，让酰基氯与芳香族化合物发生反应生成芳香酮，但此传统工艺转化率较低，并且产生大量的氯化物废弃物。新工艺的发展和应用是传统工艺的突破，充分体现了绿色化学的理念。

传统工艺用硫酸或氯氟酸作为催化剂制备十二烷基苯，存在着设备严重腐蚀和环境污染的问题，清华大学与中国石化总公司石油化工科学研究院合作开发了以固体酸分子筛TH-06 为催化剂的液固循环流化床连续反应——再生工艺，十二烯转化率99.9%，烷基苯选择性100%，并消除了设备腐蚀和环境污染问题，同时，也保证了作业人员的健康。

此外，中国科学院过程工程研究所利用原子经济性原理，以拟均相高效无机合成取代高温异相反应的清洁工艺，该工艺大幅度提高了铬的回收率，铬渣中总铬由 4%~5% 下降到0.5%，渣排铬量为老工艺的 1/40，使铬化工行业首次实现了源头控制污染的"零排放"。

（3）综合利用的绿色生化工程。当前，对生物质的研究和应用是一个很热的方向。研究植物生物质（主要成分是木质素、纤维素和半纤维素）与动物生物质（主要成分是胶原纤维素）的主要成分的立体结构（手性或"类手性"）与酶催化降解过程之间的"构—效"关系，不仅可以揭示生命现象中一些至关重要的化学机理，而且能够找到生物质利用的绿色化学方法，从而不再使用生态循环链以外的能源和化工原料（煤、石油、天然气），做到生产和使用的一切东西都来自生态循环链，也可以在生态循环链中降解。通过改造，新的生态循环链已包含人类需要的新物质。对于生物质的研究既能满足人们的需求，又利于维持生态平衡。

现在各个国家都在广泛地研究和开发生物柴油，它是利用可再生的动物和植物脂肪酸单酯原料来合成的，这样可以在减少对石化燃料需求量的同时，减少传统石油燃料对环境造成的污染。

我国将把廉价的生物质资源转化为有用的化学工业品和燃料作为发展我国绿色化学的战略目标，同时，也将进行绿色生物化工技术的开发。

2．共用反应器技术

以往化工生产中，以若干设备分别承担各步单元操作，一个单元操作结束后，用流体输送设备将物料输送到下一单元设备进行新的单元操作。在物料转移过程中，由于流体输送设备的动、静密封失效会产生泄漏；由于物料转移使原设备的密封条件发生变化而形成物料的泄漏等。为了减少这些泄漏，开展了所谓"共用反应器技术"研究，并得到了相当的应用。"共用反应器技术"指在一个反应器中可以进行多种单元操作，因此，多功能反应器的研制，成为化工设备研究的热门方向之一。

3. 应用领域

（1）精细化学品的绿色合成技术。布洛芬（异丁苯丙酸）是药物 Motrin、Advil 和 Nuprin 中的主要成分，在药物中起止痛的作用，与 Asprin 一样，都是非类固醇消炎剂，因此常被用作消肿和消炎。布洛芬的生产采用的是缩水甘油酯法。从原料到最后的产品需要通过六步反应才能得到。每步反应中的原料只有一部分进入产物，而另一部分则变成废物，所以采用这条路线生产布洛芬，所用原料中的原子只有 40.03% 进入最后产品中去。1997 年，BHC 公司发明了生产布洛芬的新方法，该方法只采用三步反应即可得到产品布洛芬，原子利用率达到 77.44%。也就是说新方法所产生的废物减少了将近 37%。

传统的抗帕金森药物是采用传统的多步骤合成，从 2 - 甲基 - 5 - 乙基吡啶出发，经过八步反应合成，总收率只有 8%。Hoffmann - La Roche 公司开发的抗帕金森药物从 2，5 - 二氯吡啶出发，仅用一步合成了 lazabemide，其原子利用率达到 100%。

（2）绿色工业用品。传统的涂料产品含有大量的挥发性有机化合物（VOCs），不仅对环境造成污染，同时也危害人身健康。绿色涂料产品主要为水基涂料、粉末涂料和无溶剂涂料。在乳胶型涂料方面，通过改进的微乳聚合方法成功制备了固含量高达 30% ~50%、乳化剂含量为 1% ~5%、微粒小于 2nm 的含反应性官能团的丙烯酸酯类乳胶，其挥发性有机化合物为零。

（3）新型绿色燃料。绿色化学电源——燃料电池是将化学能直接转化为电能的装置，其具有能量转化率高、污染小、可靠性强、噪声低、燃料来源广等优点。液化石油气、甲醇、天然气等均可以作为燃料电池的燃料，可作为电动汽车的动力、就近供电的电源，也可代替火力发电站。燃料电池主要有碱性燃料电池、质子交换膜燃料电池、熔融碳酸盐燃料电池、磷酸盐燃料电池和固体氧化物燃料电池五种。而锂电池广泛应用于各种便携式电子产品和通信工具中，同时锂离子电池由于具有电压高、能量密度高、无污染等特点，已成为未来混合动力汽车和电动汽车的首选动力源。

三、循环经济

线型经济（传统经济）是指以高开采、低利用和高排放为特征的经济模式，而循环经济是一种以物质闭环流动性经济的简称，旨在保持资源环境不退化甚至得到改善的情况下促进经济增长，从而实现可持续发展所要求的目标。与传统的线型经济相比较，循环经济可以避免线型经济末端治理后被动成本的提高和治理难度的增加，从根本上化解甚至消除长期以来环境与发展之间的尖锐冲突。

（一）循环经济的技术类型

循环经济遵循减量化、再利用和再循环原则，其技术载体是环境无害化技术或环境友好技术，主要通过合理利用资源和能源、提高利用效率、减少污染排放、预防污染的少废或无废的工艺技术和产品技术来实现。例如涉及工业毒物防治的清洁生产技术中，就可采用改善工艺结构、淘汰老旧工业设备的方法来保证作业人员免受操作车间内的毒物危害。而污染治理环节是在生产环节中可以通过废物净化装置来实现有毒、有害废物的净化处理，它不同于清洁生产技术中的重在预防理念，而是在不改变生产系统或工艺程序的情况下，只在生产过程的末端通过净化废物实现污染控制。

（二）实现循环经济的途径

1. 企业层面

企业层面上的循环称为循环经济的小循环，厂内物料循环主要有以下几种情况：

（1）将工艺中流失的物料回收后仍作为原料返回原来的工序中。

（2）将生产过程中生成的废物经适当处理后作为原料或原料替代物返回原生产流程中。

（3）将某一工序中生成的废料经适当处理后用于另一工序中。

这些方法都可以有效地减少资源的浪费，有利于环境的保护和经济的发展。

早在20世纪80年代末，杜邦化学公司通过停止使用某些对环境有害的化学物质以及开发回收本公司产品的新工艺来进行循环经济的试验。到1994年，该公司已经使生产造成的塑料废物减少了25%，空气污染物排放量减少了70%，并在废塑料中回收化学物质，开发出了耐用的乙烯材料"维克"等新产品，大大减少了对环境的污染和废物的排放量，同时也通过工艺的改进保障了作业者的职业健康，免受工业毒物的危害。

2. 区域层面

在企业的内部实现循环经济所发挥的作用毕竟是有限的，而企业之间的物质循环可以使物质得到更好的循环利用。区域层面上的循环称为循环经济的中循环。丹麦的卡伦堡生态工业园是目前世界上最为成功的生态工业园区。围绕卡伦堡镇的炼油厂、石膏厂、制药厂和发电厂这四个工厂为核心，并将这些核心企业与其他十余家小企业联系在一起，通过贸易的方式将其他企业所产生的废物、副产品作为本企业的原材料进行再生产和再利用，实现了工业园区的污染"零排放"。例如，该镇用电厂发电所排放的蒸汽取代炉子给居民们供热，大量减少了烟尘的排放量，同时蒸汽还可以给制药厂和炼炉厂提供热能；电厂脱硫除尘所产生的硫酸钙可供石膏厂生产石膏板；而煤渣、粉煤灰可供筑路和生产水泥；制药厂和炼油厂用酸法脱硫所产生的稀硫酸供应其附近的一家硫酸厂，而脱硫后的废气又可供电厂燃烧。此外整个生态工业园还进行了水资源的循环利用，炼油厂所产生的废水经过生物净化技术处理后输送到电厂作为冷却水使用，每年节约了近25%的用水量。

目前，该生态工业园区已成为循环经济的一个重要发展形态。截至2003年，美国各州开展的生态工业园建设项目已超过60个，在亚洲和日本的工业生态园也已经超过了30个。我国也积极地投入到生态工业园区的发展之中。1999年，我国开始进行生态工业示范园区的建设，先后启动了广西贵港国家生态工业示范园区、石河子国家生态工业示范园区、长沙黄兴国家生态工业示范园区等建设项目。截至2010年4月，我国已批准和在建36个生态工业示范园区，并呈现了中部、东部、西部全有的空间布局。

3. 社会层面

社会层面称为循环经济的大循环，它通过全社会的废旧物资的再生利用，实现消费过程中和消费过程后物质和能量的循环。德国是较早进行生活垃圾处理由无害化转为减量化和资源化的国家，也是首次在全社会范围内要求禁止过度包装并对其进行回收利用的发达国家。其典型的模式是德国双轨制回收系统，该系统由政府组织，通过一个非政府组织对消费后的包装废物进行回收和分类，再送到相应的资源再利用厂或直接返回原制造厂进行循环利用，实现了社会层面上的回收利用。

（三）我国的循环经济发展

在世界进行清洁生产和循环经济活动的大形势之下，我国也大力发展循环经济，至今已经在企业层面、区域层面和社会层面上开展了许多循环经济的实践工作。全国很多省、市、自治区都有了自己的清洁生产示范项目，范围涉及化工、造纸、电镀、建材、机械、纺织、电力等领域。国家环保总局颁布了30个行业的行业清洁生产标准和多个行业的清洁生产审核指南，国家发改委还颁布了《清洁生产评价指标体系》用以指导清洁生产的审核和管理工作。

作为重点发展的生态产业园区，国内最早发展的是贵港国家生态工业（制糖）示范园区，形成了以贵糖（集团）为核心，以蔗田系统、制糖系统、造纸系统、环境综合处理系统等为框架，通过盘活、优化、提升等步骤发展和完善生态工业示范园区。山东鲁北生态工业示范园区也在原有的生态工业链基础上新增了煤化工系统、石油化工系统和林纸一体化系统，例如回收合成氨过程中产生的造气炉渣作为热电厂中的燃煤等。

与此同时，再生资源的回收与利用也是我国环境保护的一项重要工作，在部分产品领域里尝试推行生产者责任制，提高重点领域再生资源加工利用技术水平，通过政策的引导和市场化的推行，发展再生资源回收利用这一新兴产业。

（四）小结

循环经济可以通过清洁生产技术、废物利用技术、污染治理技术等来实现，并通过法律和经济政策的引导、相应的机构运作、市场的调节以及公众参与来平稳运行和发展，从而达到节能减排、环境友好的可持续发展目标。

参 考 文 献

［1］苏荣军等. 工业企业清洁生产理论与实践［M］. 北京：化学工业出版社，2009.

［2］臧树良等. 清洁生产、绿色化学原理与实践［M］. 北京：化学工业出版社，2006.

［3］奚旦立. 清洁生产与循环经济［M］. 北京：化学工业出版社，2005.

［4］元炯亮. 清洁生产基础［M］. 北京：化学工业出版社，2009.

［5］曲向荣. 清洁生产与循环经济［M］. 北京：清华大学出版社，2011.

［6］曲向荣. 清洁生产［M］. 北京：机械工业出版社，2012.

［7］李海红，吴长春，同帜. 清洁生产概论［M］. 西安：西北工业大学出版社，

2009.

[8] 雷兆武，张俊安，申左元. 清洁生产及应用（第二版）[M]. 北京：化学工业出版社，2013.

[9] 彭小春，谢武明. 清洁生产与循环经济 [M]. 北京：化学工业出版社，2009.

[10] 邰玲. 绿色化学应用及发展 [M]. 北京：国防工业出版社，2011.